带帽有孔管桩复合地基荷载传递特性试验研究

雷金波 著

中国建筑工业出版社

图书在版编目（CIP）数据

带帽有孔管桩复合地基荷载传递特性试验研究/雷金波著.—北京：中国建筑工业出版社，2018.3

ISBN 978-7-112-21923-0

Ⅰ.①带… Ⅱ.①雷… Ⅲ.①人工地基-荷载传递-试验-研究 Ⅳ.①TU472-33

中国版本图书馆CIP数据核字(2018)第046000号

带帽有孔管桩复合地基荷载传递特性试验研究

雷金波　著

*

中国建筑工业出版社出版、发行(北京海淀三里河路9号)

各地新华书店、建筑书店经销

霸州市顺浩图文科技发展有限公司制版

北京京华铭诚工贸有限公司印刷

*

开本：787×960毫米　1/16　印张：12　字数：250千字

2018年6月第一版　2018年6月第一次印刷

定价：**39.00**元

ISBN 978-7-112-21923-0

(31837)

带帽有孔管桩复合地基作为一种新的复合地基技术，无论是其理论研究，还是工程实践，目前都还处于探索阶段。为此，本书是在前人研究工作的基础上，提出了有孔管桩技术，紧紧围绕桩身开孔引起桩体应力集中现象、有孔管桩极限承载力折减、带帽有孔管桩单桩复合地基承载特性和带帽有孔管桩群桩复合地基荷载传递特性等问题，采用室内模型试验和数值模拟试验相结合的方法，研究桩身开孔方式、开孔孔径对应力集中系数和桩体极限承载力折减的影响，研究竖向荷载下带帽有孔管桩复合地基桩土相互作用、荷载传递、沉降变形及群桩效应等工作性状，分析带帽有孔管桩复合地基工作性状的主要影响因素，达到揭示竖向荷载下带帽有孔管桩复合地基工作性状的目的，为带帽有孔管桩复合地基技术应用推广及其理论研究提供试验基础。本书是深厚软基处理领域中理论和实践相结合的研究成果，不仅对带帽刚性桩复合地基设计和施工有指导意义，而且更有助于带帽刚性桩复合地基进一步的推广应用。

本书可供工程技术人员及管理人员使用，亦可以供高等学校土木工程类专业师生及相关科研人员参考。

责任编辑：杨　允
责任设计：李志立
责任校对：党　蕾

前 言

预应力混凝土管桩作为一种刚性桩，在20世纪80年代初，国外首先将其应用于铁路连接线工程和公路拓宽工程。从20世纪90年代末开始，国内也将预应力混凝土管桩应用于高速公路、高速铁路等深厚软基处理。工程实践证明，作为复合地基竖向增强体，预应力混凝土管桩适合于处理路堤荷载作用的软土地基，已成为深厚软土地基处理中经常选用的一种桩型。带帽刚性桩复合地基技术中的桩体一般采用PTC型或PHC型管桩，目前将管桩用于深厚软土地基处理工程，主要目的是控制地基沉降变形和不均匀沉降变形，提高地基承载力。管桩施工时，特别是采用锤击沉桩方式，地基将产生明显的挤土效应和超孔隙水压力，极易造成邻桩上抬、挠曲、偏移、断桩等一系列不良后果；如果周边存在构筑物（建筑物），还将对构筑物（建筑物）产生不良影响。在静压沉桩施工过程中经常发现，大多数管桩内腔均有水，特别是在一些含水率大的软土地基中，管桩内腔含水更多。分析其原因，主要是由于在管桩沉桩过程中，产生了超孔隙水压力。随着超孔隙水压力的消散，土中水可通过两节管桩的接桩缝隙进入管桩内腔。进入管桩内腔的水越多，地下水位下降越深。这种现象对加速超孔隙水压力消散、降低土中含水率、提高地基承载力、增强地基稳定性等方面均能产生积极作用。

土力学理论指出，饱和土地基产生沉降变形的主要原因是由于土体中孔隙水的排出，因此地基沉降量的大小在很大程度上取决于土中孔隙水排出量的多少。如果能在沉桩过程中，让更多的孔隙水排出、进入到管桩内腔中，一方面在沉桩过程中，可以减轻管桩挤土效应，改善邻桩上抬、偏移、断桩等不良现象，降低对邻桩造成的危害；另一方面也有助于增加沉桩施工期间地基沉降量，减少地基工后沉降量。

对修建于深厚软土地基的高速公路、高速铁路等工程来说，控制地基沉降变形，更多的是要控制其工后沉降量。倘若能在路堤施工期间产生更多的沉降量，即产生更多的施工期沉降量，则必将减小其工后沉降量，从而达到控制沉降变形和工后沉降量的目的。要想产生更多的施工期沉降量，应在管桩施工期间将土中孔隙水尽可能多地排出，降低土的含水率。同时，随着土体含水率减少，土的抗剪强度也可以得到提高，从而提高地基承载力，增强地基稳定性。

工程中通常采取设置应力释放孔、合理安排沉桩顺序，以及控制沉桩速率等手段来减轻静压沉桩超孔隙水压力的不利影响，但这些措施并没有从桩体自身结构上改进。事实上，可以通过改变桩身形状或桩身结构，有效减轻沉桩效应对周围环境的不利影响。

如何才能更有效地减轻沉桩过程中的挤土效应、加速超孔隙水压力的消散、增加施工期间地基沉降量呢？如何让土体中更多的孔隙水进入管桩内腔？目前在带帽刚性桩复合地基研究中，无论是工程实践，还是理论研究，桩体均为常规预应力混凝土管桩（无孔）。由于桩、土刚度相差太大，桩体自身承载力一般不是主要问题。为了让沉桩过程产生的土中孔隙水更多地进入管桩内腔，可以采取适当降低管桩承载力的方案，对现有的常规预应力混凝土管桩结构进行改造。依照这种思路，作者提出采用有孔管桩替代常规无孔管桩的方案，提出了有孔管桩技术，目的就在于要进一步减轻管桩沉桩过程中的挤土效应和超孔隙水压力的不利影响。

有孔管桩技术功效主要是：在管桩施工期，由于管桩挤土效应产生了超孔隙水压力，上中孔隙水可以通过桩孔进入管桩内腔，降低超孔隙水压力最大值，减轻沉桩挤土效应和超孔隙水压力对邻桩造成的不利危害；在施工间歇期，随着超孔隙水压力的消散，土中孔隙水也可以通过桩孔进入管桩内腔，从而加速超孔隙水压力消散，节省工期。若地基含有淤泥质土层，淤泥也可通过桩孔流入管桩内腔；若是管桩内腔集水比较多，则可采取抽水方式将其排除。随着桩内水位降低，土中孔隙水又会进入管桩内腔，从而进一步降低土的含水率，提高土的抗剪强度，增强地基稳定性。因此，只要将有孔管桩代替 PTC 管桩，即可形成带帽有孔管桩复合地基技术。这种新型管桩复合地基技术，由于桩周土含水量的减少，其土体抗剪强度必定提高，从而增强带帽有孔管桩复合地基承载力。

本书采用室内模型试验和数值模拟试验相结合的方法，研究桩身开孔引起桩体应力集中现象、有孔管桩极限承载力折减、带帽有孔管桩单桩复合地基和带帽有孔管桩群桩复合地基荷载传递特性等问题，研究桩身开孔方式、开孔孔径对应力集中系数和桩体极限承载力折减的影响，研究竖向荷载下带帽有孔管桩复合地基桩土相互作用、荷载传递、沉降变形及群桩效应等工作性状，达到揭示竖向荷载下带帽有孔管桩复合地基工作性状的目的，验证桩身开孔有利于提高桩周土体抗剪强度，使其能主动承担更多荷载，从而提高带帽有孔管桩复合地基承载力，为带帽有孔管桩复合地基技术应用推广及其理论研究提供试验基础。

本书是作者近年来在有孔管桩技术、带帽有孔管桩复合地基等方面取得的一些研究成果和心得体会，在此感谢国家自然科学基金项目（51268048、51768047）、江西省自然科学基金项目（20171BAB206059）、江西省教育厅科研基金项目（GJJ170601、GJJ14527）和南昌航空大学基金项目（EA200500147）等资助！感谢陈科林、乐腾胜、周星、廖幼孙、李壮状、杨金尤、柳俊、易飞、杨康、万梦华、刘智、陈超群、段华雍和邢旭亮等研究生为本书付出的辛苦工作！感谢南昌航空大学土木建筑学院领导和老师的关心和帮助！感谢南昌航空大学学术文库出版基金的资助！

感谢本文参考文献中出现的作者和机构，他们的成果是本书的基础！

由于作者水平有限，书中难免会有缺陷和错误，恳请广大读者批评指正。

目　　录

第1章　绪　　论

1.1　研究背景

从20世纪80年代初，带帽刚性桩复合地基在国外的一些公路和铁路工程中首先得到应用，例如伦敦Stansted机场的铁路连接线加宽工程[1]、巴西圣保罗北部的公路拓宽工程[2]以及荷兰的部分高速公路[3,4]等。从20世纪90年代末，国内开始将带帽刚性桩复合地基应用于高速公路拓宽工程，例如沪杭甬高速公路（红垦至沽诸段）拓宽工程[5]和沪宁高速公路（昆山段）拓宽工程[6]，之后在京珠高速公路（广东段）[7]、苏州绕城高速公路（太仓段）[8]等新建高速公路中得到了推广应用。在公路、铁路和水利工程建设中，带帽刚性桩复合地基作为一种有效的地基处理方法得到了越来越广泛的应用，逐渐成为一种主导的深厚软土地基处理方式。由于带帽刚性桩复合地基主要应用于路堤软基处理，故有时也将这种路堤称为桩承式加筋路堤。

在软土地基中按一定间距打设刚性桩（桩体主要采用预应力混凝土管桩），桩顶通过钢筋笼配置桩帽，再在桩帽顶面铺设一定厚度的碎石褥垫层或加筋垫层，从而形成带帽刚性桩复合地基。带帽桩与传统建筑上的桩基础相比，取消了桩顶承台，而以面积较小的桩帽代替，如图1-1、图1-2所示。

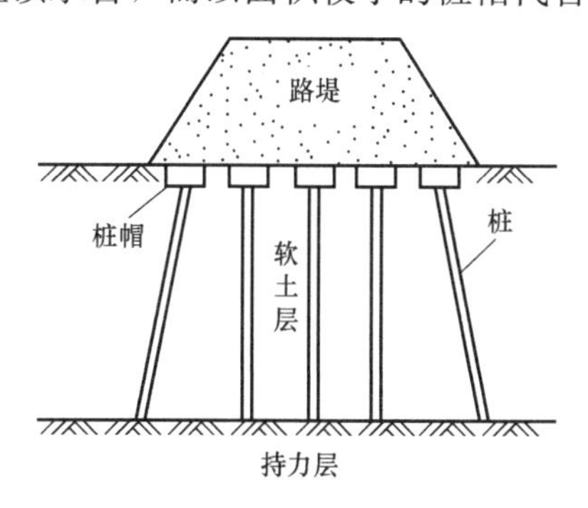

图1-1　常规带帽桩路堤

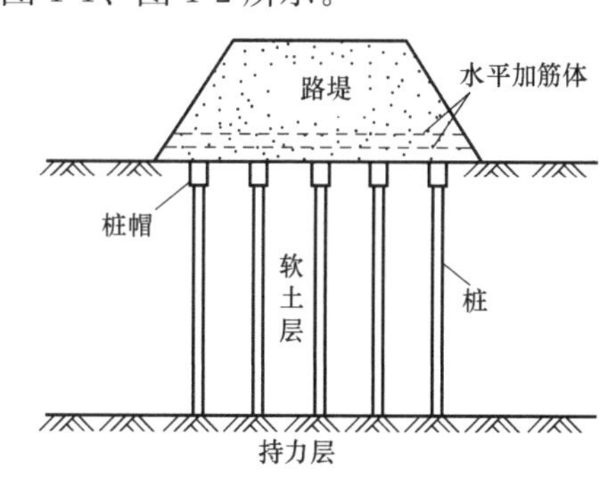

图1-2　带帽桩加筋路堤

经过近50年的发展，带帽刚性桩复合地基技术已成功应用于路堤拓宽工程、新建高速公路工程以及桥头、通道、涵洞等结构物与软基相连的地基处理工程，它适合于处理柔性荷载（如路堤荷载）作用的深厚软土地基，是交通工程一种具有良好应用前景的地基处理方法。尽管带帽刚性桩复合地基工程目前应用较多，但其工作性状研究还不够成熟，仍需加大研究力度，同时也需要对地基处理新技术进行探索。

1.2 带帽刚性桩复合地基研究现状

1.2.1 室内外试验研究

Terzaghi 最早研究了平面土拱效应，通过试验证明了土拱的存在并得到了土拱存在的条件，受力分析时假设位于净跨度的两边缘点沿着竖向平面传递剪应力[9]。Hewlett 等用室内模型试验也验证了土拱的存在，并进行了三维土拱效应极限状态分析[10]，陈云敏等（2004）改进了 Hewlett 的极限分析方法[11]，并于 2007 年结合室内模型试验分析了平面土拱效应、路堤的沉降变化规律和桩体荷载分担情况[12]。Vega-Meyer 结合现场测试分析了加筋路堤的沉降变化规律，并讨论了筋材的应变变化规律和土体应力分布规律[13]。夏元友等结合现场实测结果分析了采用刚性桩加固软土地基时路堤中的土拱效应，研究了孔隙水压力和路堤沉降变化规律[14]。丁桂伶等对柔性基础下带帽 CFG 桩复合地基工作特性进行了试验研究，得到了带帽桩复合地基沉降变形及桩土荷载分担特性[15]。高成雷等依托沪宁高速公路（上海段）拓宽工程试验段，进行了拓宽路堤下带帽刚性疏桩复合地基应力特性的现场试验，根据试验数据分析了桩-土应力水平和分布特征[16]。

何良德等结合苏-沪高速公路疏桩复合地基处理工程，进行了带帽 PTC 管桩和带帽 PTC 管桩复合地基的现场足尺试验研究[17]。根据试验结果，研究了桩身桩帽桩间土的相互作用机理和承载特性，分析了桩帽、桩间土和桩端承载的滞后效应，以及桩帽、桩间土对桩身的消减作用。认为管桩复合地基的第 1 阶段桩身控制沉降，第 2 阶段土体控制沉降，探讨了桩帽-桩间土荷载分担比及应力比在不同沉降阶段的变化规律。雷金波等开展了带帽和无帽单桩复合地基现场足尺试验，对带帽 PTC 管桩复合地基承载能力、荷载传递、桩侧土压力、桩侧摩阻力、桩土荷载分担比及桩-土应力比等力学性状进行了讨论，研究了带帽刚性疏桩复合地基的荷载沉降、载荷板与桩体的沉降差、地表土应力分布特征、剖面沉降等性状规律[18-20]。试验结果表明：带帽长桩型复合地基较带帽短桩型复合地基易于控制地基沉降变形和提高地基承载力，在设计荷载下带帽短桩型复合地基较带帽长桩型复合地基更能发挥地基土承载作用，桩帽下土体与桩帽间土体承载性能及发挥程度不同。由于桩帽能均化桩顶应力，起到刚性板作用，带帽桩体与桩帽下土体能产生近似等量的竖向变形，同时保证了垫层的整体效应。试验结果能为带帽 PTC 管桩复合地基理论研究提供合理的试验依据，完善带帽刚性疏桩复合地基工作性状研究以及优化工程设计。赵阳采用模型试验方法，对带帽刚性桩桩身轴力以及桩侧摩阻力分布情况进行了研究，得出在桩帽以下的桩体存在负摩阻力区域，并在桩长约三分之一的位置出现等沉面[21]。吴燕泉通过室内模型试验获得了带帽刚性桩在竖向荷载作用下桩身轴力、桩侧摩阻力的分布变化情况以及在极限荷载作用下桩周土体的破坏模式，揭示了带帽刚性桩与土体的作用机理[22]。

余闯通过现场试验对路堤荷载下 PTC 刚性桩复合地基的性状进行了研究，并指出海相软土中 PTC 预应力管桩采用锤击法施工会产生较大的超孔隙水压力[23]。管桩的桩径、桩长以及有无桩靴对孔压及其消散规律都有很大的影响。

高成雷等依托沪宁高速公路（上海段）拓宽工程试验段，进行拓宽路堤下带帽刚性疏桩复合地基应力特性的现场足尺试验[24]。研究结果表明：桩体应力集中效应与路堤填筑高度和桩的位置有关。桩帽底土承载能力的发挥要求桩体具有较强的应力集中效应；桩帽顶应力与桩帽底应力的显著差异，表明桩帽底土接近脱空状态。路堤填筑过程中桩-土应力不断调整，实测桩-土应力比的变化范围为1～12。实测桩-土应力比不能准确地反映拓宽路堤下带帽刚性疏桩复合地基的应力特性，建议采用桩土应力比作为桩体应力集中效应的评价指标。

王虎妹对三个不同地点的带帽刚性疏桩复合地基工程进行试验监测，根据试验监测数据结果进行分析，可见褥垫层不同厚度对带帽刚性桩承载力和沉降变形的影响：设计褥垫层在某一合适的厚度，能有效降低桩身承载力，提高桩间土的承载力，使桩和桩间土合理共同承担荷载，降低复合地基沉降变形，减少地基对基础的应力集中，对工程实际有一定的指导意义[25]。

黄生根根据现场试验结果，研究了承受柔性荷载的带桩帽 CFG 桩复合地基中桩的承载特性、土的受力特性以及桩帽、桩和土之间相互作用规律[26]。试验结果表明：极限状态下，带桩帽的 CFG 桩复合地基中桩承载力的发挥程度比地基土承载力的发挥程度略大；正常使用状态下，桩承载力的发挥程度远大于土承载力的发挥程度，桩的安全储备小于土的安全储备。

万年华结合武汉某高速公路软基处理的实际情况，从设计和施工两方面重点介绍预应力管桩在公路软基应用中需注意的内容。由于构筑物处反开挖施工桩帽、承台或构筑物一侧土方填筑高度高出管桩施工作业面，在重型施工机械行走碾压时，极易造成边坡失稳，出现预应力管桩的偏位、倾斜甚至断裂等各类施工质量问题[27]。

谭儒蛟等基于原位监测数据，系统分析了带帽 PTC 桩网复合路基的锤击成桩扰动效应、复合桩土应力比、超孔隙水压力、施工期路基沉降及水平变形特征等规律。分析结论可供类似工程刚性桩复合地基的成桩工艺选择、桩型设计参数优化、路基填筑速率及变形控制等的设计、施工借鉴参考[28]。

段晓沛等认为桩土荷载分担比是 PTC 管桩复合地基设计中的重要参数。结合天津软土地区 3 组 PTC 管桩复合地基静载试验，对复合地基在工作状态及极限状态下侧摩阻力和端阻力承担外荷载的比例进行了研究，分析了桩土荷载分担比，讨论了垫层厚度对桩土荷载分担比的影响，提出了实际工程的垫层厚度，对类似工程具有借鉴意义[29]。

1.2.2 理论研究

王想勤等在分析路堤荷载作用下刚性桩复合地基中桩帽效应的基础上，通过理论分析、有限元计算、室内模型试验以及现场测试等方法，研究了桩帽以及桩帽尺寸的大小，对刚性桩复合地基中桩土分担比、加筋垫层的应力以及整体沉降特性等的影响[30]。研究表明：桩帽的存在增加了桩顶与垫层之间的接触面积，起到均化桩顶集中力、减小桩顶向垫层刺入量的作用，使带帽刚性疏桩复合地基控制沉降的能力远好于不带帽刚性疏桩复合地基；桩帽尺寸逐渐增大，桩间土的应力明显减小，Q-s 曲线由“陡降型”向“缓变型”转变，有助于带帽刚性疏桩复合地基整体承载力的发挥，从而提高了刚性桩复合地基的利用效率。

刘苏弦等在对路堤荷载下刚性桩复合地基桩土变形特点进行分析的基础上，针对前人桩间土位移模式存在的不足，提出了改进的位移模式；对桩体和土体进行受力分析，建立了路堤荷载下刚性桩沉降计算方法，该方法能同时考虑桩土相对滑移的因素和土体变形的非同步性；算例分析表明了该方法的合理性与可行性[31]。

陈昌富等为了给高路堤下带帽刚性疏桩复合地基提供设计依据，针对高路堤下带帽刚性疏桩复合地基荷载传递特点，将带帽桩和桩帽下部分土体视为复合桩体，同时假定复合桩体间土体的位移模式，并考虑高路堤填土的土拱效应和桩帽间土体的成层性，基于变形协调原理，建立了高路堤-复合桩体-桩帽间土体相互耦合的荷载传递模型，推导得到了高路堤荷载作用下带帽刚性疏桩复合地基的桩土应力比和桩土差异沉降计算公式，以工程实例验证了该计算方法的合理性，并分析了桩长、桩间土压缩模量、桩帽截面尺寸、桩间距等因素对桩土应力比的影响[32]。研究结果表明：桩长、桩间土压缩模量和桩帽截面尺寸对桩土应力比影响显著，而桩间距、填土内摩擦角、填土黏聚力和填土压缩模量对桩土应力比影响较小。

陈仁朋针对桩承式路堤工作性状比较复杂、对路堤-桩-土之间共同工作机理的认识还不是十分清楚的问题，建立了考虑土-桩-路堤变形和应力协调的平衡方程，分析了三者协调工作时路堤、桩、土的荷载传递特性，获得了路堤的土拱效应、桩土荷载分担、桩和土的沉降等结果[33]。与弹塑性有限元计算结果进行了对比，验证了该计算模型的合理性，同时应用所提出的方法，对杭甬高速公路拓宽工程进行了分析。

赵明华等根据路堤荷载下复合地基的荷载传递机理及变形特征，综合考虑路堤填土的土拱效应和桩、土的荷载传递性状，采用假定的桩间土位移模式，同时考虑桩土界面的相对滑移和同一深度处桩间土沉降的非同步性，基于典型单元体建立考虑路堤-桩土加固区-下卧层三者变形与应力协调的平衡方程，并求解获得表征桩土复合地基工作性状的桩土应力比及沉降变形解析公式[34]。

1.2.3 数值模拟研究

吕伟华等采用二维有限元数值计算方法对刚性桩网复合地基加固拓宽道路下软土地基的工作性状进行系统分析。利用经现场实测数据合理性验证过的数值计算模型，分别改变桩网复合地基体系中桩体与加筋体的几何、材料力学条件，考虑不同地基处理方式和加筋布置形式，以路堤顶面新老拼接结合部的横坡改变率为差异沉降控制指标，进行设计参数敏感性量化分析[35]。

陈富强基于群桩复合地基承载变形特性的数值模拟，研究了群桩复合地基中整体效果的形成条件，获得了考虑桩土共同作用效果的桩的合理间距[36]。通过改变桩间距、桩长、褥垫层厚度、桩端土性等参数对CFG桩群桩复合地基的整体性问题进行了数值模拟。模拟结果表明：桩与桩间土形成整体效果与桩长及桩间距有关，桩长较短时，则要求桩间距比较小。从提高桩间土的承载力看，桩长并不是越长越好，存在一个临界桩长的问题。

朱筱嘉对带帽刚性疏桩复合地基进行数值分析，提出了通过调整桩体中心间距和桩帽尺寸，改变带帽桩复合地基复合桩土应力比的大小，改变桩帽间土体所分担荷载的大小，达到桩帽间土体沉降量的大小满足高速公路工后沉降控制标准的目的，以此作为优化设计的依据，提出了带帽桩复合地基优化设计的一些思路和方法[37]。

杨德健等采用ANSYS有限元软件分析了垫层模量、桩间土模量以及桩间距等因素对复合地基沉降变形的影响[38]。研究表明：桩间土模量的变化对刚性桩复合地基的整体沉降量影响比较显著，复合地基的整体沉降量随桩间土体模量的增加而减小；桩间距是控制刚性桩复合地基整体沉降量的主要因素之一，地基沉降量随桩间距的减小而减小，但桩间距过小时，对减少刚性桩复合地基整体沉降量的作用并不明显。

郑俊杰等采用数值模拟方法分析了承载板刚度、载荷大小、桩体刚度对应力扩散模式及扩散角的影响，在规范给出的地基沉降计算方法的基础上，考虑复合地基附加应力的实际扩散模式，提出了一种新的复合地基沉降计算模式，并给出了应力扩散角的取值建议[39]。通过与实测数据的对比，证明该方法比其他方法计算结果更加准确。

吴慧明利用 Algor 有限元程序，对不同刚度基础下复合地基位移场和应力场进行了初步分析。通过现场模拟试验和有限元分析发现，在基础刚度较小的情况下，复合地基中桩和桩间土不再满足协调变形，对复合地基的承载力和沉降变形得出了一些定性的观点，并对柔性基础下复合地基的设计进行了一定的探讨[40]。但作者对复合地基中桩和桩间土的塑性变形及其三维空间效应未能考虑，使模拟的精确度得不到保证，并且对柔性基础下复合地基中的桩和桩间土竖向变形的不协调性也没有研究。龚晓南等指出在现有的复合地基理论中，大都以刚性基础为前提，没有考虑基础刚度的影响，利用数值方法研究了在不同刚度基础下复合地基中应力场和位移场的差异[41]。

冯瑞玲等利用 MARC 软件，选择弹塑性本构模型并以线性 Mohr-Coulmb 屈服准则作为屈服条件，将平面问题有限元法用于对路堤荷载作用下的桩体复合地基受力与变形性状研究，分别分析了本构模型中各参数（桩间土、桩体、路堤的变形模量、泊松比、黏聚力及内摩擦角）对复合地基性状的影响[42]。

张忠坤等通过对路堤下复合地基沉降发展计算方法的探讨，提出了将可考虑填土荷载宽度及桩土非均质性的半解析元法与沉降随时间发展的指数法相结合，进行沉降随时间发展的预测，并将计算结果与实际沉降曲线及根据 Biot 固结平面有限元数值分析结果进行对比，发现半解析元法的数值分析结果是有价值的[43]。

朱云升等通过有限元方法，考虑复合地基中各种材料的非线性特性，对柔性基础下复合地基的力学性状作了初步的数值模拟分析，找出了柔性基础下复合地基桩土间的荷载分担、荷载沿深度变化和传递、桩土间相互作用、变形特性等力学性状的一些基本规律[44]。

曾远[45]、刘国明[46]等利用 Biot 固结理论，采用非线性有限元法分析了高速公路下复合地基桩长、置换率、桩土刚度比、施工进度对复合地基变形的影响，并从减少差异沉降出发，提出了合理布桩方式。

杨虹等利用弹性、Duncan-Chang 非弹性两种本构模型，将平面问题有限元用于填土路堤下复合地基性状的研究，对复合地基的桩土刚度比、置换率、桩长及路堤刚度对复合地基沉降、侧移及桩土应力比分配的计算结果进行比较和研究[47]。

王欣等考虑路堤柔性荷载作用下粉喷桩桩身与土上部的位移不协调即桩顶及桩端的刺入变形，采用弹性力学中的 Mindlin 和 Boussinesq 解联合求解粉喷桩复合地基内附加应力和地基沉降，计算结果与工程实例的实测结果吻合较好[48]。张忠苗等也对柔性承台下复合地基应力和沉降的计算进行了研究，也是利用 Mindlin 解和 Boussinesq 解联合求解柔性承台下复合地基的附加应力，可以得到与实际较为符合的应力分布，同时利用 Vesic 小孔扩张理论计算桩体刺入柔性承台的量，对分层总和法进行修正，所得沉降计算结果与实测值相近[49]。

刘吉福指出路堤下复合地基桩与桩间土之间的沉降不一致，导致填土内部出现相对垂直位移，应力状态发生变化，计算路堤下复合地基桩、土应力比的方法及计算参数均与刚性基础下的复合地基不同。作者通过对复合地基上部填土的力学分析，推导出一个求解桩顶平面处的桩、土应力比公式，该公式表明桩顶处桩、土应力比的大小与复合地基置换率、桩顶处桩土沉降差、填土厚度、填土弹性模量等关系密切[50]。

伊尧国等分析了软土地区桩体复合地基沉降变形与稳定性，探讨了柔性基础下半刚性复合地基变形性状，并从基本理论出发，讨论了桩周土固结产生的时间效应和软土结构性对沉降的影响，提出了相应的计算方法，指出深厚软土地区桩体复合地基的沉降控制主要是对下卧层的控制[51]。

罗战友等基于有限变形理论及土体屈服准则，对静压桩挤土效应进行了数值模拟，并对其影响因素进行了分析[52]。鹿群等利用 ANSYS 平台对静压沉桩连续贯入的全过程进行有限元模拟，详细对比了在均质土和成层土中静压沉桩产生的位移场和应力场[53]。高子坤等采用自编 FEM 程序，对饱和黏土中群桩桩间及下卧土层中压桩挤土造成的孔压消散时空变化规律进行了模拟研究[54]。周健等在平面应变条件下，采用圆孔扩张的有限元方法对群桩的挤土效应进行了数值模拟，所得的结果与实测相差很大，但趋势是一致的[55]。徐建平等以平面四边形单元模拟土体区域，对压入单桩、双桩情况下的沉桩挤土效应进行了数值模拟计算[56]。王浩等采用数值方法分析了表面约束下的沉桩挤土效应问题，讨论了周边环境与沉桩的相互作用对地表隆起及水平位移的影响[57]。陈仁朋等将单桩处理区域以及上部路堤填土等效为圆柱体，采用弹塑性有限元法分析瞬时加载后地基中超静孔隙水压力的分布特性及消散过程，研究了加筋格栅受力和路堤沉降特性[58]。Borges 等利用三维有限元法，结合 Biot 固结理论，研究了路堤下软土地基的固结问题，重点分析了路堤填筑过程中和填筑后软基中的超孔隙水压力、地基应力水平、沉降及水平位移[59]。雷金波等对带帽控沉疏桩复合地基荷载传递、沉降变形等工作性状进行了数值模拟，并与现场试验结果进行了对比，二者变化规律基本一致[60,61]。芮瑞等利用 FLAC3D 分析了路堤应力以及塑性区分布，提出了路堤拱效应分布图[7]。郑俊杰等采用 FDM（有限差分法）模拟桩体和桩间土，采用 DEM（离散单元法）模拟褥垫层，建立刚性桩复合地基 FDM-DEM 耦合计算模型，分析了刚性桩复合地基褥垫层受力特性和变形特性[62]。郑刚等采用三维有限差分法和二维强度折减有限差分法，对单桩条件和群桩条件下刚性桩加固软弱地基上路堤的稳定性问题进行了数值分析，讨论了路堤填筑过程及趋于失稳破坏过程中桩、土的内力与变形规律和桩的破坏形式等，指出不同位置的刚性桩破坏模式不同、对路堤稳定性的贡献机理也相应不同，建议要采用适当方法合理评估路堤稳定性[63,64]。

杨涛[65]、刘杰[66]、Poorooshasb[67]、Taoa[68]、Li1[69]、O'Shea[70]、Han[71]、Talbot[72]、Bergado[73]、Bouassida[74,75]等人也对复合地基的力学性状进行了一定程度的研究。

1.3 有孔管桩技术的提出

预应力混凝土管桩作为一种刚性桩，在20世纪80年代初，国外首先将其应用于铁路连接线工程和公路拓宽工程。从20世纪90年代末开始，国内也将预应力混凝土管桩应用于高速公路、高速铁路等深厚软基处理。工程实践证明，作为复合地基竖向增强体，预应力混凝土管桩适合于处理路堤荷载作用的软土地基，已成为深厚软土地基处理中经常选用的一种桩型。带帽刚性桩复合地基技术中的桩体一般采用PTC型或PHC型管桩，目前将管桩用于深厚软土地基处理工程，主要目的是控制地基沉降变形和不均匀沉降变形，提高地基承载力。管桩施工时，特别是锤击沉桩方式，地基将产生明显的挤土效应和超孔隙水压力，极易造成邻桩上抬、挠曲、偏移、断桩等一系列不良后果。如果周边存在构筑物，还将对构筑物产生不良影响。但在静压沉桩施工中经常发现，大多数管桩内腔均有水，特别是在一些含水率大的软土地基中，管桩内腔含水更多。分析其原因，主要是由于在管桩沉桩过程中，产生了超孔隙水压力。随着超孔隙水压力的消散，土中水可通过两节管桩的接桩缝隙进入管桩内腔。进入管桩内腔的水越多，地下水位下降越深。这种现象对加速超孔隙水压力消散、降低土中含水率、提高地基承载力、增强地基稳定性等方面均能产生积极作用。

土力学理论指出，饱和土地基产生沉降变形的主要原因是由于土体中孔隙水的排出，因此地基沉降量的大小在很大程度上取决于土中孔隙水排出量的多少。如果能在沉桩过程中，让更多的孔隙水排出、进入到管桩内腔内，一方面在沉桩过程中，可以减轻管桩挤土效应，改善邻桩上抬、偏移、断桩等不良现象，降低对邻桩造成的危害；另一方面也有助于增加沉桩施工期间地基沉降量，减少地基工后沉降量。

对修建于深厚软土地基的高速公路、高速铁路等工程来说，控制地基沉降变形，更多的是要控制其工后沉降量。倘若能在路堤施工期间产生更多的沉降量，即产生更多的施工期沉降量，则必将减小其工后沉降量，从而达到控制沉降变形和工后沉降量的目的。要想产生更多的施工期沉降量，应在管桩施工期间将土中孔隙水尽可能多地排出，降低土的含水率。同时，随着土体含水率减少，土的抗剪强度也可以得到提高，从而提高地基承载力，增强地基稳定性。

工程中通常采取设置应力释放孔、合理安排沉桩顺序，以及控制沉桩速率等手段来减轻静压沉桩超孔隙水压力的不利影响，但这些措施并没有从桩体自身结构上改进。周乾等在混凝土桩体周边设置若干侧槽，对其沉桩过程进行了超孔隙水压力观测，发现桩身侧槽具有加速超孔隙水压力消散的功效[76]。刘汉龙等提出了现浇X形混凝土桩，进行了现场沉桩效应试验，发现X形桩也能够较好地减轻土体侧向位移[77]。这些现象表明：通过改变桩身形状或桩身结构，可以有效减轻沉桩效应对周围环境的不利影响。

如何才能更有效地减轻沉桩过程中的挤土效应、加速超孔隙水压力的消散、增加施工期间地基沉降量呢？基于上述分析，应该让土体中更多的孔隙水进入管桩内腔。目前在带帽刚性桩复合地基研究中，无论是工程实践，还是理论研究，桩体均为常规预应力混凝土管桩（无孔）。由于桩、土刚度相差太大，桩体自身承载力一般不是主要问题。为了让沉桩过程产生的土中孔隙水更多地进入管桩内腔，可以采取适当降低管桩承载力的方案，对现有的常规预应力混凝土管桩结构进行改造。依照这种思路，作者提出采用有孔管桩替代常规无孔管桩的方案，提出了有孔管桩技术[78-92]，目的就在于要进一步减轻管桩沉桩过程中的挤土效应和超孔隙水压力的不利影响。各种有孔管桩分别如图1-3～图1-6所示。

(1) 有孔柱形管桩

在静压沉桩过程中，如何才能让更多的超孔隙水进入管桩内腔，同时又如何才能更有效地减轻沉桩过程中的挤土效应、加速超孔隙水压力的消散、增加施工期间地基沉降量呢？基于上述分析，应该让土体中更多的孔隙水主动进入管桩内腔。目前无论是工程实践，还是理论研究，桩体均为常规预应力混凝土管桩（无孔）。由于桩、土刚度相差太大，桩体自身承载力一般不是主要问题。因此为了让沉桩过程产生的土中孔隙水更多地进入管桩内腔，可以采取适当降低管桩承载力的方案，对现有的常规预应力混凝土管桩结构进行改造。依照这种思路，提出采用有孔管桩替代常规无孔管桩的方案，提出了“一种用于深厚软基处理的PTC型带孔管桩”、“一种双向对穿孔管桩”等多项有孔管桩设计思路（图1-3），目的就在于要进一步减轻管桩沉桩过程中的挤土效应和超孔隙水压力的不利影响。在管桩施工期，由于管桩挤土效应产生了超孔隙水压力，土中孔隙水可以通过桩孔进入管桩内腔，降低超孔隙水压力最大值，减轻沉桩挤土效应和超孔隙水压力对邻桩造成的不利危害；在施工间歇期，随着超孔隙水压力的消散，土中孔隙水也可以通过桩孔进入管桩内腔，从而加速超孔隙水压力消散，节省工期。若地基含有淤泥质土层，淤泥也可通过桩孔流入管桩内腔；若是管桩内腔集水比较多，则可采取抽水方式将其排除。随着桩内水位降低，土中孔隙水又会进入管桩内腔，从而进一步降低土的含水率，提高土的抗剪强度，增强地基稳定性。

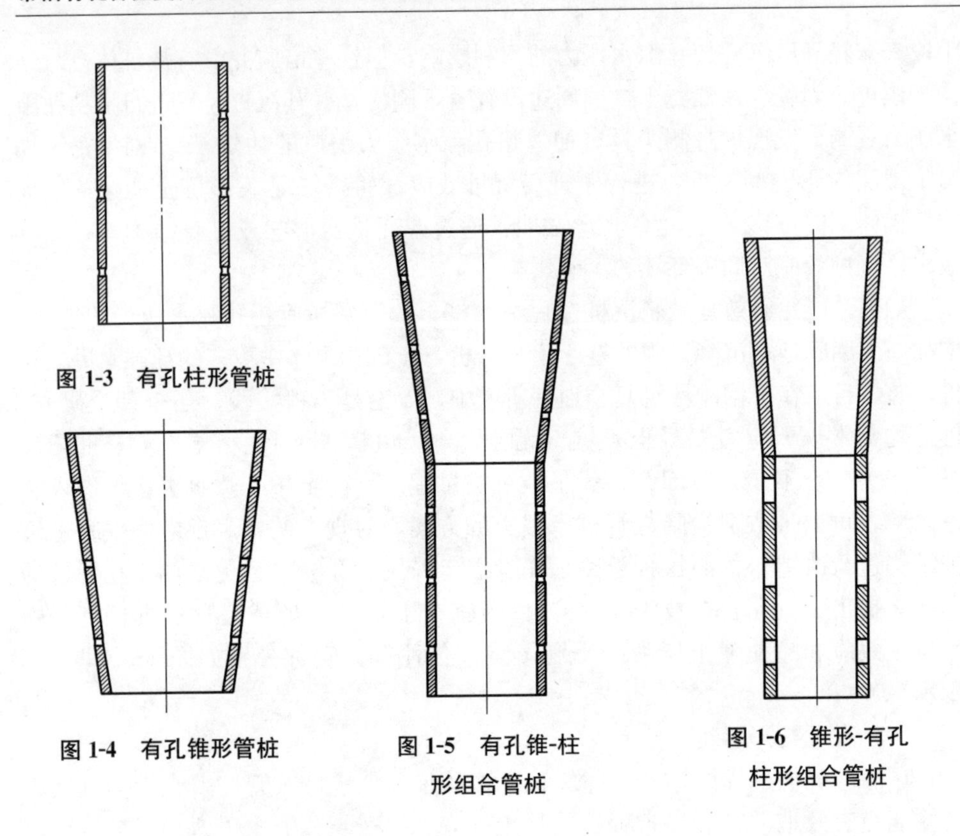

图 1-3 有孔柱形管桩

图 1-4 有孔锥形管桩

图 1-5 有孔锥-柱形组合管桩

图 1-6 锥形-有孔柱形组合管桩

(2) 有孔锥形管桩

在上述有孔管桩设想的基础上，为能有效避免深层土体被扰动，减小桩周土体结构被破坏的可能性，近年来也提出了“一种用于深厚软基处理的 PTC 型有对穿孔锥形管桩”、“一种有不对穿孔锥形管桩”等多项关于有孔锥形管桩（图 1-4）设计思路，目的就是要在加速超孔隙水压力时空消散的同时，尽力避免深层土体被扰动，降低桩周土体结构被破坏的可能性，从而有效减轻静压有孔锥形管桩沉桩效应对周围环境的不利影响。由于锥形管桩自身特点，施工时锥形管桩就像个楔子（将直径大的一端在上、直径小的一端在下，如同倒置的电线杆）被打入土中，有利于发挥桩侧土体的侧摩阻力，同时随着桩入土深度的增加，土体被扰动程度能够逐渐减轻。因此，有孔锥形管桩能够有效降低静压沉桩效应对周围环境的不利影响。

(3) 有孔锥-柱形组合管桩

尽管有孔锥形管桩具有上述优点，但这种桩型存在处理深度有限、加工成桩模具多及接桩不便等缺陷。为发挥有孔锥形管桩和有孔柱形管桩各自优势，使两者取长补短，因此，将有孔锥形管桩和有孔柱形管桩结合起来，提出有孔锥-柱形组合管桩技术（如图 1-5 所示，类似于“漏斗”状），以达到更佳处理效果。

设计时，有孔锥形管桩的小端尺寸应与有孔柱形管桩的尺寸保持一致，每根桩最后一节采用有孔锥形管桩，其余各节均采用有孔柱形管桩，以此来解决有孔锥形管桩技术在处理深度、成桩模具及接桩等方面存在的问题。有孔锥-柱形组合管桩技术不仅能够有效减轻静压沉桩效应对周围环境的不利影响、提高土体抗剪强度，还能增大面积置换率、提高复合地基的承载力。

(4) 锥形-有孔柱形组合管桩

考虑到地下水位通常位于较深土层，浅层土体通常含水量较小。浅层地基中采用不开孔的锥形管桩，深层地基则采用有孔的柱形管桩。由此可形成锥形-有孔柱形组合管桩。其设计与有孔锥-柱形组合管桩类似，锥形管桩的小端尺寸应与有孔柱形管桩的尺寸保持一致，每根桩最后一节采用锥形管桩，其余各节均采用有孔柱形管桩。如图1-6所示。

有孔管桩技术、有孔锥形管桩技术、有孔锥-柱形组合管桩技术，以及锥形-有孔柱形组合管桩技术除了继承常规预应力管桩的优点外，它还能有效降低桩周土体被破坏的可能性、减小超孔隙水压力最大值并加速其时空消散，从而有效减轻静压沉桩效应对周围环境的不利影响。而且后两种还能增大面积置换率、提高复合地基的承载力。这种有孔管桩技术功效主要是：在管桩施工期，由于管桩挤土效应产生了超孔隙水压力，土中孔隙水可以通过桩孔进入管桩内腔，降低超孔隙水压力最大值，减轻沉桩挤土效应和超孔隙水压力对邻桩造成的不利危害；在施工间歇期，随着超孔隙水压力的消散，土中孔隙水也可以通过桩孔进入管桩内腔，从而加速超孔隙水压力消散，节省工期。若地基含有淤泥质土层，淤泥也可通过桩孔流入管桩内腔；若是管桩内腔集水比较多，则可采取抽水方式将其排除。随着桩内水位降低，土中孔隙水又会进入管桩内腔，从而进一步降低土的含水率，提高土的抗剪强度，增强地基稳定性。因此，只要将有孔管桩代替PTC管桩，即可形成带帽有孔管桩复合地基技术。这种新型管桩复合地基技术，由于桩周土含水量的减少，其土体抗剪强度必定提高，从而增强带帽有孔管桩复合地基承载力。

1.4 本书主要内容

(1) 有孔管桩应力集中系数试验

第2章主要对有孔管桩桩身开孔引起的应力集中系数进行研究，分析开孔孔径和开孔方式对其应力集中系数的影响。

(2) 有孔管桩轴向极限承载力试验

第3章主要对有孔管桩轴向极载承载力进行试验研究，分析开孔孔径和开孔方式对其极限承载力的影响。

(3) 有孔管桩单桩静荷载模型试验

第4章主要对有孔管桩承载性状进行静载荷试验，观测桩身轴力、桩侧摩阻力、荷载沉降等物理量，分析各桩型的极限承载力、桩身轴力、桩侧摩阻力、荷载沉降等的分布特征，并与无孔管桩单桩承载性状进行对比分析。

(4) 带帽有孔管桩单桩复合地基承载特性模型试验

第5章主要对有孔管桩单桩复合地基承载性状进行静载荷试验，观测单桩复合地基荷载沉降、桩身轴力、桩侧摩阻力、桩周土压力、桩土荷载分担比与桩土应力比等物理量，分析各桩型的复合地基荷载沉降、桩身轴力、桩侧摩阻力、桩周土压力、桩土荷载分担比与桩土应力比等物理量的分布特征，并与带帽无孔管桩单桩复合地基承载性状进行对比分析。

(5) 带帽有孔管桩单桩复合地基承载特性数值模拟试验

第6章主要对有孔管桩单桩复合地基承载性状进行数值模拟，观测单桩复合地基荷载沉降、桩身轴力、桩周土压力、桩侧摩阻力、桩土荷载分担比，以及桩土应力比等物理量，分析各桩型的单桩复合地基荷载沉降、桩身轴力、桩周土压力、桩侧摩阻力、桩土荷载分担比，以及桩土应力比等物理量的分布特征，并与室内模型试验结果进行了对比。

(6) 带帽有孔管桩群桩复合地基承载特性试验

第7章主要对有孔管桩群桩复合地基承载性状进行了静载荷试验，观测复合地基荷载沉降、桩身轴力、桩侧摩阻力、桩周土压力、桩土荷载分担比与桩土应力比等物理量，分析各桩型的复合地基荷载沉降、桩身轴力、桩侧摩阻力、桩周土压力、桩土荷载分担比与桩土应力比等物理量的分布特征。同时进行带帽有孔管桩复合地基承载性状数值模拟，将数值分析结果与室内静载荷试验结果进行对比分析。最后其与带帽无孔管桩复合地基承载性状进行对比分析，再次验证桩身开孔有助于提高桩周土体分担荷载的能力。

1.5 研究思路

桩身开孔势必会引起管桩应力集中现象和承载力折减问题，不同开孔方式，引起的应力集中现象及其应力集中系数应有所差异。另一方面，桩身开孔必然也会加速静压沉桩过程中产生的超静孔隙水压力消散过程，减小桩周土体的含水量，提高桩周土体抗剪强度，从而提高带帽有孔管桩复合地基承载力。由于有孔管桩技术目前还没有工程应用，因此本书采用试验研究方法，对桩身开孔的方式、孔径大小、孔径间距等方面进行研究，提出合适的开孔方式和布孔方案，为有孔管桩开孔优化设计提供思路。在此基础上，开展有孔管桩单桩承载力、带帽有孔管桩单桩复合地基承载力和带帽有孔管桩群桩复合地基承载力等方面进行了静载荷试验，研究了带帽有孔管桩复合地基荷载传递特性。与此同时，也进行了无孔管桩在上述试验条件下相应的试验研究，对比分析有孔管桩单桩极限承载力与无孔管桩单桩极限承载力、带帽有孔管桩复合地基极限承载力与带帽无孔管桩复合地基极限承载力等之间的大小关系，验证桩身开孔引起桩体承载力的折减可以通过提高带帽有孔管桩复合地基的承载力来弥补，从而证明有孔管桩技术具有较好的先进性和科学性，为有孔管桩技术应用推广提供扎实的试验依据。

第2章 有孔管桩应力集中系数试验

2.1 概述

有孔管桩能够有效加速静压沉桩过程产生的超孔隙水压力消散，并减小超孔隙水压力最大值[93-95]。随着超孔隙水压力的加速消散，能够有效避免桩身上浮和偏移等不利情况，并能有效提高土体抗剪强度和开挖基坑的安全性。但桩身开孔将会引起应力集中现象，并降低桩身承载能力，从而影响桩身使用寿命和桩基工程安全。如何选择有孔管桩桩身开孔、布孔方式的最优组合为重要研究目标。

本章主要围绕有孔管桩桩身开孔所引起的应力集中问题进行研究，采用模型试验方法，研究不同的布孔方式、开孔孔径等因素对应力集中系数的影响规律，以此分析影响有孔管桩应力集中系数的敏感性因素，为有孔管桩最优布孔方案提供可靠的试验依据。

2.2 试验概况

2.2.1 试验目的

研究有孔管桩开孔所产生的应力集中现象及应力集中系数分布规律，分析其影响因素，以此确定最优布孔方案。

2.2.2 理论简述

应力集中现象的产生，主要是因为结构构件截面出现了急剧的变化。结构出现过高的应力集中，必定会导致结构各部分受力不均匀，结构稳定性差，结构受力时易产生疲劳损伤，使用寿命大大缩短。由于桩身开孔，势必造成桩身截面出现骤然变化，从而产生应力集中。工程上常用应力集中系数表示应力集中程度大小，应力集中处的最大应力 $\sigma_{\max}$ 与适当选取的基准应力 σ_{n} 之比，即为应力集中系数，即：

$$\alpha_{\sigma}=\frac{\sigma_{\max}}{\sigma_{n}} \tag{2-1}$$

式中：α_{σ} 为应力集中系数；$\sigma_{\max}$ 为最大应力；σ_{n} 为基准应力。

通过对平板开圆孔应力集中问题的理论研究，可以确定圆孔最大应力集中点，并以此点为测量点，以其应力值为最大应力σ_{max}。为了与无孔管桩进行对比分析，故取无孔管桩上相同位置处（A、B、C截面处）的应力为基准应力。实际测量时，取每个截面上的3个点的应力值的平均值为最终的基准应力σ_n。

并由胡克定律可知：

$$E=\frac{\sigma}{\varepsilon} \tag{2-2}$$

式中：E为弹性模量；σ为应力；ε为应变。

因此，应力集中系数可以表示为：

$$\alpha_\sigma=\frac{\sigma_{max}}{\sigma_n}=\frac{E\cdot\varepsilon_{max}}{E\cdot\varepsilon_{jz}}=\frac{\varepsilon_{max}}{\varepsilon_{jz}} \tag{2-3}$$

式中：ε_{max}为最大应变量；ε_{jz}为基准应变量。

2.3　模型桩设计

本试验有孔管桩采用304不锈钢管制备。模型桩几何参数为：长度为200mm，外径为38mm，内径为32mm，分别在桩身上A、B、C三个横截面位置开孔（以下简称A截面、B截面、C截面），各截面之间的距离为50mm。每种有孔柱形管桩模型均设计了4种开孔孔径，分别为5mm、6mm、8mm、10mm，并通过角度盘和高度游标卡尺对桩身开孔位置进行划线定位，然后用台钻进行开孔加工，划线仪器和开孔定位桩身模型如图2-1所示。

(*a*)

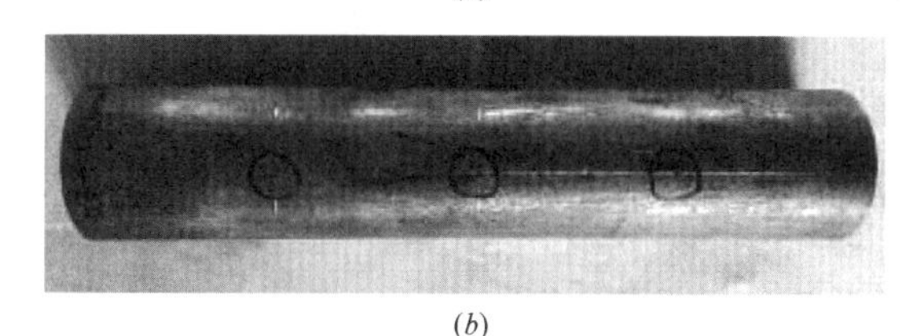

(*b*)

图2-1　划线仪器与开孔定位桩身模型

(*a*) 角度盘和高度游标卡尺；(*b*) 划线确定好开孔点的桩身模型

有孔管桩模型部分实物如图 2-2 所示。

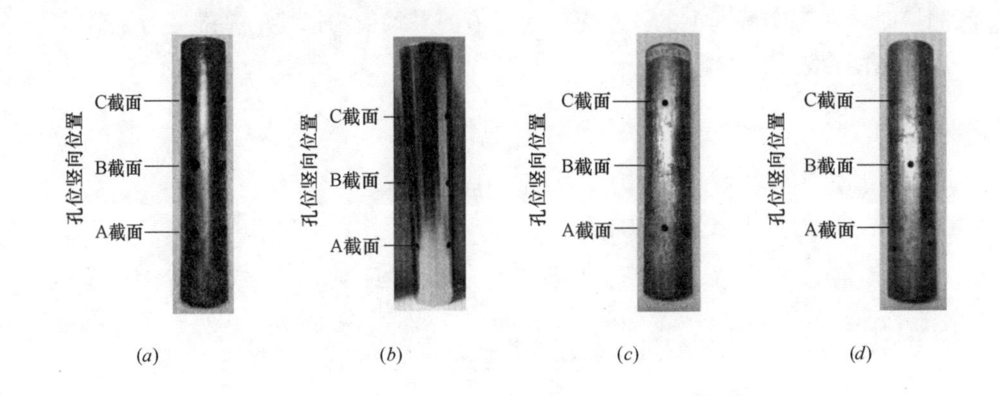

图 2-2 有孔管桩模型

(*a*) 孔径 10mm；(*b*) 孔径 8mm；(*c*) 孔径 6mm；(*d*) 孔径 5mm

2.4 开孔方式

2.4.1 有孔管桩开孔方式

本次有孔管桩模型试验共设计了 6 种开孔方式，分别为：单向对穿有孔管桩、双向对穿有孔管桩、星状有孔管桩、单向不对穿有孔管桩、双向不对穿有孔管桩、不对称的双向对穿有孔管桩，布孔方案如图 2-3 所示。

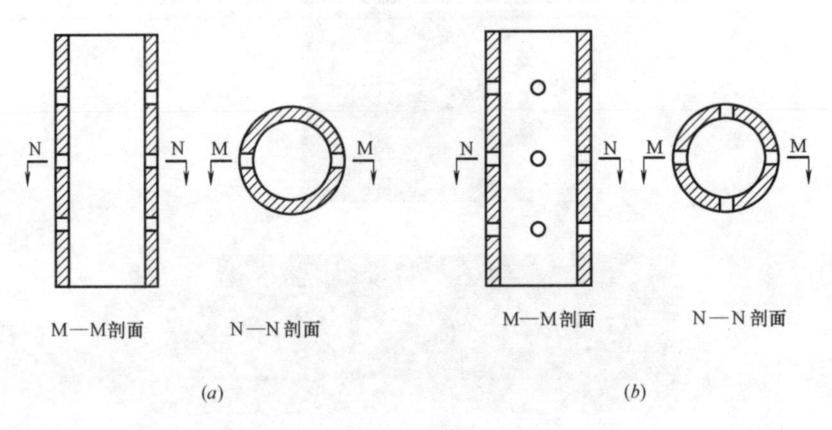

图 2-3 有孔管桩布孔方案示意图（一）

(*a*) 单向对穿桩型；(*b*) 双向对穿桩型

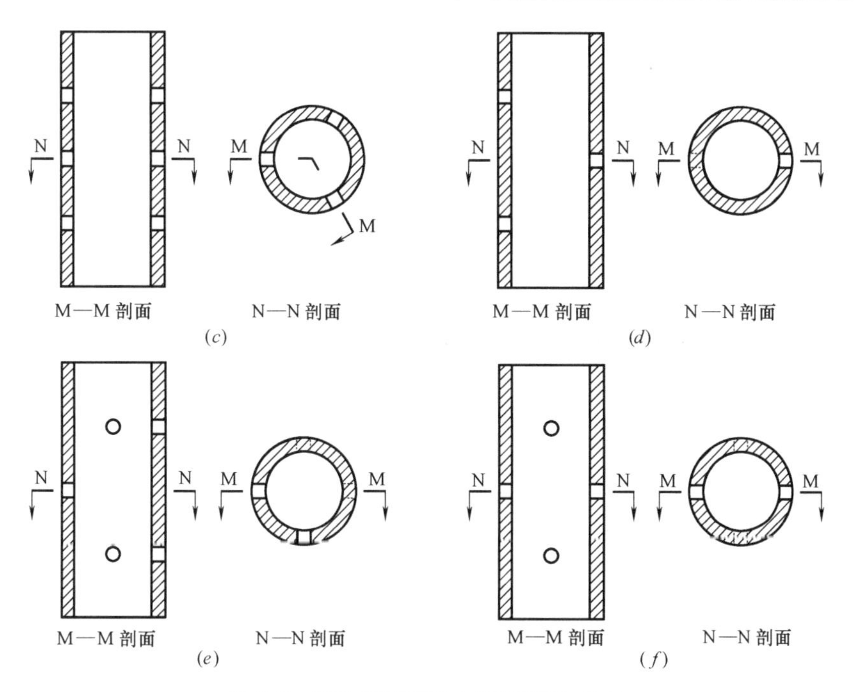

图 2-3　有孔管桩布孔方案示意图（二）

（c）星状桩型；（d）单向不对穿桩型；（e）双向不对穿桩型；（f）不对称的双向对穿桩型

2. 4. 2　应变片布置方案

各桩型应变片布置方案，如图 2-4 所示。示意图为桩身沿纵向剖切，并沿圆周角度展开所得。图中 X 轴孔位圆周布置角度与桩身横截面圆周角度相对应，Y 轴孔位竖向位置 A、B、C 分别对应于桩身上的 A、B、C 三个开孔截面，如图 2-2。图中圆孔周围所取应力集中测量点命名为 ij（i=A，B，C；j=1，2，3，4），其中 i=A，B，C 分别表示测量点在 A、B、C 截面上；而 j 的取值则根据不同桩型各自截面上的开孔数而定，如图 2-4（b）～(g)。基准应力参考测量点命名为 st（s=A，B，C；t=1，2，3），如图 2-4（a）所示。

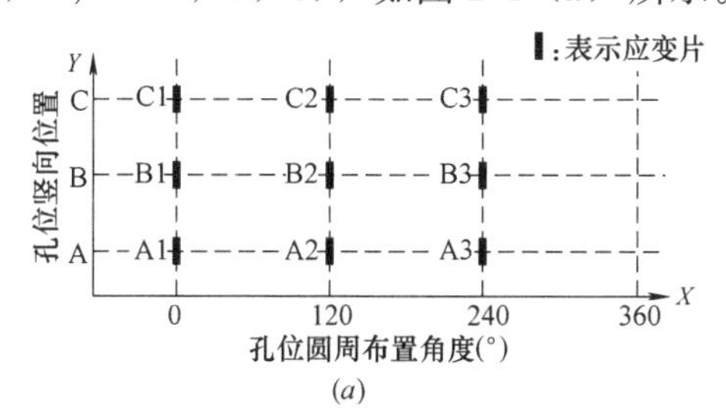

图 2-4　应变片布置方案图（一）

（a）无孔桩型

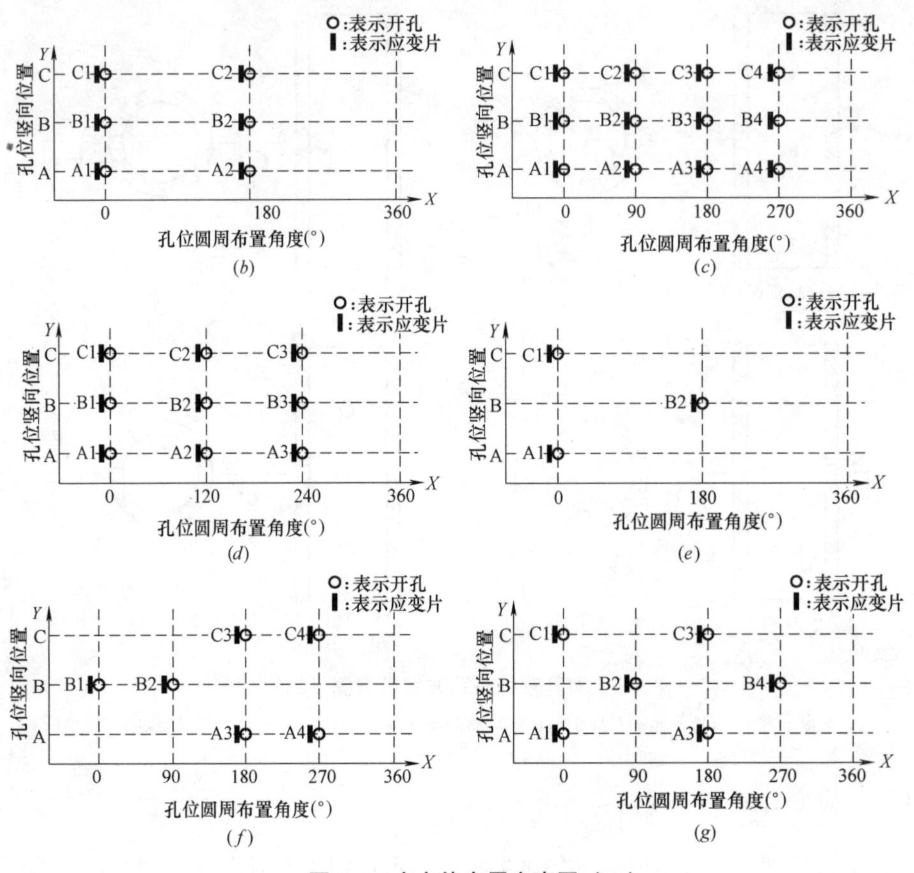

图 2-4 应变片布置方案图（二）

（*b*）单向对穿桩型；（*c*）双向对穿桩型；（*d*）星状桩型；（*e*）单向不对穿桩型；（*f*）双向不对穿桩型；（*g*）不对称的双向对穿桩型

贴好应变片的有孔管桩模型如图 2-5 所示。

图 2-5 贴有应变片的有孔管桩模型

2.5 测试内容与试验方法

2.5.1 测试内容

通过各测点所布置的应变片，测出各桩型承载受力时桩身孔边缘的应变量，以分析应力集中系数分布规律。

2.5.2 试验方法

利用5t级电子万能试验机进行应力集中试验，试验设备如图2-6所示。应力集中试验中，将加载的压力值控制在模型桩的弹性变形范围内，按照10kN、20kN、30kN、40kN、50kN分级加载，直至试验最大荷载50kN，然后分级卸载到零，对于每一级荷载，须待荷载值达到相对稳定后再进行试验数据记录。

(a)

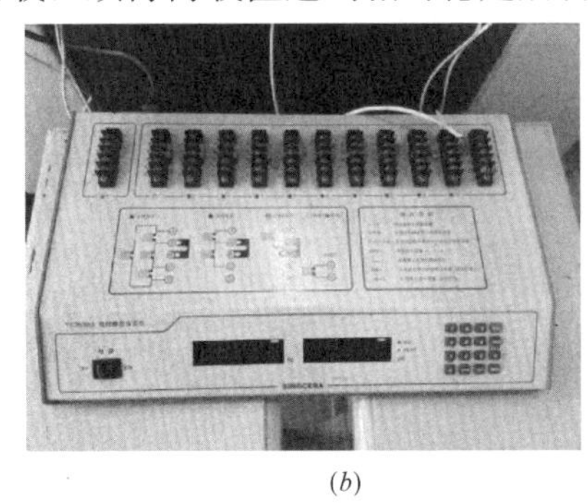

(b)

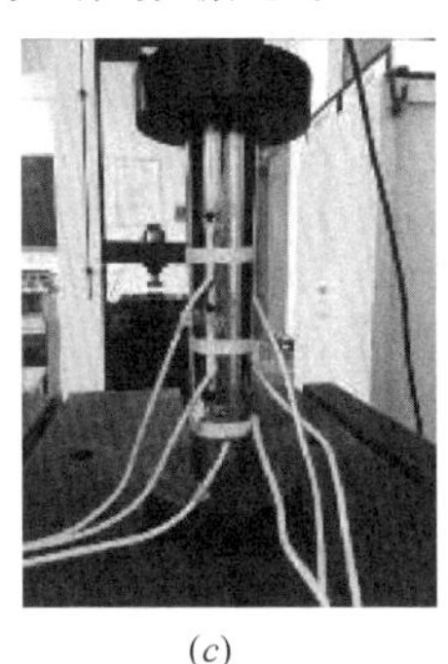

(c)

图2-6 试验设备照片及试验

(*a*) 5t级电子万能试验机；(*b*) YE2538A程控静态应变仪；(*c*) 应力集中系数试验

2.6 有孔管桩试验结果与分析

由于桩身各截面段（A、B、C段）的开孔位置轴向对称，且受力情况相同，为了方便比较三个截面段开孔应力集中系数的差异性，取同一截面段上所有开孔应力集中系数的平均值作为该截面段的应力集中系数值，例如，对于无孔管桩的A截面段而言，有3个数据测量点，如图2-4（*a*）所示，分别为A1、A2和A3，取三者的平均值作为无孔管桩的A截面段的应力集中系数值；对于单向对穿有孔管桩的A截面段而言，有2个数据测量点，如图2-4（*b*）所示，分别为A1和A2，取两者的平均值作为单向对穿有孔管桩A截面段的应力集中系数值。同时，分别对每种桩型进行3次加载试验，然后取3组数据平均值作为试验最终结果。

本试验设计的4种开孔孔径（分别为5mm、6mm、8mm、10mm）的有孔柱形管桩，它们的桩身开孔应力集中系数分布规律分析如下。

2.6.1 各桩型开 5mm 孔径应力集中系数分析

(1) 单桩应力集中系数分析

各桩型应力集中系数测试数据，绘成曲线分别如图 2-7～图 2-12 所示。

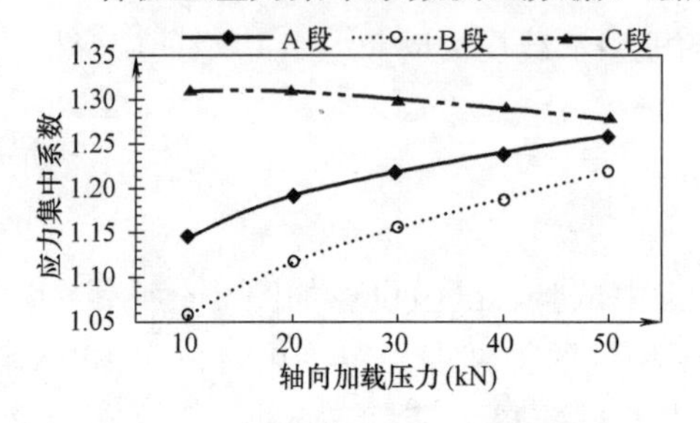

图 2-7 单向对穿孔桩型应力集中系数（开孔孔径：5mm）

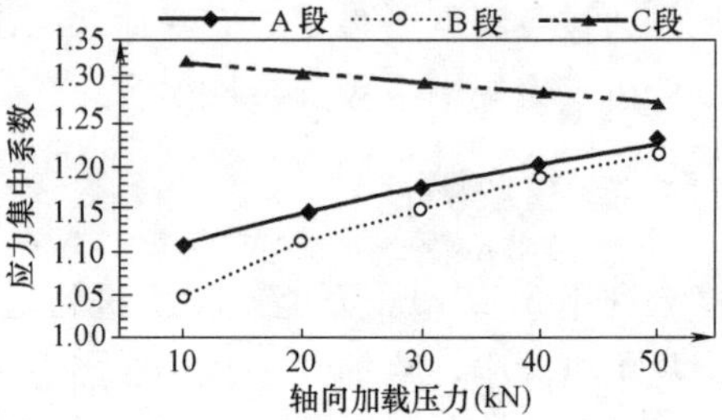

图 2-8 双向对穿孔桩型应力集中系数（开孔孔径：5mm）

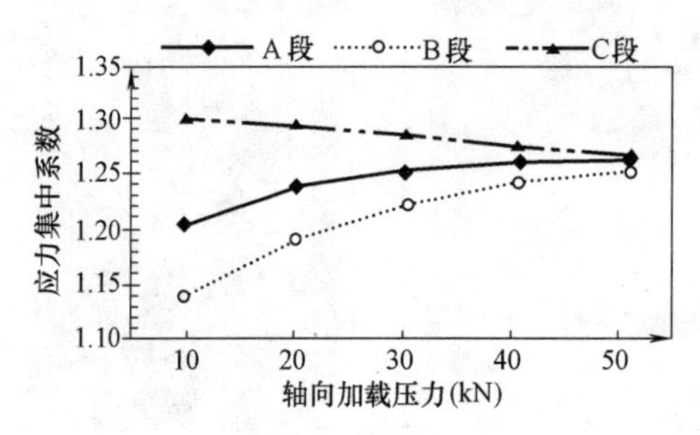

图 2-9 星状孔桩型应力集中系数（开孔孔径：5mm）

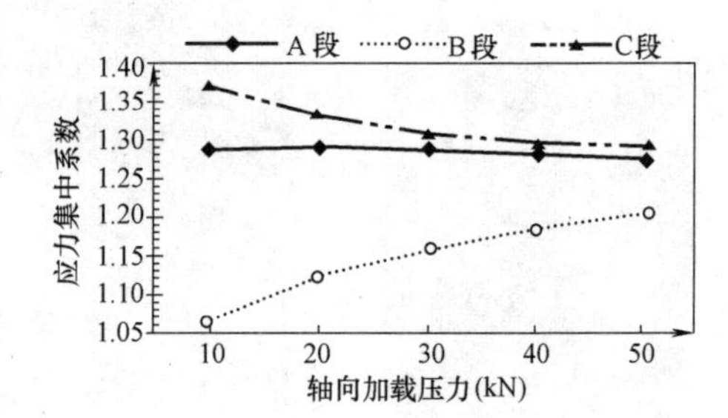

图 2-10 单向不对穿孔桩型应力集中系数（开孔孔径：5mm）

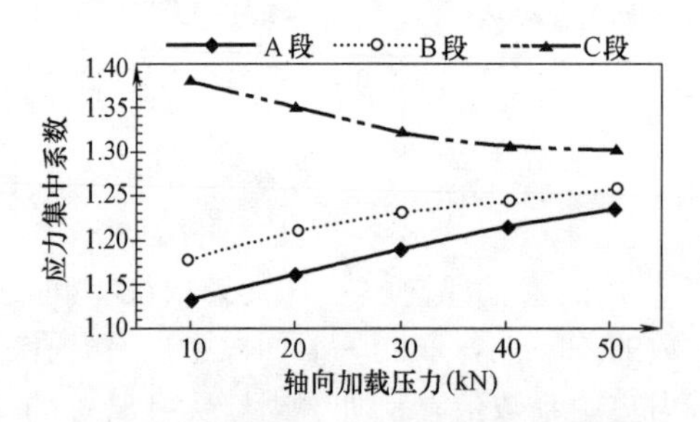

图 2-11 双向不对穿孔桩型应力集中系数（开孔孔径：5mm）

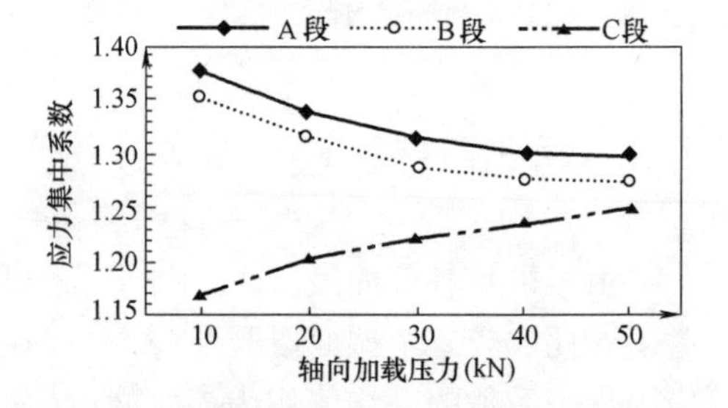

图 2-12 不对称的双向对穿孔桩型应力集中系数（开孔孔径：5mm）

如图 2-7 所示，单向对穿桩型桩身 C 截面段的应力集中系数比 A 截面段和 B 截面段的开孔应力集中系数大很多，受力平稳阶段达到了 1.2799，而 A 截面段在平稳阶段系数值趋于 C 截面段，系数为 1.2589，B 截面的开孔应力集中系数最小，只有 1.2181，由此可知该桩型薄弱段为 C 截面段开孔部位，A 截面段次之，

B 截面段最小，B 截面段受力较为均匀。

如图 2-8 所示，双向对穿桩型桩身 A、B、C 各截面开孔应力集中系数曲线走势较为平稳，A、B 段系数值均较小，桩身下部受力均匀。应力集中系数最大值所处截面为 C 截面，平稳阶段达到了 1.2751，A 截面处次之，最小为 B 截面处，A、B 段系数值较为接近，平稳阶段系数值只有 1.22 左右，A、B 段应力集中系数趋势平稳，由此可知该桩型桩身受力薄弱段为 C 截面段开孔部位，A、B 截面处应力集中现象不明显。

如图 2-9 所示，星状桩型桩身各开孔段的应力集中系数曲线走势趋于平稳集中，应力集中系数在 C 截面处最大，A 截面处次之，B 截面处最小，且三段系数值较为集中，桩身整体受力均匀，但各段应力集中系数均较大，在 1.25～1.26 之间，应力集中现象相对突出，其主要原因在于各截面开孔数增加，导致桩身截面有效承载面积减小，开孔处应力集中程度增加。

如图 2-10 所示，单向不对穿桩型桩身 A、C 开孔段的应力集中系数曲线走势呈下降趋势，并趋于平稳，但应力集中系数 C 截面处最大，A 截面处次之，B 截面处面最小，且 A 和 C 截面处应力集中系数在平稳阶段数值均较大，分别达到了 1.2743 和 1.2919，开孔部位应力集中现象比较明显，而 B 截面处数值只有 1.2038，应力集中程度低，各截面段应力集中系数分布范围大，导致桩身整体受力分布不均匀，其主要原因是桩身各开孔段截面只是单边开孔，致使该段桩身受力时呈单边薄弱状态，受力分布不平衡，从而引起桩身整体结构受力不均，结构不稳定，结构失稳概率较大。

如图 2-11 所示，双向不对穿桩型桩身各开孔段应力集中系数趋于集中，但应力集中系数最大值所处位置为 C 截面，其次是 B 截面处，A 截面处最小，其中 A 截面处系数值在受力平稳阶段为 1.2363，而 C 截面处系数值达到了 1.3026，呈现上部薄弱的态势，与常规无孔桩型受力分布规律相反，究其原因，主要是因为该桩型三段开孔截面的相对开孔角度相对错开，导致桩身结构承载受力不连贯，受力分布规律不合理。

如图 2-12 所示，不对称的双向对穿桩型桩身各开孔段应力集中系数走势平稳，但系数值相对较高，应力集中系数 A 截面处最大，B 截面处次之，C 截面处最小。受力平稳阶段，A 截面处系数值达到了 1.3005，B 截面处系数也达到了 1.2753，而 C 截面处系数值只有 1.25，呈现中、下两开孔端面薄弱的态势，受力分布规律不合理，其主要原因在于桩身各开孔截面之间的开孔位置相对错开，未开孔部分上下不连贯，且桩身同一开孔截面（如 A 截面）上开孔位置之间的圆周角度不相等，在圆周上分布位置不对称，致使桩身受力不均匀，桩身结构上下承载受力不连贯。

常规无孔管桩受压数值模拟结果和实体模型受压结果，如图 2-13 所示，可以看出，桩身下部受力变形量最大，即 A 截面段变形最大。

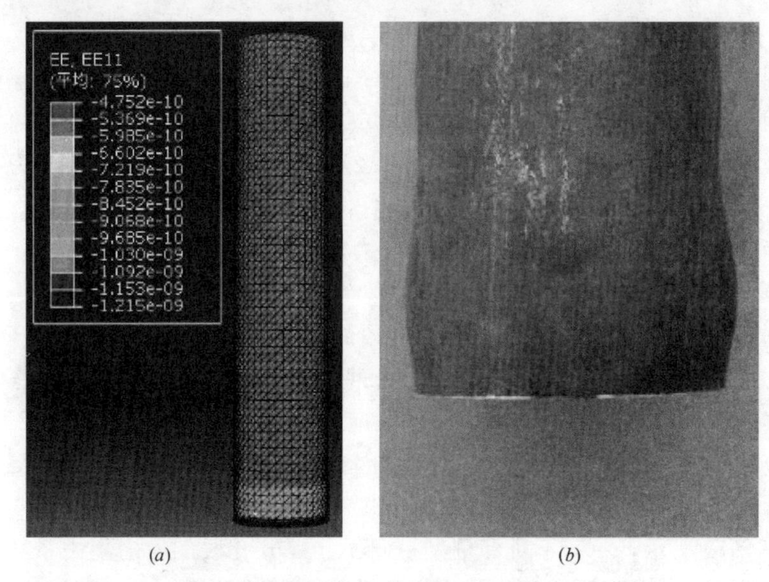

(*a*) (*b*)

图 2-13 无孔管桩变形图

(*a*) 无孔管桩数值模拟应变云图；(*b*) 无孔管桩模型受压变形图

为了得出桩身各开孔截面之间的应力集中系数的相对分布规律，对所有孔的应力集中系数数据进行包络处理，如图 2-14 所示。

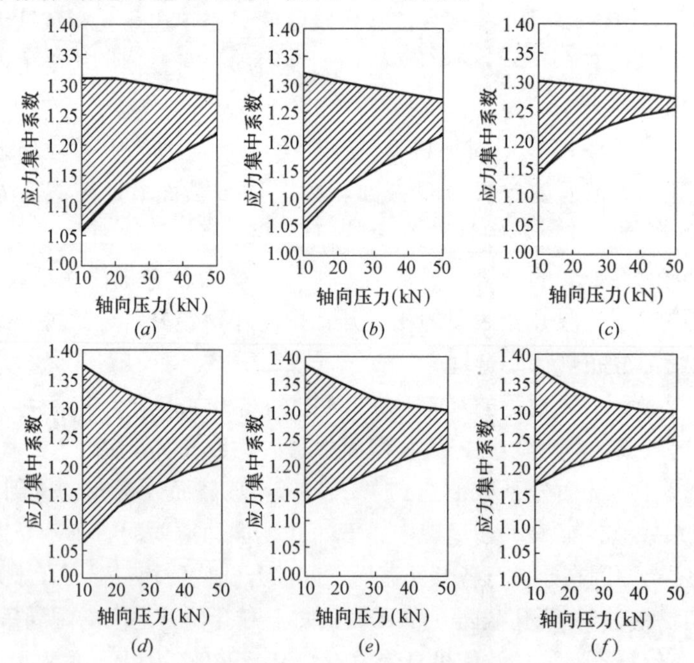

图 2-14 各种有孔管桩应力集中系数包络图（开孔孔径：5mm）

(*a*) 单向对穿孔桩型；(*b*) 双向对穿孔桩型；(*c*) 星状桩型；(*d*) 单向不对穿桩型；(*e*) 双向不对穿孔桩型；(*f*) 不对称双向对穿孔桩型

如图 2-14 所示，在加载的整个过程中，对称开孔桩型桩身各开孔截面处的应力集中系数分布更为均匀，分布范围更为集中，走势更为平稳，结构受力稳定性较强，特别是星状桩型在受力平稳阶段系数分布范围均维持在 1.25 左右。不对称桩型受力前半段系数分布范围较大，平稳阶段系数值均较大，分布范围广，桩身结构受力稳定性差，因此，星状开孔桩型结构受力性能最好。

（2）各桩型开孔截面应力集中系数对比分析

为了探究不同开孔桩型间同一开孔截面段的差异性，进行同一截面段应力集中系数值的比较，以对不同开孔桩型应力集中分布规律进行对比分析，如图2-15所示。

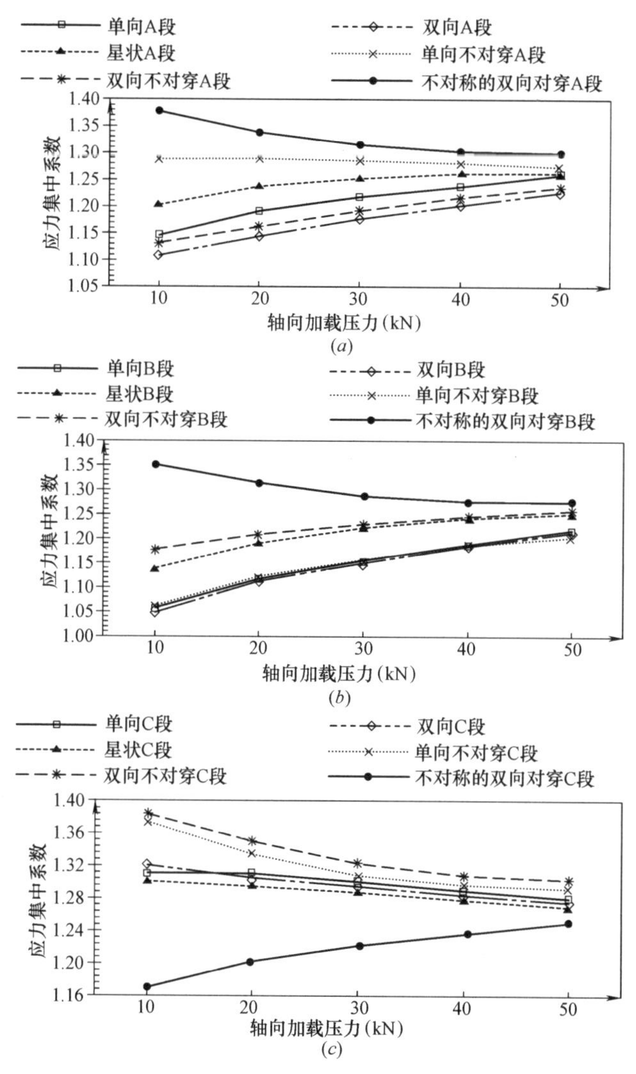

图 2-15　各桩型 A、B、C 截面段应力集中系数比较图（开孔孔径：5mm）

（*a*）各桩型 A 截面段；（*b*）各桩型 B 截面段；（*c*）各桩型 C 截面段

从图 2-15 可以看出，各桩型的 A 截面段系数值相差较大，不对称的双向对穿桩型和单向不对穿桩型系数值较大，星状最为平稳，其余桩型系数值较为集中且相对较低；各桩型的 B 截面段系数值差异性更为明显，不对称的双向对穿桩型系数值最大，星状桩型和双向不对穿桩型系数值较为平稳且集中，其余桩型较为集中且相对较低，应力集中程度较低；各桩型的 C 截面段系数值比较集中，但不对称的双向对穿桩型系数值偏低，而单向不对穿桩型和双向不对穿桩型系数值较高。总体而言，三种不对穿桩型的三个截面处应力集中系数数值分布范围波动比较大，结构受力不稳定；对称桩型三个截面段系数值波动幅度小，受力相对均衡，特别是星状桩型三个截面处系数值都比较集中且平稳，但在受力平稳阶段系数值比较大，均达到了 1.25 左右，应力集中现象比较明显。

2.6.2 各桩型开 6mm 孔径应力集中系数分析

(1) 单桩应力集中系数分析

各桩型应力集中系数测试数据，绘成曲线分别如图 2-16～图 2-21 所示。

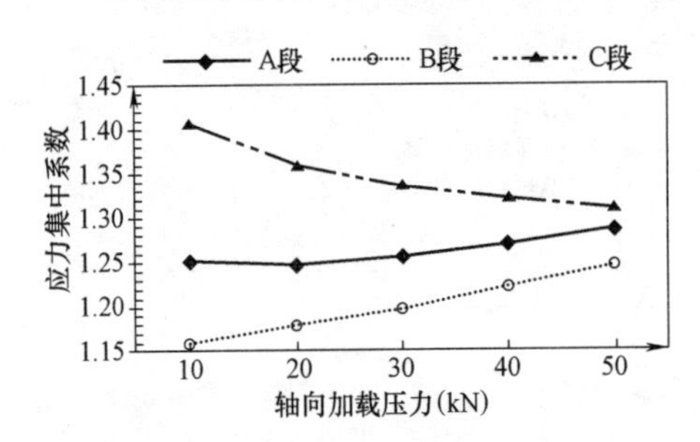

图 2-16 单向对穿孔桩型应力集中系数（开孔孔径：6mm）

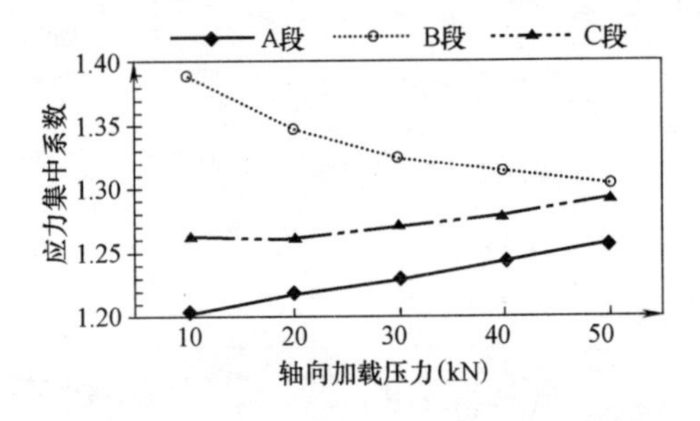

图 2-17 双向对穿孔桩型应力集中系数（开孔孔径：6mm）

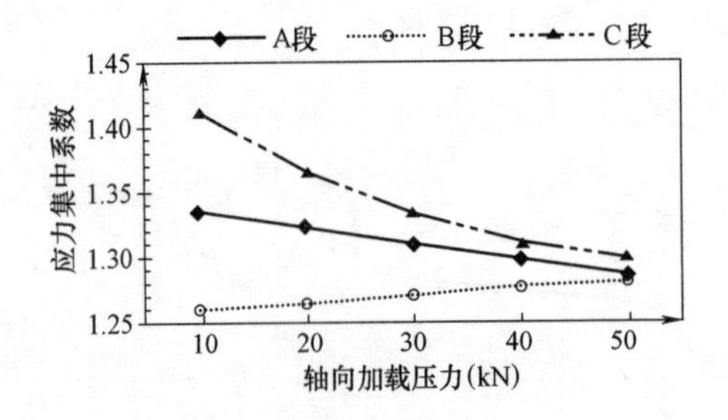

图 2-18 星状孔桩型应力集中系数（开孔孔径：6mm）

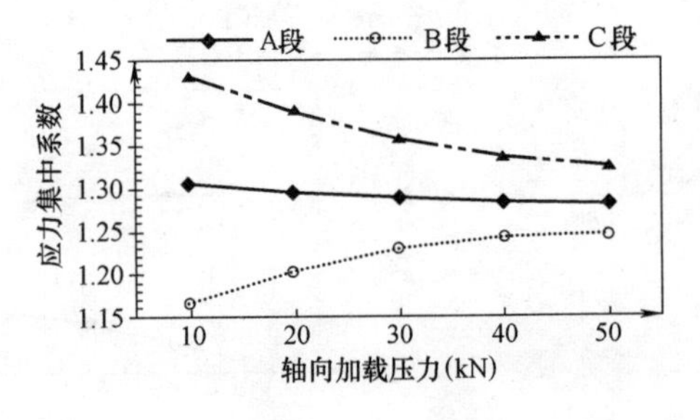

图 2-19 单向不对穿孔桩型应力集中系数（开孔孔径：6mm）

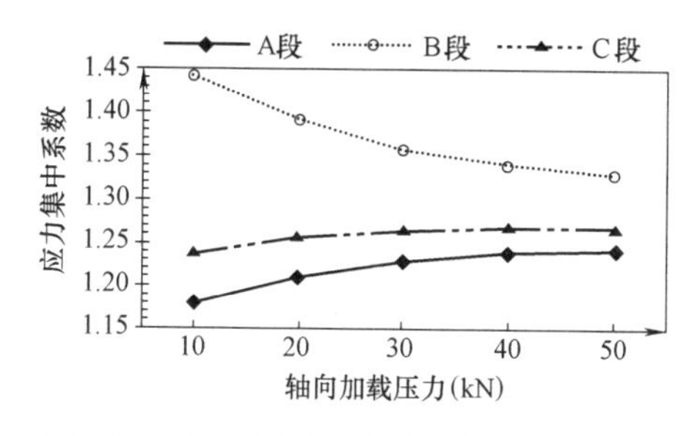

图 2-20 双向不对穿孔桩型应力集中系数（开孔孔径：6mm）

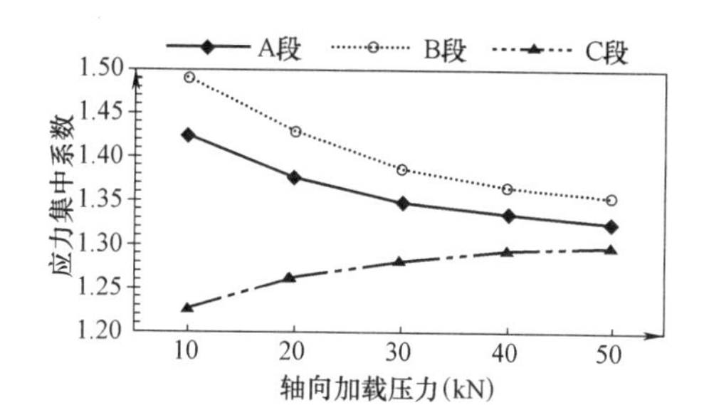

图 2-21 不对称的双向对穿孔桩型应力集中系数（开孔孔径：6mm）

如图 2-16 所示，单向对穿桩型桩身 C 截面段的应力集中系数比 A 截面段和 B 截面段的开孔应力集中系数大得多，受力平稳阶段达到了 1.3086，A 截面段次之，在平稳阶段系数值达到了 1.2862，B 截面的开孔应力集中系数最小，只有 1.2467，由此可知该桩型薄弱段为 C 截面段开孔部位，A 截面段次之，B 截面段最小，B 截面段受力较为均匀。

如图 2-17 所示，双向对穿桩型桩身 A、B、C 各截面开孔应力集中系数曲线走势较为平稳，A、B 段系数值均较小且较为接近。应力集中系数最大值所处截面为 C 截面，平稳阶段达到了 1.3158，A 截面处次之，最小为 B 截面处，由此可知该桩型桩身受力薄弱段为 C 截面段开孔部位，A、B 截面处应力集中程度相对较低。

如图 2-18 所示，星状桩型桩身各开孔段的应力集中系数曲线走势趋于平稳集中，应力集中系数在 C 截面处最大，A 截面处次之，B 截面处最小，且三段系数值较为集中，桩身整体受力均匀，但各段应力集中系数均较大，在 1.28～1.29 左右，应力集中现象相对突出，其主要原因在于各截面开孔数增加，导致桩身截面有效承载面积减小，开孔处应力集中程度增加。

如图 2-19 所示，单向不对穿桩型桩身 C 开孔段的应力集中系数曲线走势呈下降趋势，并趋于平稳，但应力集中系数 C 截面处最大，A 截面处次之，B 截面处面最小，在平稳阶段 C 截面数值达到了 1.3266，开孔部位应力集中现象比较明显，C 截面数值为 1.2815，而 B 截面处数值只有 1.2467，应力集中程度低，各截面段应力集中系数分布范围大，导致桩身整体受力分布不均匀，其主要原因是桩身各开孔段截面只是单边开孔，致使该段桩身受力时呈单边薄弱状态，受力分布不平衡，从而引起桩身整体结构受力不均，结构不稳定，结构失稳概率较大。

如图 2-20 所示，双向不对穿桩型桩身 A、C 截面段应力集中系数趋于集中，应力集中系数最大值位置处为 B 截面，其次是 C 截面处，A 截面处最小，其中 A 截面处系数值在受力平稳阶段约为 1.2411，而 C 截面处系数值达到了 1.3290，呈现上部薄弱的态势，与常规无孔桩型受力分布规律相反，究其原因，主要是因为该桩型三段开孔截面的相对开孔角度相对错开，导致桩身结构承载受力不连贯，受力分布规律不合理。

如图 2-21 所示，不对称的双向对穿桩型桩身各开孔段应力集中系数走势平稳，但系数值相对较高，应力集中系数 B 截面处最大，A 截面处次之，C 截面处最小。受力平稳阶段，B 截面处系数值达到了 1.3552，A 截面处系数也达到了 1.3254，而 C 截面处系数值只有 1.2990，桩身中部开孔截面段最为薄弱，其次是下部截面段，受力分布规律不合理，其主要原因在于桩身各开孔截面之间的开孔位置相对错开，未开孔部分上下不连贯，且桩身同一开孔截面（如 A 截面）上开孔位置之间的圆周角度不相等，在圆周上分布位置不对称，致使桩身受力不均匀，桩身结构上下承载受力不连贯，且各开孔截面处应力集中系数均较大，应力集中现象较明显。

为了得出桩身各开孔截面之间的应力集中系数的相对分布规律，对所有孔的应力集中系数数据进行包络处理，如图 2-22 所示。

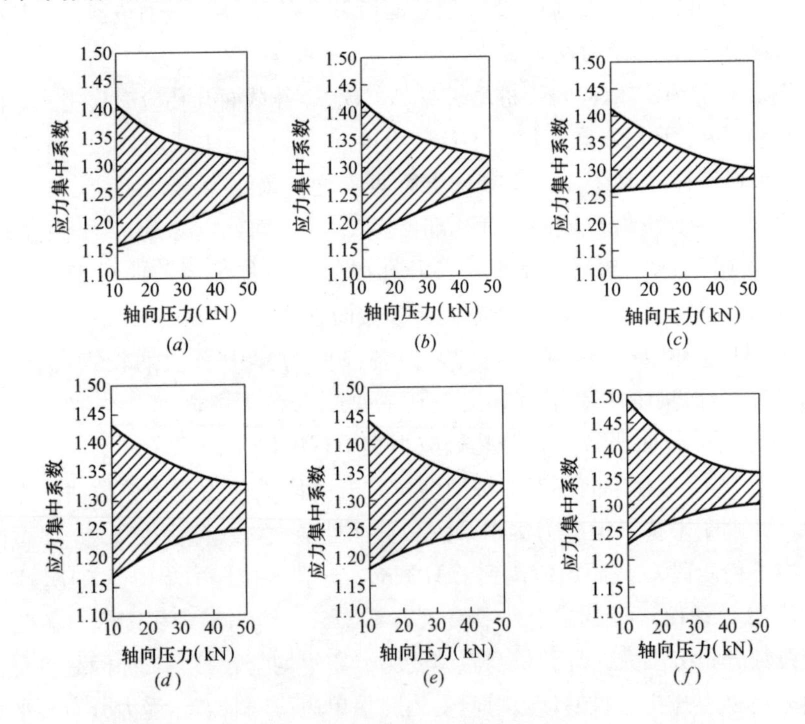

图 2-22 各有孔管桩应力集中系数包络图（开孔孔径：6mm）

(a) 单向对穿孔桩型；(b) 双向对穿孔桩型；(c) 星状孔桩型；(d) 单向不对穿孔桩型；(e) 双向不对穿孔桩型；(f) 不对称双向对穿孔桩型

如图 2-22 所示，在加载的整个过程中，对称开孔桩型桩身各开孔截面处的应力集中系数分布更为均匀，分布范围更为集中，走势更为平稳，特别是星状桩型应力集中系数分布更为集中，结构受力稳定性较强，星状桩型在受力平稳阶段系数分布范围均维持在 1.28 左右。不对称桩型受力前半段系数分布范围较大，平稳阶段系数值均较大，分布范围广，桩身结构整体受力稳定性差，因此，星状开孔桩型结构受力性能最好。

（2）各桩型开孔截面应力集中系数对比分析

为了探究不同开孔桩型间同一开孔截面段处的差异性，因此对同一截面段系数值进行比较，以对不同开孔桩型应力集中分布规律进行对比分析，如图 2-23 所示。

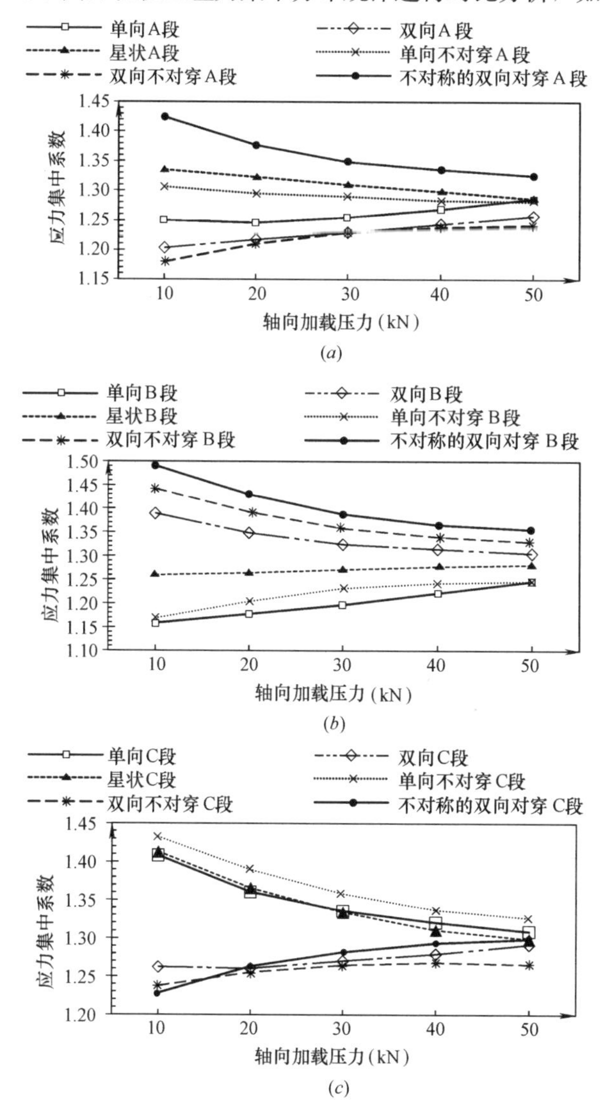

图 2-23　各桩型 A、B、C 截面段应力集中系数比较图（开孔孔径：6mm）

(*a*) 各桩型 A 截面段；(*b*) 各桩型 B 截面段；(*c*) 各桩型 C 截面段

从图 2-23 可以看出，各桩型的 A 截面段系数值相差较大，不对称的双向对穿桩型系数值较大，星状和单向不对称桩型次之，其余桩型系数值较为集中且相对较低；各桩型的 B 截面段系数值差异性更为明显，双向不对穿和不对称的双向对穿桩型系数值较大，星状桩型系数值较为平稳，其余桩型系数集中且相对较低，应力集中程度较低；各桩型的 C 截面段系数值比较集中，但双向不对穿和不对称的双向对穿桩型系数值偏低，其余桩型系数值较高但集中。总体而言，三种不对穿桩型的三个截面处应力集中系数数值分布范围波动比较大，结构受力不稳定；对称桩型三个截面段系数值波动幅度小，受力相对均衡，特别是星状桩型三个截面处系数值都比较平稳，但在受力平稳阶段系数值比较大，均达到了 1.28 左右，应力集中程度相对较高。

2.6.3 各桩型开 8mm 孔径应力集中系数分析

(1) 单桩应力集中系数分析

各桩型应力集中系数测试数据，绘成曲线分别如图 2-24～图 2-29 所示。

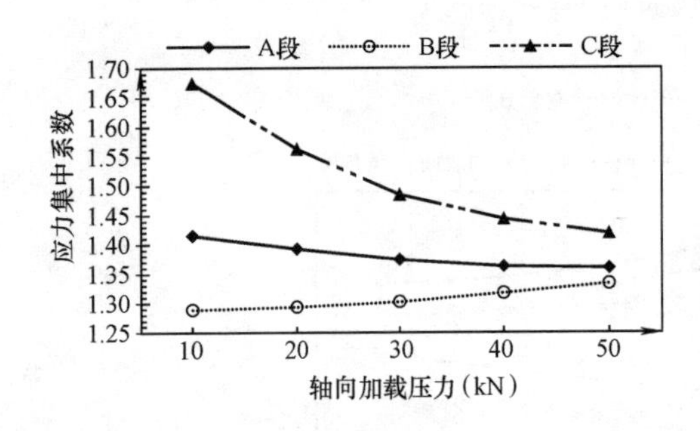

图 2-24　单向对穿孔桩型应力集中系数（开孔孔径：8mm）

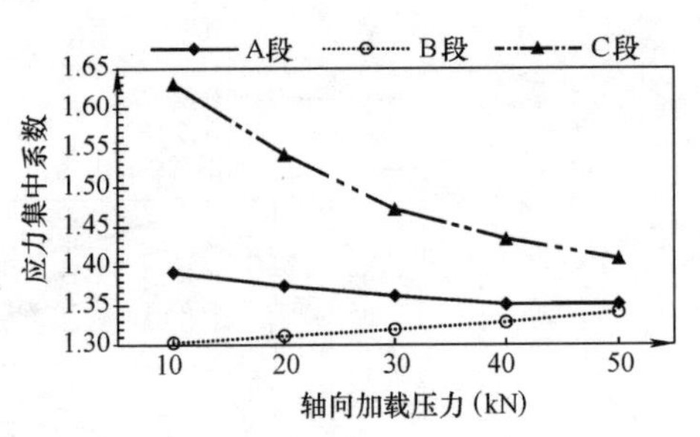

图 2-25　双向对穿孔桩型应力集中系数（开孔孔径：8mm）

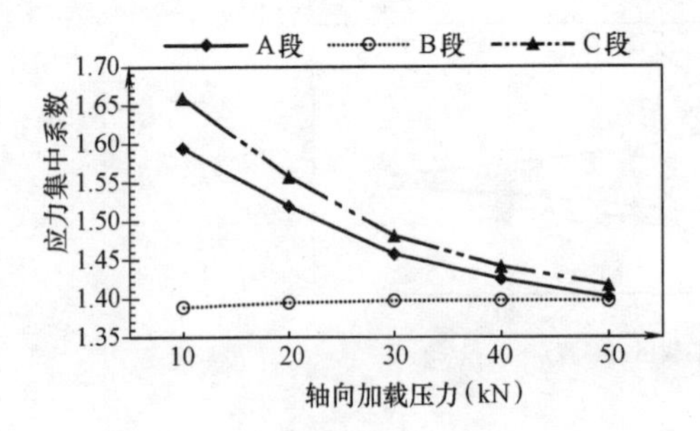

图 2-26　星状孔桩型应力集中系数（开孔孔径：8mm）

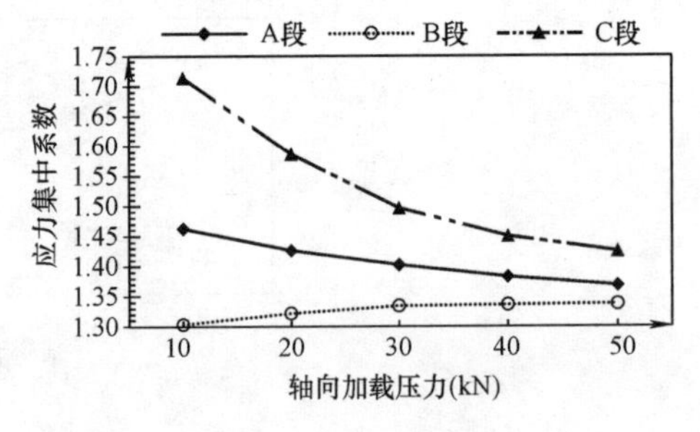

图 2-27　单向不对穿孔桩型应力集中系数（开孔孔径：8mm）

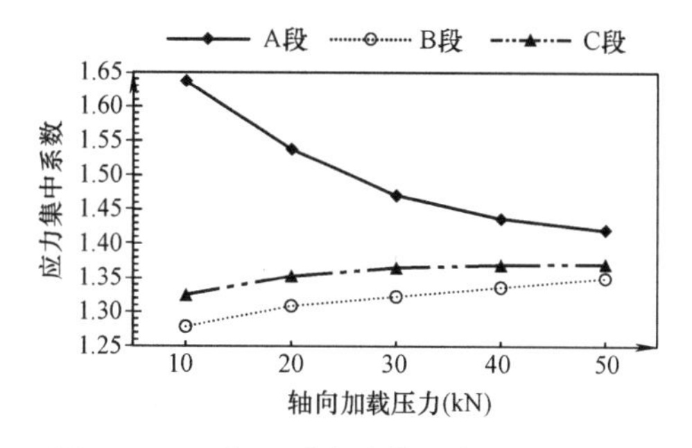

图 2-28　双向不对穿孔桩型应力集中系数（开孔孔径：8mm）

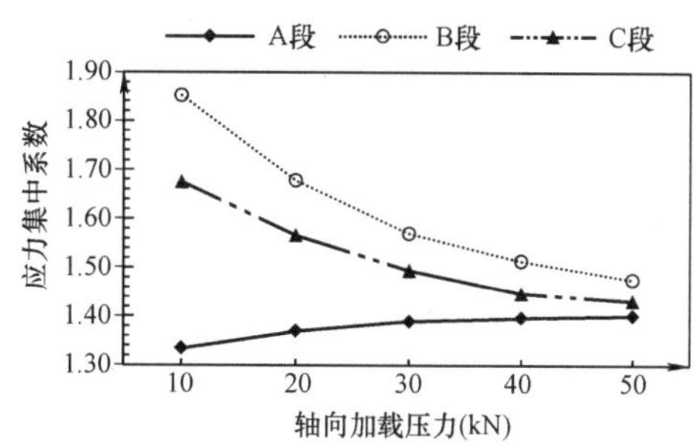

图 2-29　不对称的双向对穿孔桩型应力集中系数（开孔孔径：8mm）

如图 2-24 所示，单向对穿桩型桩身 C 截面段的应力集中系数比 A 截面段和 B 截面段的开孔应力集中系数大得多，受力平稳阶段达到了 1.4199，A 截面段次之，在平稳阶段系数值达到了 1.3599，B 截面的开孔应力集中系数最小，只有 1.3337，由此可知该桩型薄弱段为 C 截面段开孔部位，A 截面段次之，B 截面段最小，B 截面段受力较为均匀。

如图 2-25 所示，双向对穿桩型桩身各截面开孔应力集中系数曲线较为分散，C 段系数值平稳阶段最大，达到了 1.4294，A 截面段次之，B 截面段最小，只有 1.3385，整体受力不均衡。由此可知该桩型桩身受力薄弱段为 C 截面段开孔部位，A、B 截面处应力集中现象不明显。

如图 2-26 所示，星状桩型桩身各开孔段的应力集中系数曲线走势趋于平稳集中，应力集中系数在 C 截面处最大，A 截面系数与 C 截面较为接近，B 截面处最小，受力平稳阶段，三段系数值较为集中，桩身整体受力均匀，但各段应力集中系数均较大，在 1.39～1.41 左右，应力集中现象相对突出，其主要原因在于各截面开孔数增加，导致桩身截面有效承载面积减小，开孔处应力集中程度增加。

如图 2-27 所示，单向不对穿桩型桩身 C 开孔段的应力集中系数曲线走势呈下降趋势，并趋于平稳，但应力集中系数 C 截面处最大，A 截面处次之，B 截面处面最小，在平稳阶段 C 截面数值达到了 1.4246，开孔部位应力集中现象比较明显，A 截面数值为 1.3682，而 B 截面处数值只有 1.3373，应力集中程度低，各截面段应力集中系数分布范围较大，导致桩身整体受力分布不均匀，其主要原因是桩身各开孔段截面只是单边开孔，致使该段桩身受力时呈单边薄弱的状态，受力分布不平衡，致使桩身整体结构受力不均，结构不稳定，结构失稳概率加大。

如图 2-28 所示，双向不对穿桩型桩身 B、C 截面段应力集中系数相对集中，应力集中系数最大值所处位置为 A 截面，其次是 C 截面处，B 截面处最小，其中A截面处系数值在受力平稳阶段达到了1.4204，而B截面处系数值只有1.3492，呈现下部薄弱的态势，与常规无孔桩型受力分布规律相反，究其原因，主要是因为该桩型三段开孔截面的相对开孔角度相对错开，导致桩身结构承载受力不连贯，受力分布规律不合理，且截面段开孔孔径增大，应力集中度增大。

如图2-29所示，不对称的双向对穿桩型桩身各开孔段应力集中系数走势波动较大，系数值相对较高，应力集中系数B截面处最大，C截面处次之，A截面处最小。受力平稳阶段，B截面处系数值达到了1.4744，C截面处系数也达到了1.4306，而A截面处系数值只有1.4002，桩身中部开孔截面段最为薄弱，其次是上部截面段，下部开孔截面段应力集中程度反而最小，整体受力分布规律不合理，其主要原因在于桩身各开孔截面之间的开孔位置相对错开，未开孔部分上下不连贯，且桩身同一开孔截面（如A截面）上开孔位置之间的圆周角度不相等，在圆周上分布位置不对称，致使桩身受力不均匀，桩身结构上下承载受力不连贯，且随着开孔孔径的增大，整体受力规律随之改变，应力集中现象更为明显。

为了得出桩身各开孔截面之间的应力集中系数的相对分布规律，对所有孔的应力集中系数数据进行包络处理，如图2-30所示。

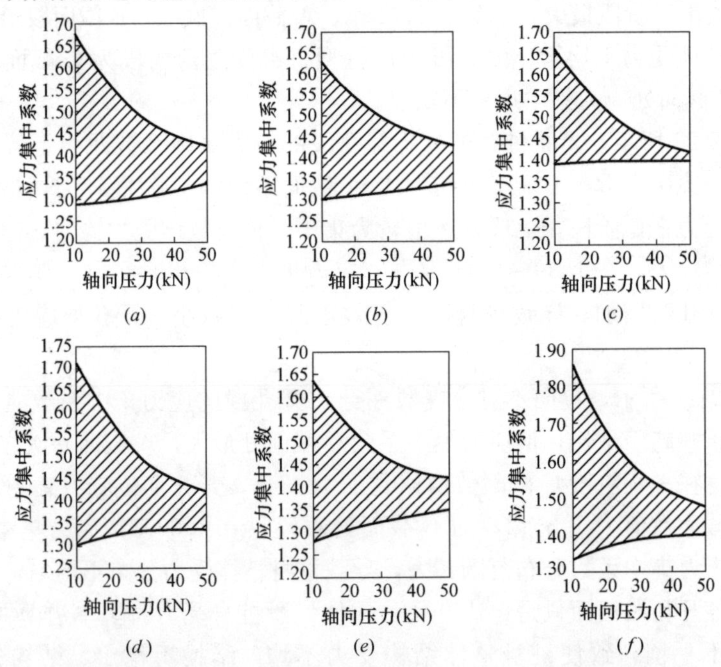

图2-30　各种有孔柱形管桩应力集中系数包络图（开孔孔径：8mm）

(a) 单向对穿孔桩型；(b) 双向对穿孔桩型；(c) 星状孔桩型；

(d) 单向不对穿孔桩型；(e) 双向不对穿孔桩型；(f) 不对称双向对穿孔桩型

如图 2-30 所示，在加载的整个过程中，对称开孔桩型桩身各开孔截面处的应力集中系数分布更为均匀，分布范围更为集中，走势更为平稳，特别是星状桩型应力集中系数分布更为集中，在受力平稳阶段系数分布范围均维持在 1.4 左右，结构受力稳定性较强。虽然不对称的双向对穿桩型应力集中系数受力平稳阶段分布较为集中，但其受力前半段系数分布范围较大，平稳阶段系数值较大，桩身结构受力稳定性差，因此，星状开孔桩型结构受力性能最好。

(2) 各桩型开孔截面应力集中系数对比分析

为了探究不同开孔桩型中同一开孔截面段之间的差异性，需进行同一截面段系数值的比较，以对不同开孔桩型应力集中分布规律进行对比分析，如图 2-31 所示。

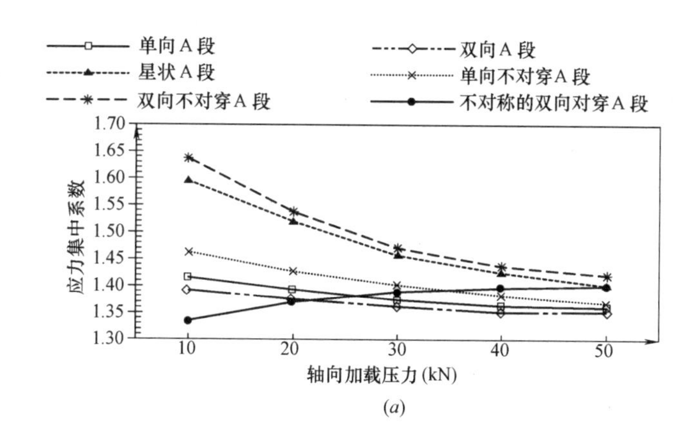

(*a*)

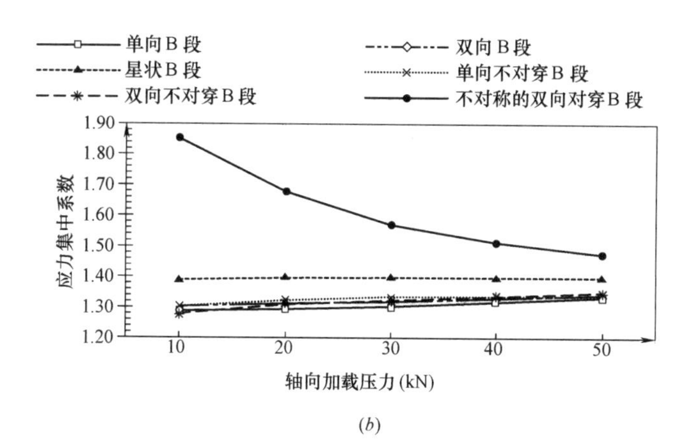

(*b*)

图 2-31　各桩型 A、B、C 截面段应力集中系数比较图（开孔孔径：8mm）(一)

(*a*) 各桩型 A 截面段；(*b*) 各桩型 B 截面段

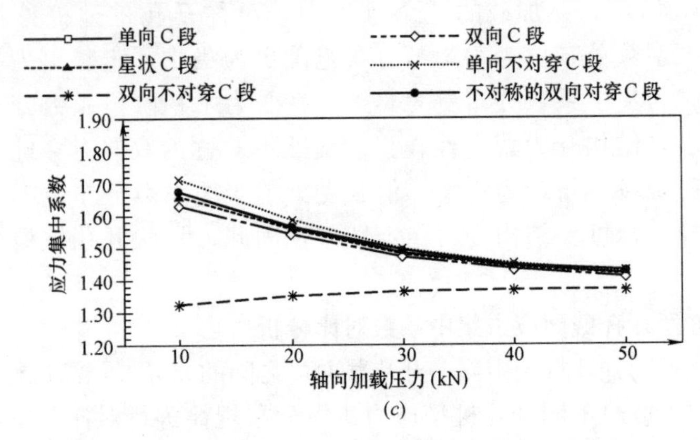

图 2-31　各桩型 A、B、C 截面段应力集中系数比较图（开孔孔径：8mm）（二）

(*c*) 各桩型 C 截面段

从图 2-31 可以看出，各桩型的 A 截面段系数值相差较大，不对称的双向对穿桩型系数值曲线走势与其他桩型不同，且波动较大，星状和双向不对称桩型系数值较高，其余桩型系数值较为集中且相对较低；各桩型的 B 截面段系数值差异性更为明显，不对称的双向对穿桩型系数值较大，应力集中程度较高，星状桩型系数值较为平稳，其余桩型系数集中且相对较低，应力集中程度较低；各桩型的 C 截面段系数值比较集中，但双向不对穿桩型系数值偏低，其余桩型系数值较高但集中。总体而言，三种不对穿桩型的三个截面处应力集中系数数值分布范围波动比较大，结构受力不稳定；对称桩型三个截面段系数值波动幅度小，受力相对均衡，特别是星状桩型三个截面处系数值都比较平稳，但在受力平稳阶段系数值比较大，均达到了 1.40 左右，应力集中程度相对较高。

2.6.4　各桩型开 10mm 孔径应力集中系数分析

(1) 单桩应力集中系数分析

各桩型应力集中系数测试数据，绘成曲线分别如图 2-32～图 2-37 所示。

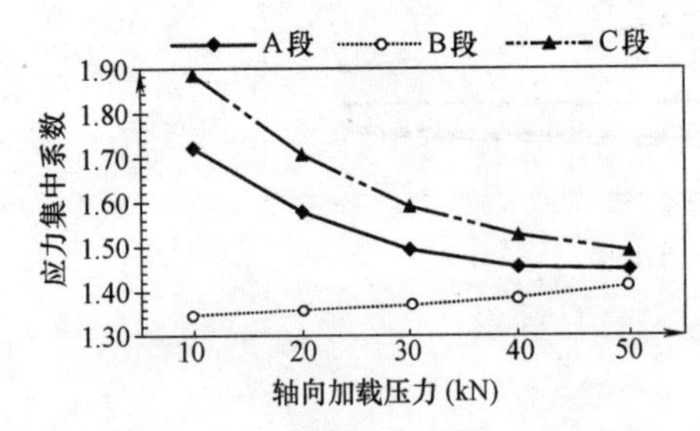

图 2-32　单向对穿孔桩型应力集中系数（开孔孔径：10mm）

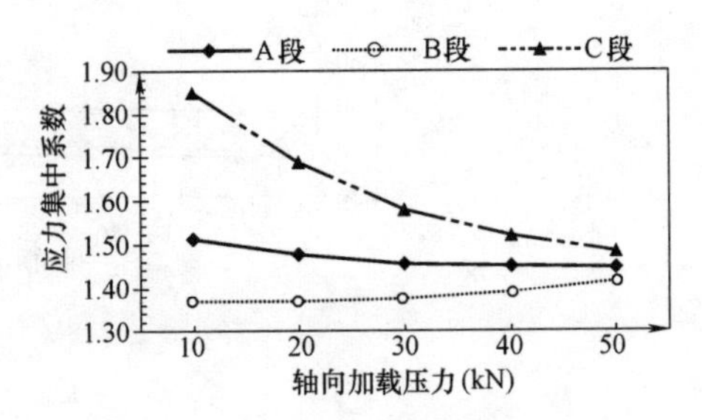

图 2-33　双向对穿孔桩型应力集中系数（开孔孔径：10mm）

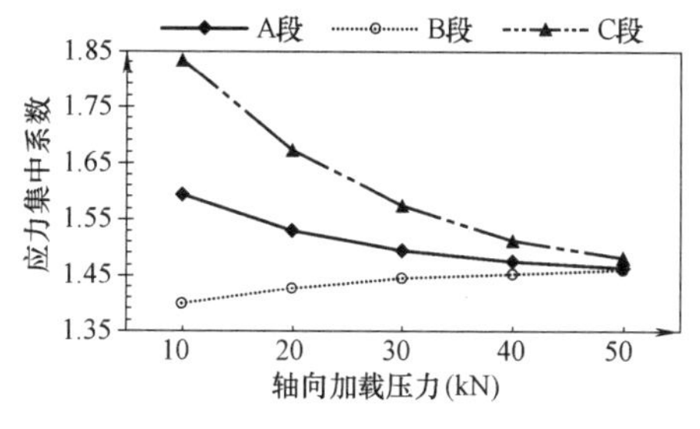

图2-34 星状孔桩型应力集中系数
（开孔孔径：10mm）

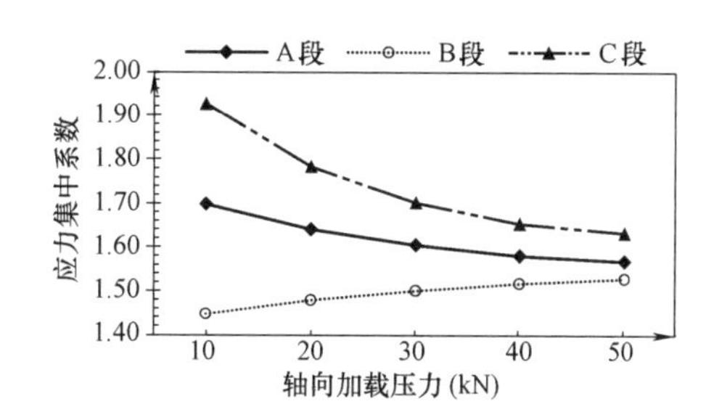

图2-35 单向不对穿孔桩型应力集中系数
（开孔孔径：10mm）

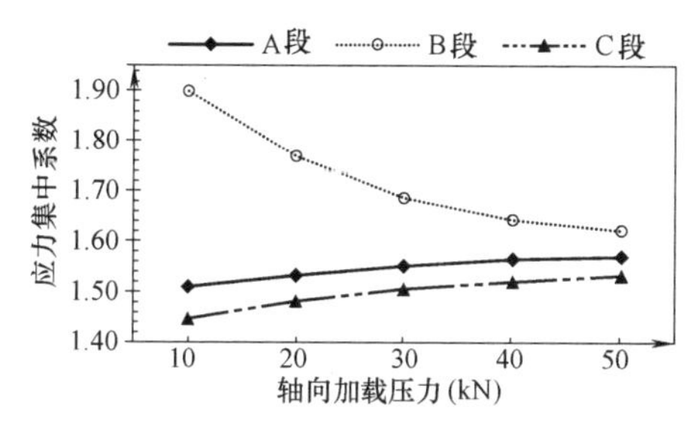

图2-36 双向不对穿孔桩型应力集中系数
（开孔孔径：10mm）

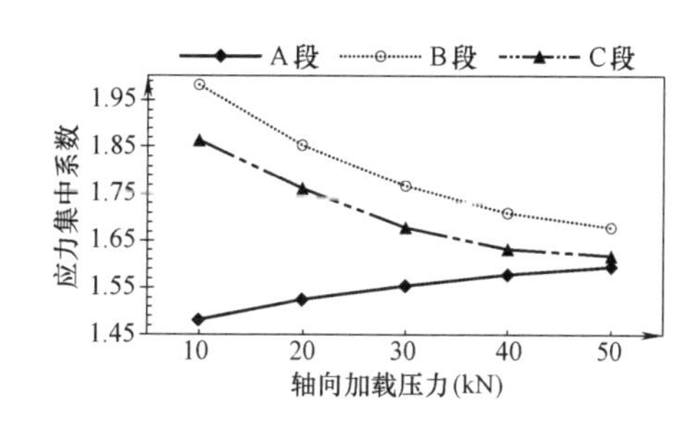

图2-37 不对称的双向对穿孔桩型应力集中系数
（开孔孔径：10mm）

如图2-32所示，单向对穿桩型桩身C截面段的应力集中系数比A截面段和B截面段的开孔应力集中系数大得多，受力平稳阶段达到了1.4916，A截面段次之，在平稳阶段系数值达到了1.4489，B截面的开孔应力集中系数最小，只有1.4124，由此可知该桩型薄弱段为C截面段开孔部位，A截面段次之，B截面段波动幅值最小，B截面段受力较为均匀。

如图2-33所示，双向对穿桩型桩身各截面开孔应力集中系数曲线较为分散，C段系数值波动最明显，平稳阶段最大，达到了1.4294，A截面段次之，B截面段最小，只有1.3385，但有小幅上升趋势，整体受力不均衡。由此可知该桩型桩身受力薄弱段为C截面段开孔部位，A、B截面处应力集中现象相对均衡。

如图2-34所示，星状桩型桩身各开孔段的应力集中系数曲线走势趋于平稳集中，应力集中系数在C截面处最大，A截面次之，B截面处最小；受力平稳阶段，三段系数值较为集中，桩身整体受力均匀，但各段应力集中系数均较大，在1.46～1.48左右，应力集中现象相对突出，其主要原因在于各截面开孔数增加，导致桩身截面有效承载面积减小，开孔处应力集中程度增加。

如图2-35所示，单向不对穿桩型桩身C开孔段的应力集中系数曲线走势呈下降趋势，并趋于平稳，但应力集中系数C截面处最大，A截面处次之，B截面处面最小，在平稳阶段C截面数值达到了1.6328，开孔部位应力集中现象比较明显，A截面数值为1.5677，而B截面处数值只有1.5280，应力集中程度低，各截面段应力集中系数分布范围较大，导致桩身整体受力分布不均匀，其主要原因是桩身各开孔段截面只是单边开孔，致使该段桩身受力时呈单边薄弱的状态，受力分布不平衡，致使桩身整体结构受力不均，结构不稳定，结构失稳概率加大。

如图2-36所示，双向不对穿桩型桩身A、C截面段应力集中系数相对集中，应力集中系数最大值所处位置为B截面，其次是A截面处，C截面处最小，其中B截面处系数值在受力平稳阶段达到了1.6222，而B截面处系数值只有1.5701，呈现中部薄弱的态势，与常规无孔桩型受力分布规律相反，究其原因，主要是因为该桩型三段开孔截面的相对开孔角度相对错开，导致桩身结构承载受力不连贯，受力分布规律不合理，且截面段开孔孔径增大，应力集中度增大。

如图2-37所示，不对称的双向对穿桩型桩身各开孔段应力集中系数走势波动较大，系数值相对较高，应力集中系数B截面处最大，C截面处次之，A截面处最小。受力平稳阶段，B截面处系数值达到了1.6770，C截面处系数也达到了1.6172，而A截面处系数值只有1.5938，桩身中部开孔截面段最为薄弱，其次是上部截面段，下部开孔截面段应力集中程度反而最小，整体受力分布规律不合理，其主要原因在于桩身各开孔截面之间的开孔位置相对错开，未开孔部分上下不连贯，且桩身同一开孔截面（如B截面）上开孔位置之间的圆周角度不相等，在圆周上分布位置不对称，致使桩身受力不均匀，桩身结构上下承载受力不连贯，且随着开孔孔径的增大，整体受力规律随之改变，应力集中现象更为明显。

为了得出桩身各开孔截面之间的应力集中系数的相对分布规律，对所有孔的应力集中系数数据进行包络处理，如图2-38所示。

如图2-38所示，在加载的整个过程中，所有桩型桩身各开孔截面处的应力集中系数波动范围较大，平稳阶段相对集中，其中星状桩型应力集中系数分布更为集中，在受力平稳阶段系数分布范围均维持在1.46～1.48左右，结构受力稳定性相对较强。虽然不对穿桩型应力集中系数受力平稳阶段分布较为集中，但其受力前半段系数分布范围较大，平稳阶段系数值偏高，桩身结构受力稳定性差，因此，星状开孔桩型结构受力性能最好。

(2) 各桩型开孔截面应力集中系数对比分析

为了探究不同开孔桩型同一开孔截面段之间的差异性，现进行同一截面段系数值的比较，以对不同开孔桩型应力集中分布规律进行对比分析，如图2-39所示。

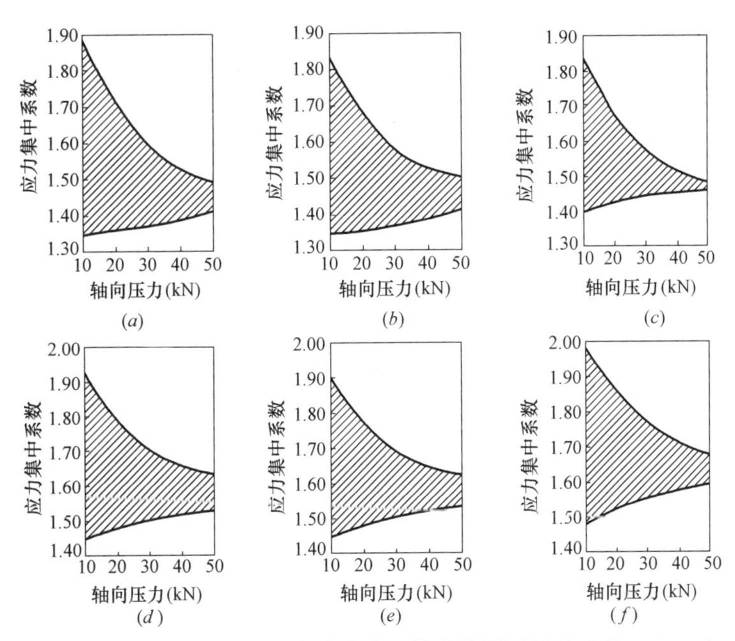

图 2-38　各有孔柱形管桩应力集中系数包络图（开孔孔径：10mm）

（a）单向对穿孔桩型；（b）双向对穿孔桩型；（c）星状孔桩型；
（d）单向不对穿孔桩型；（e）双向不对穿孔桩型；（f）不对称双向对穿孔桩型

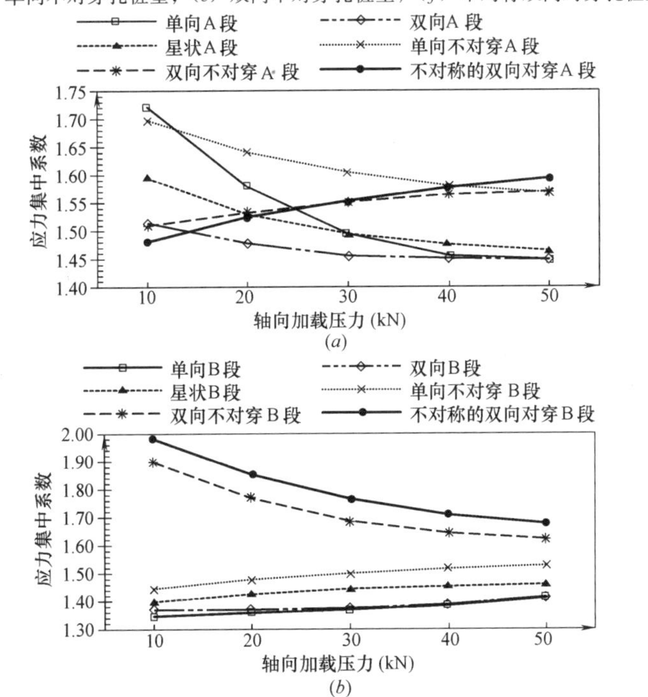

图 2-39　各桩型 A、B、C 截面段应力集中系数比较图（开孔孔径：10mm）（一）

（a）各桩型 A 截面段；（b）各桩型 B 截面段

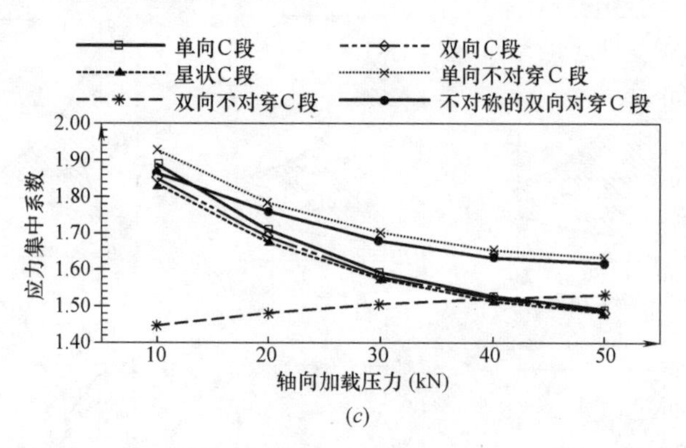

图 2-39　各桩型 A、B、C 截面段应力集中系数比较图（开孔孔径：10mm）（二）

（c）各桩型 C 截面段

从图 2-39 可以看出，各桩型的 A 截面段系数值相差较大，波动明显，双向不对穿桩型和不对称的双向对穿桩型系数值曲线走势与其他桩型不同，呈现上升趋势，其余桩型呈现下降趋势，其中单向对穿桩型波动幅度最大，双向对称桩型系数值最低；各桩型的 B 截面段系数值差异性更为明显，其中单向对称桩型、星状桩型和单向不对称桩型系数值较为平稳，且数值偏低，其余桩型系数值偏高且波动幅值大，应力集中程度较高；各桩型的 C 截面段系数值除双向对穿桩型和双向不对穿桩型外，其余桩型系数值偏高，且波动范围较大，其中单向不对穿桩型和不对称的双向对穿桩型系数值曲线相对平稳，但数值均偏高。总体而言，六种桩型的三个截面处应力集中系数数值分布范围波动比较大，结构受力不稳定，应力集中程度相对较高，其主要原因是开孔孔径的增大，导致桩身整体受力性能大为下降，孔边应力集中系数偏高，波动幅度大。

2.6.5　各桩型四种开孔孔径应力集中系数综合对比分析

通过上述试验结果分析可以得知，各开孔截面段应力集中系数在试验初始加载压力时不太稳定，当加载压力逐步增大后，应力集中系数趋于稳定，因此，为了综合对比不同开孔桩型的应力集中系数分布规律，现取试验加载压力为 50kN 时各桩型截面段开孔应力集中系数来进行对比，并通过单根桩的各开孔截面段应力集中系数分布范围来反映单桩受力性能，即应力集中系数分布范围越小，单根桩受力越均衡，应力集中系数数值越低，桩身承载力性能越好。各桩型应力集中系数综合对比如图 2-40 所示。

由于开孔桩型和开孔孔径的不同，导致各桩型开孔截面段开孔所占的面积比例也不同，开孔所占面积越大，桩的承载力越低，应力集中程度也越高，其中截面占孔率＝截面总开孔面积/截面未开孔时的面积，现将占孔率与应力集中系数

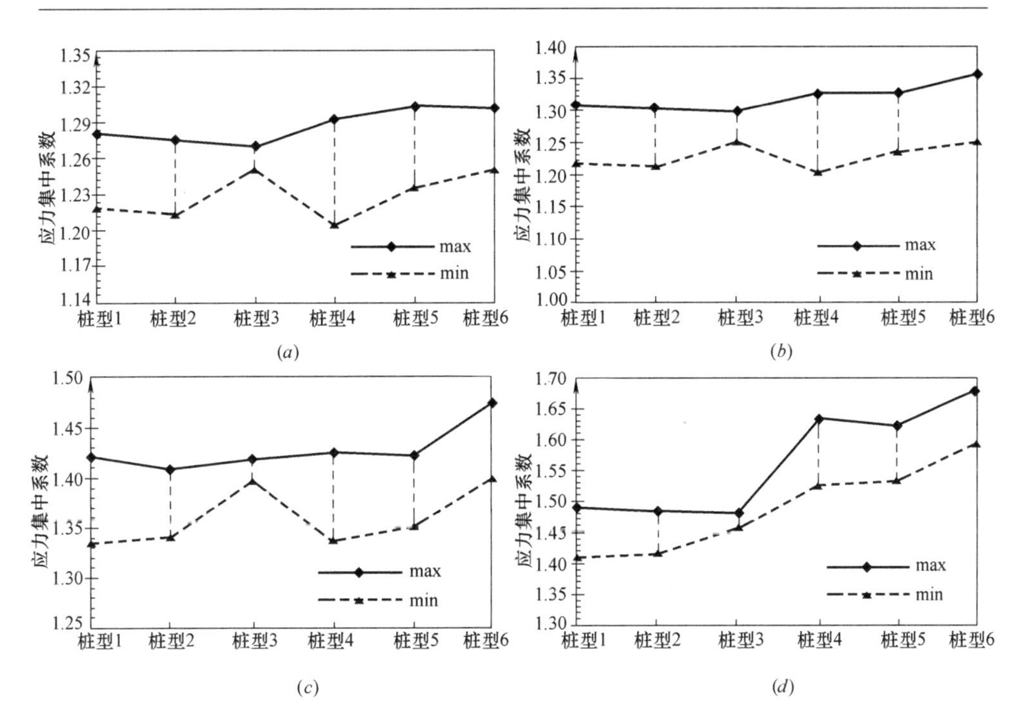

图 2-40　有孔管桩应力集中系数范围综合对比图

(*a*) 开 5mm 孔径有孔管桩；(*b*) 开 6mm 孔径有孔管桩；

(*c*) 开 8mm 孔径有孔管桩；(*d*) 开 10mm 孔径有孔管桩

桩型 1—单向对穿；桩型 2—双向对穿；桩型 3—星状；

桩型 4—单向不对穿；桩型 5—双向不对穿；桩型 6—不对称的双向对穿

两个因素综合考虑，以综合对比评价各桩型的受力承载性能。具体对比参数见表 2-1～表 2-4。

有孔管桩应力集中系数对比（开孔直径：5mm）　　表 2-1

	单向对穿	双向对穿	星状	单向不对穿	双向不对穿	不对称的双向对穿
A 截面段	1.259	1.227	1.262	1.274	1.236	1.300
B 截面段	1.218	1.213	1.251	1.204	1.257	1.275
C 截面段	1.280	1.275	1.269	1.291	1.303	1.250
截面占孔率	9.13%	18.25%	13.69%	4.56%	9.13%	9.13%

有孔管桩应力集中系数对比（开孔直径：6mm）　　表 2-2

	单向对穿	双向对穿	星状	单向不对穿	双向不对穿	不对称的双向对穿
A 截面段	1.286	1.257	1.286	1.281	1.241	1.325
B 截面段	1.247	1.305	1.281	1.247	1.329	1.355
C 截面段	1.309	1.292	1.299	1.327	1.266	1.299
截面占孔率	10.97%	21.94%	16.45%	5.48%	10.97%	10.97%

有孔管桩应力集中系数对比（开孔直径：8mm）　表 2-3

	单向对穿	双向对穿	星状	单向不对穿	双向不对穿	不对称的双向对穿
A 截面段	1.360	1.351	1.401	1.368	1.420	1.400
B 截面段	1.334	1.341	1.397	1.337	1.349	1.474
C 截面段	1.420	1.409	1.417	1.425	1.371	1.431
截面占孔率	14.68%	29.36%	22.02%	7.34%	14.68%	14.68%

有孔管桩应力集中系数对比（开孔直径：10mm）　表 2-4

	单向对穿	双向对穿	星状	单向不对穿	双向不对穿	不对称的双向对穿
A 截面段	1.449	1.448	1.464	1.568	1.570	1.594
B 截面段	1.412	1.416	1.460	1.528	1.622	1.677
C 截面段	1.492	1.484	1.482	1.633	1.532	1.617
截面占孔率	18.45%	36.90%	27.67%	9.22%	18.45%	18.45%

从图 2-40 和表 2-1～表 2-4 可以看出，随着开孔孔径的增大，各桩型的应力集中系数也逐步增大，截面占孔率也逐步增大。开孔孔径为 5mm、6mm 和 8mm 的三种孔径下的各桩型应力集中系数平均值都比较接近，而开孔孔径为 10mm 的各桩型应力集中系数平均值波动幅度较大，同时，考虑到开孔孔径越大，越有利于发挥桩型加速降低超孔隙水压力的优势，因此，选择开 8mm 孔径的桩型最合适。此外，4 种开孔孔径下的 6 种桩型中，均是星状桩型的应力集中系数分布范围最为集中，说明在 6 种桩型中，星状桩型的承载性能是最稳定的。综上所述，有孔管桩模型中承载性能最好的桩型是开 8mm 孔径的星状桩型。

2.7　本章小节

通过对有孔管桩试验结果分析，并结合上述桩型单桩应力集中系数综合值总图，可以得出如下结论：

（1）各桩型开孔应力集中系数随着荷载增加而趋于平稳，受力平稳阶段，应力集中系数趋于水平且集中。

（2）在加载过程中，三种不对称开孔桩型（单向不对穿、双向不对穿、不对称的双向对穿）的曲线走势波动比较大，而另外三种对穿开孔的桩型（单向对穿、双向对穿、星状）的曲线走势更为平稳。对穿开孔桩型应力集中程度明显低于不对称开孔桩型，其主要原因在于对称开孔桩型承载受力时，桩身各开孔截面之间，同一圆周角度上未开孔部分上下连贯，无隔断，桩身各部分受力均匀对称、上下连贯；而不对称开孔桩型桩身各开孔截面之间，同一圆周角度上未开孔部分上下不连贯，导致桩身结构整体受力不平衡，应力分布不均匀，结构失稳概率大为增加。

（3）对称开孔桩型受力承载性能优于不对称开孔桩型，三种对称开孔桩型受力变形规律与无孔管桩相同，即桩身下部应变量最大，往上逐渐减小。由此可以说明对称开孔桩型符合受力规律，布孔方案更合理。

（4）对称开孔桩型的整体承载力性能优于不对称开孔桩型，其中星状桩型桩型的承载能力最好，建议采用开 8mm 孔径的星状桩型。

第3章 有孔管桩轴向极限承载力试验

3.1 试验概况

3.1.1 试验目的

在应力集中系数模型试验的基础上，进一步研究有孔管桩因开孔所导致的桩身承载强度的削弱情况，以确定最优布孔方案。

3.1.2 模型桩设计

为了与应力集中系数模型试验结果进行对比分析，本章试验采用与应力集中系数模型试验一样的模型，即桩身仍采用304不锈钢管制备。模型桩几何参数仍为：长度为200mm，外径为38mm，内径为32mm，分别在桩身上A、B、C三个横截面位置开孔（以下简称A截面、B截面、C截面），各截面之间的间距为50mm，开孔直径为5mm、6mm、8mm、10mm。有孔管桩模型实物如图2-1、图2-2所示。

3.1.3 开孔方式

由于本章主要讨论有孔管桩轴向极限承载力，因此本章有孔管桩模型桩可以采用第二章的模型桩（无孔管桩和6种开孔方式的有孔管桩），在此不再赘述，如图2-3所示。

3.2 测试内容与试验方法

3.2.1 测试内容

分别对各桩型模型单桩施加压力，直至桩身结构损坏，并记录桩身承载力变化规律曲线，从而得出相应桩型的屈服极限σ_s和强度极限σ_b。

3.2.2 试验方法

利用200t级电子万能试验机进行极限承载力试验，并通过计算机记录桩身承载力与位移的关系曲线。试验设备如图 3-1 所示。

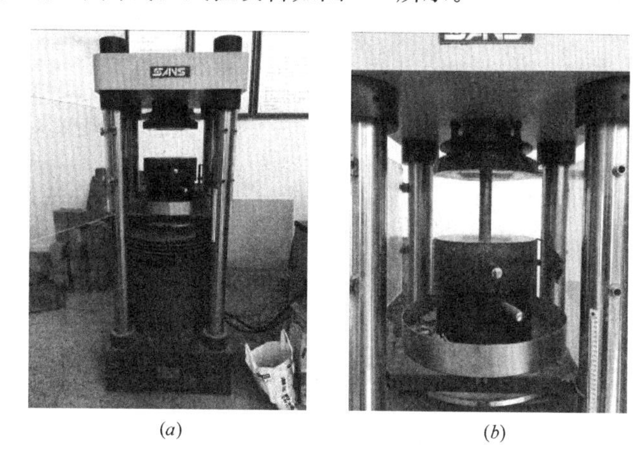

(a)　　(b)

图 3-1　试验设备照片

(a) 200t 级电子万能试验机；(b) 极限承载力试验工况

3.3　试验结果与分析

3.3.1　各桩型开 5mm 孔径极限承载力分析

开 5mm 孔径的各桩型有孔管桩轴向极限承载力试验曲线，如图 3-2 所示。

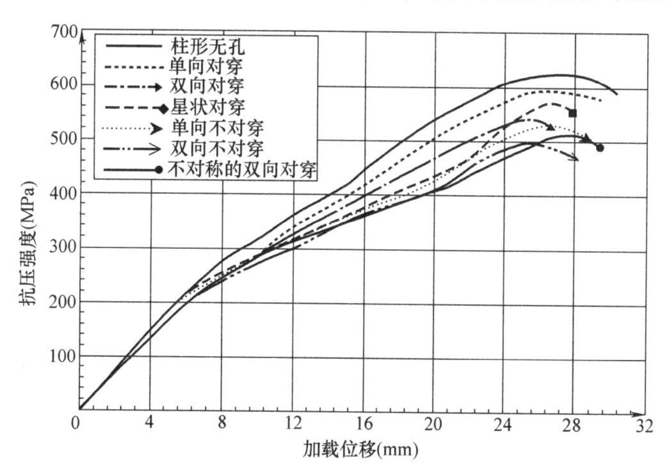

图 3-2　有孔管桩模型承载力与位移总图（开孔孔径：5mm）

各模型桩屈服极限 σ_s 和强度极限 σ_b 试验结果，如表 3-1 所示（表中极限折减量等于 1 减去各桩型极限值与无孔管桩极限值的比值）。同时，为了综合考虑各桩型型号和截面占孔率等因素对管桩极限承载力的影响，现给出屈服（强度）

极限综合系数 Q，以此综合反映各桩型极限承载力大小，具体公式推导如下：

$$Q=J\cdot\left|\frac{\sigma_0}{S_0}-\frac{\sigma}{S}\right| \tag{3-1}$$

又

$$\because J=1-\frac{\sigma}{\sigma_0},i=\frac{S_0-S}{S_0} \tag{3-2}$$

$$\therefore \sigma=\sigma_0\cdot(1-J)S=S_0\cdot(1-i) \tag{3-3}$$

$$\therefore Q=J\cdot\left|\frac{\sigma_0}{S_0}-\frac{\sigma_0\cdot\ (1-J)}{S_0\cdot\ (1-i)}\right|=\frac{J\cdot\sigma_0}{S_0}\left|\frac{J-i}{1-i}\right| \tag{3-4}$$

式中 Q——各桩型屈服（或强度）极限综合系数；

σ_0——无孔桩型屈服（或强度）极限 σ_s 和 σ_b；

σ——各桩型屈服（或强度）极限 σ_s 和 σ_b；

S_0——无孔管桩截面面积；

S——各桩型开孔截面剩余面积；

J——各桩型屈服（或强度）极限折减量 J_s 和 J_b；

i——各桩型开孔截面占孔率；

由式（3-4）可得知，无孔管桩极限综合系数 Q 为 0，有孔管桩极限综合系数 Q 越趋近于 0，桩身总体极限承载能力越好。各桩型结果对比，如表 3-1 所示。

有孔管桩极限承载力试验结果（开孔孔径：5mm） 表 3-1

桩型	无孔	单向对穿	双向对穿	星状	单向不对穿	双向不对穿	不对称的双向对穿
屈服极限 σ_s(MPa)	253.37	207.39	205.17	208.66	214.90	210.90	211.08
强度极限 σ_b(MPa)	623.44	593.06	539.70	571.02	531.67	494.23	513.57
屈服极限折减量 J_s(%)	—	18.15%	19.02%	17.65%	15.18%	16.76%	16.69%
强度极限折减量 J_b(%)	—	4.87%	13.43%	8.41%	14.72%	20.73%	17.62%
截面占孔率 i	0	9.13%	18.25%	13.69%	4.56%	9.13%	9.13%
屈服极限综合系数 Q_s	0	0.0138	0.0014	0.0062	0.0130	0.0108	0.0107
强度极限综合系数 Q_b	0	0.0043	0.0150	0.0097	0.0296	0.0500	0.0311

由图 3-2 得知，对称桩型轴向极限承载力明显高于不对称桩型，其中单向对穿桩型承载力曲线与无孔管桩承载力曲线最相似度最高，其次是星状桩型，其主要原因是单向对穿桩型开孔截面的开孔数量最少，承载力削弱程度最小，但根据有孔管桩设计的目的可以得知，开孔数量越多，越有利于发挥其降低桩身周围土体超孔隙水压力的特点，而单向对穿桩型开孔数量较少，不足以发挥有孔管桩的优势特点，但双向对穿桩型开孔数量过多，则会大幅度的降低桩身的承载力性

能，因此，结合表 3-1 中的数据综合对比可以得知，星状桩型的屈服极限综合系数 Q_s 和强度极限综合系数 Q_b 分别为 0.0062 和 0.0097，总体上与无孔管桩综合系数最为相近，且极限折减量最为适度，究其原因，星状桩型在开孔截面上，未开孔部分有 3 个，且在圆周上等角度均匀分布，形成了一个三角形支撑结构，并由这 3 部分均匀承载受力，即便 3 部分中有一部分承载能力相对较弱，其他两个部分所承载的面积也达到了截面总承载面积的 2/3，结构稳定性高。因此，星状桩型承载力性能最好，并能够充分发挥有孔管桩加速超孔隙水压力消散的特点。

3.3.2　各桩型开 6mm 孔径极限承载力分析

开 6mm 孔径的各桩型有孔管桩轴向极限承载力试验曲线，如图 3-3 所示。

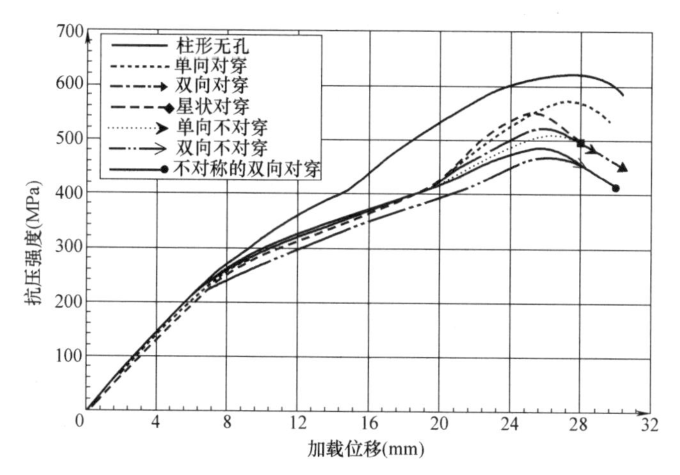

图 3-3　有孔管桩模型承载力与位移总图（开孔孔径：6mm）

各模型桩屈服极限 σ_s、强度极限 σ_b 以及综合对比结果如表 3-2 所示。

有孔管桩极限承载力试验结果（开孔孔径：6mm）　　表 3-2

桩型	无孔	单向对穿	双向对穿	星状	单向不对穿	双向不对穿	不对称的双向对穿
屈服极限 σ_s(MPa)	253.37	209.33	198.17	203.66	211.99	204.05	203.90
强度极限 σ_b(MPa)	623.44	573.90	521.60	553.98	512.30	470.49	486.01
屈服极限折减量 J_s(%)	—	17.38%	21.79%	19.62%	16.33%	19.47%	19.53%
强度极限折减量 J_b(%)	—	7.95%	16.33%	11.14%	17.83%	24.53%	22.04%
截面占孔率 i	0	10.97%	21.94%	16.45%	5.48%	10.97%	10.97%
屈服极限综合系数 Q_s	0	0.0096	0.0003	0.0057	0.0144	0.0143	0.0144
强度极限综合系数 Q_b	0	0.0051	0.0222	0.0134	0.0440	0.0706	0.0518

由图 3-3 得知，对称桩型有孔管桩轴向极限承载力明显高于不对称桩型，其中单向对穿桩型承载力曲线与无孔管桩承载力曲线最相似度最高，其次是星状桩型，其主要原因是单向对穿桩型开孔截面的开孔数量最少，承载力削弱程度最小，但根据有孔管桩设计的目的可以得知，开孔数量越多，越有利于发挥其降低桩身周围土体超孔隙水压力的特点，而单向对穿桩型开孔数量较少，不足以发挥有孔管桩的优势特点，但双向对穿桩型开孔数量过多，则会大幅度的降低桩身的承载力性能，因此，结合表 3-2 中的数据综合对比可以得知，星状桩型的屈服极限综合系数 Q_s 和强度极限综合系数 Q_b 分别为 0.0057 和 0.0134，总体上与无孔管桩综合系数最为相近，且极限折减量最为适度，究其原因，星状桩型在开孔截面上，未开孔部分有 3 个，且在圆周上等角度均匀分布，形成了一个三角形支撑结构，并由这 3 部分均匀承载受力，即便 3 部分中有一部分承载能力相对较弱，其他两个部分所承载的面积也达到了截面总承载面积的 2/3，结构稳定性高。因此，星状桩型承载力性能最好，并能够充分发挥有孔管桩加速超孔隙水压力消散的特点。

3.3.3 各桩型开 8mm 孔径极限承载力分析

开 8mm 孔径的各桩型有孔管桩轴向极限承载力试验曲线，如图 3-4 所示。

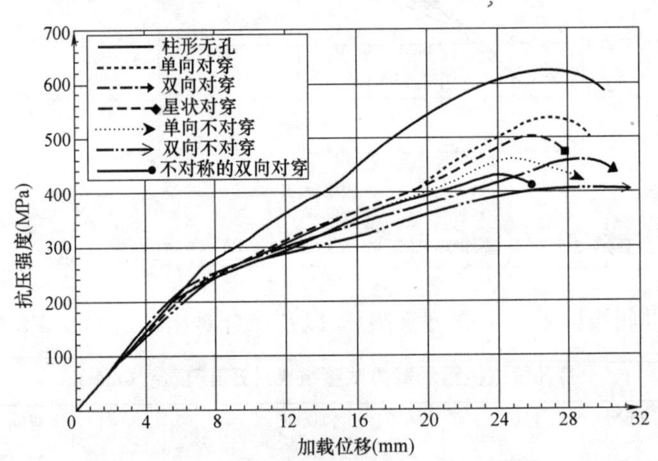

图 3-4 有孔柱形管桩模型承载力与位移总图（开孔孔径：8mm）

各模型桩屈服极限 σ_s、强度极限 σ_b 以及综合对比结果如表 3-3 所示。

有孔管桩极限承载力试验结果（开孔孔径：8mm） **表 3-3**

桩型	无孔	单向对穿	双向对穿	星状	单向不对穿	双向不对穿	不对称的双向对穿
屈服极限 σ_s(MPa)	253.37	185.59	183.68	194.11	206.05	190.71	197.29
强度极限 σ_b(MPa)	623.44	534.67	458.09	502.81	461.61	409.44	432.99

续表

桩型	无孔	单向对穿	双向对穿	星状	单向不对穿	双向不对穿	不对称的双向对穿
屈服极限折减量 J_s(%)	—	26.75%	27.51%	23.39%	18.68%	24.73%	22.13%
强度极限折减量 J_b(%)	—	14.24%	26.52%	19.35%	25.96%	34.33%	30.55%
截面占孔率 i	0	14.68%	29.36%	22.02%	7.34%	14.68%	14.68%
屈服极限综合系数 Q_s	0	0.0291	0.0056	0.0032	0.0176	0.0224	0.0149
强度极限综合系数 Q_b	0	0.0014	0.0202	0.0125	0.0986	0.1494	0.1074

如图 3-4 得知，对称桩型轴向极限承载力明显高于不对称桩型，其中单向对穿桩型承载力曲线与无孔管桩承载力曲线最相似度最高，其次是星状桩型，其主要原因是单向对穿桩型开孔截面的开孔数量最少，承载力削弱程度最小，但根据有孔管桩设计的目的可以得知，开孔数量越多，越有利于发挥其降低桩身周围土体超孔隙水压力的特点，而单向对穿桩型开孔数量较少，不足以发挥有孔管桩的优势特点，但双向对穿桩型开孔数量过多，则会大幅度地降低桩身的承载力性能，因此，结合表 3-3 中的数据综合对比可以得知，星状桩型的屈服极限综合系数 Q_s 和强度极限综合系数 Q_b 分别为 0.0032 和 0.0125，总体上与无孔管桩综合系数最为相近，且极限折减量最为适度，究其原因，星状桩型在开孔截面上，未开孔部分有 3 个，且在圆周上等角度均匀分布，形成了一个三角形支撑结构，并由这 3 部分均匀承载受力，即便 3 部分中有一部分承载能力相对较弱，其他两个部分所承载的面积也达到了截面总承载面积的 2/3，结构稳定性高。因此，星状桩型承载力性能最好，并能够充分发挥有孔管桩加速超孔隙水压力消散的特点。

3.3.4 各桩型开 10mm 孔径极限承载力分析

开 10mm 孔径的各桩型有孔管桩轴向极限承载力试验曲线，如图 3-5 所示。

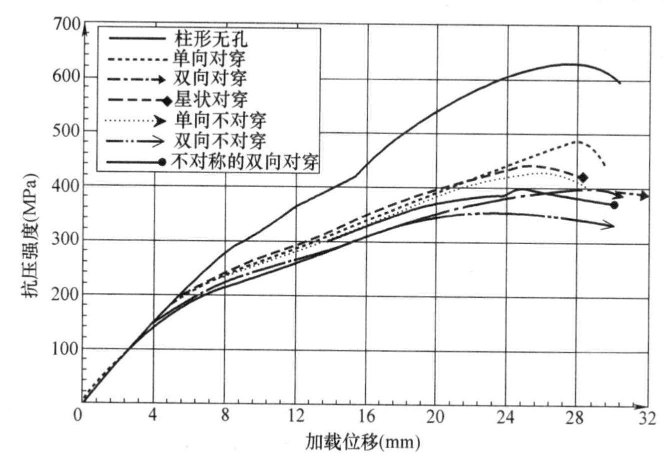

图 3-5 有孔管桩模型承载力与位移总图（开孔孔径：10mm）

各模型桩屈服极限 σ_s、强度极限 σ_b 以及综合对比结果如表 3-4 所示。

有孔管桩极限承载力试验结果（开孔孔径：10mm） 表 3-4

桩型	无孔柱形	单向对穿	双向对穿	星状	单向不对穿	双向不对穿	不对称的双向对穿
屈服极限 σ_s(MPa)	253.37	181.19	162.76	173.13	185.17	166.92	176.53
强度极限 σ_b(MPa)	623.44	483.07	395.10	439.54	422.93	352.54	394.28
屈服极限折减量 J_s(%)	—	28.49%	35.76%	31.67%	26.92%	34.12%	30.33%
强度极限折减量 J_b(%)	—	22.51%	36.63%	29.50%	32.16%	43.45%	36.76%
截面占孔率 i	0	18.45%	36.90%	27.67%	9.22%	18.45%	18.45%
屈服极限综合系数 Q_s	0	0.0269	0.0049	0.0134	0.0403	0.0504	0.0339
强度极限综合系数 Q_b	0	0.0212	0.0300	0.0141	0.1536	0.2518	0.1560

由图 3-5 得知，对称桩型有孔管桩轴向极限承载力明显高于不对称桩型，其中单向对穿桩型承载力曲线与无孔管桩承载力曲线最相似度最高，其次是星状桩型，其主要原因是单向对穿桩型开孔截面的开孔数量最少，承载力削弱程度最小，但根据有孔管桩设计的目的可以得知，开孔数量越多，越有利于发挥其降低桩身周围土体超孔隙水压力的特点，而单向对穿桩型开孔数量较少，不足以发挥有孔管桩的优势特点，但双向对穿桩型开孔数量过多，则会大幅度的降低桩身的承载力性能，因此，结合表 3-4 中的数据综合对比可以得知，星状桩型的屈服极限综合系数 Q_s 和强度极限综合系数 Q_b 分别为 0.0134 和 0.0141，总体上与无孔管桩综合系数最为相近，且极限折减量最为适度，究其原因，星状桩型在开孔截面上，未开孔部分有 3 个，且在圆周上等角度均匀分布，形成了一个三角形支撑结构，并由这 3 部分均匀承载受力，即便 3 部分中有一部分承载能力相对较弱，其他两个部分所承载的面积也达到了截面总承载面积的 2/3，结构稳定性高。因此，星状桩型承载力性能最好，并能够充分发挥有孔管桩加速超孔隙水压力消散的特点。

3.3.5 各桩型四种开孔孔径轴向极限承载力综合对比分析

为了分析不同开孔直径这个因素对于桩身承载性能的影响程度，在此对同一种布孔方式、不同开孔孔径的有孔管桩模型数据进行对比分析，以此得出最适合该布孔方式桩型的开孔孔径。

(1) 单向对穿有孔管桩轴向极限承载力对比

4 种开孔孔径的单向对穿有孔管桩轴向极限承载力试验对比曲线，如图 3-6 所示。

4 种开孔孔径的单向对穿有孔管桩屈服极限 σ_s、强度极限 σ_b 以及综合对比结果，如表 3-5 所示。

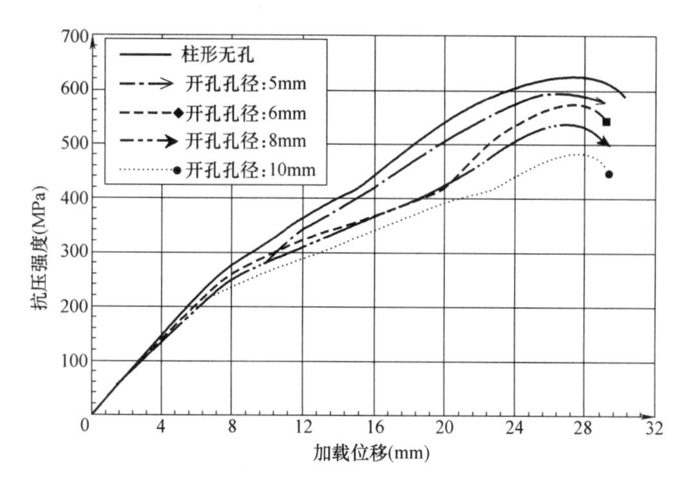

图 3-6　有孔管桩模型承载力与位移总图（桩型：单向对穿）

有孔管桩极限承载力试验结果（桩型：单向对穿）　　表 3-5

桩型	无孔	5mm	6mm	8mm	10mm
屈服极限 σ_s(MPa)	253.37	207.39	209.33	185.59	181.19
强度极限 σ_b(MPa)	623.44	593.06	573.90	534.67	483.07
屈服极限折减量 J_s(%)	—	18.15%	17.38%	26.75%	28.49%
强度极限折减量 J_b(%)	—	4.87%	7.95%	14.24%	22.51%
截面占孔率 i	0	9.13%	10.97%	14.68%	18.45%
屈服极限综合系数 Q_s	0	0.0138	0.0096	0.0291	0.0269
强度极限综合系数 Q_b	0	0.0042	0.0057	0.0034	0.0172

如图 3-6 得知，开孔孔径越大，越有利于发挥有孔管桩降低桩周土体超孔隙水压力的特点，但开孔孔径过大，则会大幅度的降低桩身的承载力性能，因此，结合表 5-5 中的数据综合对比可以得知，开 6mm 孔径的单向对穿桩型的屈服极限综合系数 Q_s 和强度极限综合系数 Q_b 分别为 0.0096 和 0.0057，总体上与无孔管桩综合系数最为相近，且极限折减量最为适度，因此，开 6mm 孔径的单向对穿桩型承载力性能最好。

（2）双向对穿有孔管桩轴向极限承载力对比

4 种开孔孔径的双向对穿有孔管桩轴向极限承载力试验对比曲线，如图 3-7 所示。

4 种开孔孔径的双向对穿有孔管桩屈服极限 σ_s、强度极限 σ_b 以及综合对比结果，如表 3-6 所示。

如图 3-7 得知，开孔孔径越大，越有利于发挥有孔管桩降低桩周土体超孔隙水压力的特点，但开孔孔径过大，则会大幅度的降低桩身的承载力性能，因此，

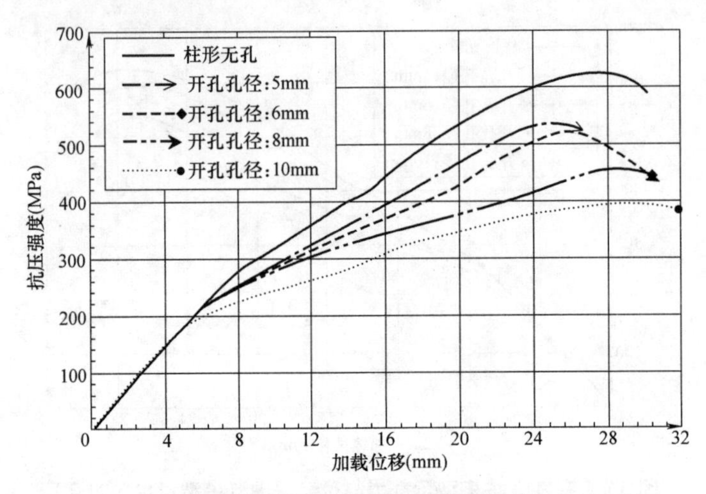

图 3-7 有孔管桩模型承载力与位移总图（桩型：双向对穿）

有孔管桩极限承载力试验结果（桩型：双向对穿） 表 3-6

桩型	无孔	5mm	6mm	8mm	10mm
屈服极限 σ_s(MPa)	253.37	205.17	198.17	183.68	162.76
强度极限 σ_b(MPa)	623.44	539.70	521.60	458.09	395.10
屈服极限折减量 J_s(%)	—	19.02%	21.79%	27.51%	35.76%
强度极限折减量 J_b(%)	—	13.43%	16.33%	26.52%	36.63%
截面占孔率 i	0	18.25%	21.94%	29.36%	36.90%
屈服极限综合系数 Q_s	0	0.0014	0.0003	0.0056	0.0049
强度极限综合系数 Q_b	0	0.0161	0.0236	0.0237	0.0085

结合表 3-6 中的数据综合对比可以得知，开 5mm 孔径的双向对穿桩型的屈服极限综合系数 Q_s 和强度极限综合系数 Q_b 分别为 0.0014 和 0.0161，总体上与无孔管桩综合系数最为相近，且极限折减量最为适度，因此，开 5mm 孔径的双向对穿桩型承载力性能最好。

(3) 星状对穿有孔管桩轴向极限承载力对比

4 种开孔孔径的星状对穿有孔管桩轴向极限承载力试验对比曲线，如图 3-8 所示。

4 种开孔孔径的星状对穿有孔管屈服极限 σ_s、强度极限 σ_b 以及综合对比结果，如表 3-7 所示。

由图 3-8 得知，开孔孔径越大，越有利于发挥有孔管桩降低桩周土体超孔隙水压力的特点，但开孔孔径过大，则会大幅度的降低桩身的承载力性能，因此，结合表 3-7 中的数据综合对比可以得知，开 8mm 孔径的星状桩型的屈服极限综

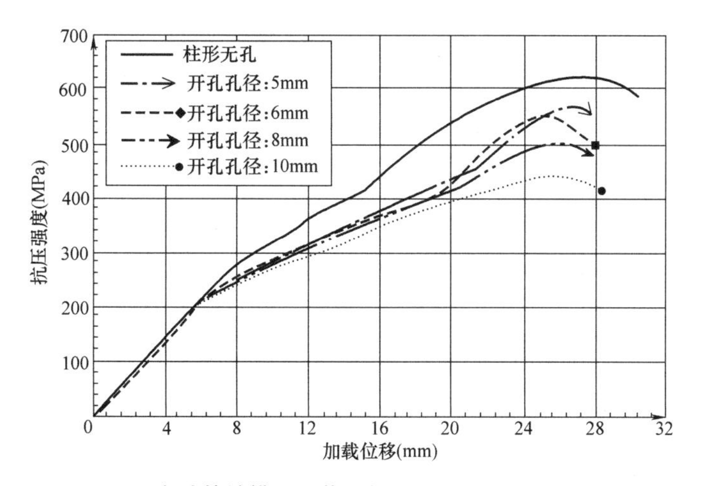

图 3-8　有孔管桩模型承载力与位移总图（桩型：星状）

合系数 Q_s 和强度极限综合系数 Q_b 分别为 0.0032 和 0.0150，总体上与无孔管桩综合系数最为相近，且极限折减量最为适度，因此，开 8mm 孔径的星状桩型承载力性能最好。

有孔管桩极限承载力试验结果（桩型：星状）　　表 3-7

桩型	无孔	5mm	6mm	8mm	10mm
屈服极限 σ_s(MPa)	253.37	208.66	203.66	194.11	173.13
强度极限 σ_b(MPa)	623.44	571.02	553.98	502.81	439.54
屈服极限折减量 J_s(%)	—	17.65%	19.62%	23.39%	31.67%
强度极限折减量 J_b(%)	—	8.41%	11.14%	19.35%	29.50%
截面占孔率 i	0	13.69%	16.45%	22.02%	27.67%
屈服极限综合系数 Q_s	0	0.0062	0.0057	0.0032	0.0134
强度极限综合系数 Q_b	0	0.0100	0.0141	0.0150	0.0093

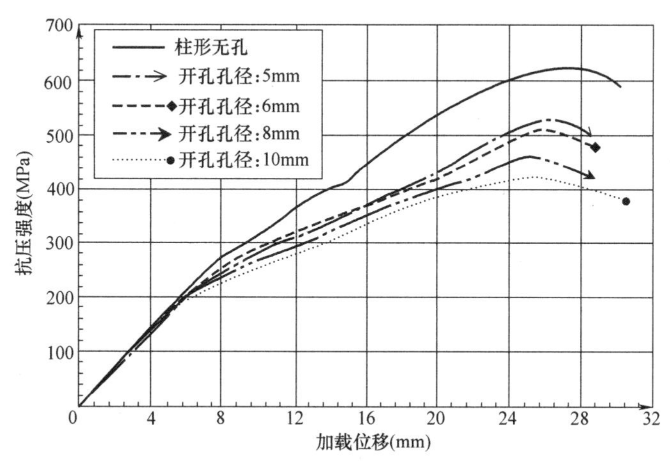

图 3-9　有孔管桩模型承载力与位移总图（桩型：单向不对穿）

(4) 单向不对穿有孔管桩轴向极限承载力对比

4种开孔孔径的单向不对穿有孔管桩轴向极限承载力试验对比曲线，如图3-9所示。

4种开孔孔径的单向不对穿有孔管桩屈服极限 σ_s、强度极限 σ_b 以及综合对比结果，如表3-8所示。

有孔管桩极限承载力试验结果（桩型：单向不对穿）　　表3-8

桩型	无孔	5mm	6mm	8mm	10mm
屈服极限 σ_s(MPa)	253.37	214.90	211.99	206.05	185.17
强度极限 σ_b(MPa)	623.44	531.67	512.30	461.61	422.93
屈服极限折减量 J_s(%)	—	15.18%	16.33%	18.68%	26.92%
强度极限折减量 J_b(%)	—	14.72%	17.83%	25.96%	32.16%
截面占孔率 i	0	4.56%	5.48%	7.34%	9.22%
屈服极限综合系数 Q_s	0	0.0130	0.0144	0.0176	0.0403
强度极限综合系数 Q_b	0	0.0260	0.0397	0.0923	0.1460

由图3-9得知，开孔孔径越大，越有利于发挥有孔管桩降低桩周土体超孔隙水压力的特点，但开孔孔径过大，则会大幅度的降低桩身的承载力性能，因此，结合表3-8中的数据综合对比可以得知，开5mm孔径的单向不对穿桩型的屈服极限综合系数 Q_s 和强度极限综合系数 Q_b 分别为0.0130和0.0260，总体上与无孔管桩综合系数最为相近，且极限折减量最为适度，因此，开5mm孔径的单向不对穿桩型承载力性能最好。

(5) 双向不对穿有孔管桩轴向极限承载力对比

4种开孔孔径的双向不对穿有孔管桩轴向极限承载力试验对比曲线，如图3-10所示。

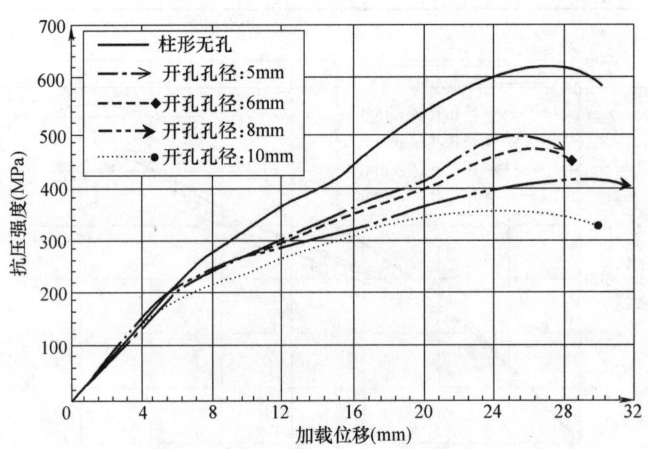

图3-10　有孔管桩模型承载力与位移总图（桩型：双向不对穿）

4 种开孔孔径的双向不对穿有孔管桩屈服极限 σ_s、强度极限 σ_b 以及综合对比结果，如表 3-9 所示。

有孔管桩极限承载力试验结果（桩型：双向不对穿）　　表 3-9

桩　型	无孔	5mm	6mm	8mm	10mm
屈服极限 σ_s(MPa)	253.37	210.90	204.05	190.71	166.92
强度极限 σ_b(MPa)	623.44	494.23	470.49	409.44	352.54
屈服极限折减量 J_s(%)	—	16.76%	19.47%	24.73%	34.12%
强度极限折减量 J_b(%)	—	20.73%	24.53%	34.33%	43.45%
截面占孔率 i	0	9.13%	10.97%	14.68%	18.45%
屈服极限综合系数 Q_s	0	0.0108	0.0143	0.0224	0.0504
强度极限综合系数 Q_b	0	0.0453	0.0652	0.1418	0.2425

由图 3-10 得知，开孔孔径越大，越有利于发挥有孔管桩降低桩周土体超孔隙水压力的特点，但开孔孔径过大，则会大幅度的降低桩身的承载力性能，因此，结合表 3-9 中的数据综合对比可以得知，开 5mm 孔径的双向不对穿桩型的屈服极限综合系数 Q_s 和强度极限综合系数 Q_b 分别为 0.0108 和 0.0453，总体上与无孔管桩综合系数最为相近，且极限折减量最为适度，因此，开 5mm 孔径的双向不对穿桩型承载力性能最好。

(6) 不对称的双向对穿有孔管桩轴向极限承载力对比

4 种开孔孔径的不对称的双向对穿有孔管桩轴向极限承载力试验对比曲线，如图 3-11。

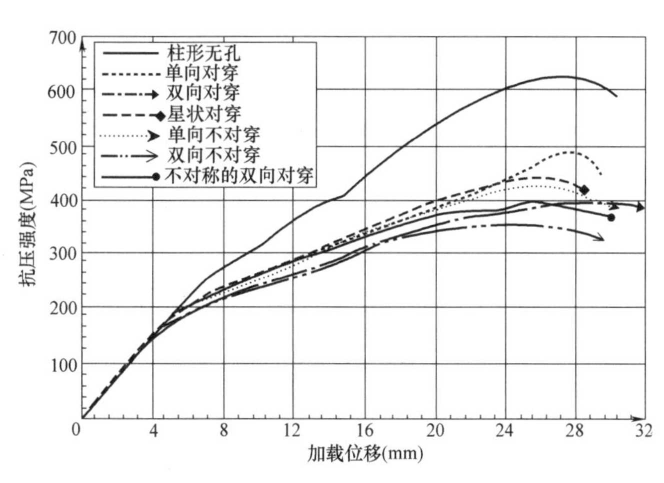

图 3-11　有孔管桩模型承载力与位移总图（桩型：不对称的双向对穿）

4 种开孔孔径的不对称的双向对穿有孔管桩屈服极限 σ_s、强度极限 σ_b 以及综合对比结果如表 3-10 所示。

有孔管桩极限承载力试验结果（桩型：不对称的双向对穿） 表 3-10

桩型	无孔	5mm	6mm	8mm	10mm
屈服极限 σ_s(MPa)	253.37	211.08	203.90	197.29	176.53
强度极限 σ_b(MPa)	623.44	513.57	486.01	432.99	394.28
屈服极限折减量 J_s(%)	—	16.69%	19.53%	22.13%	30.33%
强度极限折减量 J_b(%)	—	17.62%	22.04%	30.55%	36.76%
截面占孔率 i	0	9.13%	10.97%	14.68%	18.45%
屈服极限综合系数 Q_s	0	0.0107	0.0144	0.0149	0.0339
强度极限综合系数 Q_b	0	0.0273	0.0470	0.1007	0.1482

由图 3-11 得知，开孔孔径越大，越有利于发挥有孔管桩降低桩周土体超孔隙水压力的特点，但开孔孔径过大，则会大幅度的降低桩身的承载力性能，因此，结合表 3-10 中的数据综合对比可以得知，开 5mm 孔径的不对称的双向对穿桩型的屈服极限综合系数 Q_s 和强度极限综合系数 Q_b 分别为 0.0107 和 0.0273，总体上与无孔管桩综合系数最为相近，且极限折减量最为适度，因此，开 5mm 孔径的不对称的双向对穿桩型承载力性能最好。

3.4 本章小结

通过对有孔管桩各桩型极限承载力曲线图、开孔截面占孔率和开孔数量等因素的综合对比分析，可以总结得出：

（1）对称开孔桩型轴向极限承载力曲线更为贴近无孔管桩极限承载力曲线，轴向承载力性能明显优于不对称开孔桩型，其主要原因在于对称开孔桩型承载受力时，桩身各开孔截面之间，同一圆周角度上未开孔部分上下连贯，无隔断，桩身各部分受力均匀对称、上下连贯；而不对称开孔桩型桩身各开孔截面之间，同一圆周角度上未开孔部分上下不连贯，导致桩身结构整体受力不平衡，应力分布不均匀，结构失稳概率大为增加。

（2）从有孔管桩试验数据综合分析结果可以看出，最优开孔桩型为星状有孔管桩，究其原因，星状桩型在开孔截面上，未开孔部分有三个，且在圆周上等角度均匀分布，形成了一个似三角形支撑结构，并由这三部分均匀承载受力，即便三部分中有一部分承载能力相对较弱，其他两个部分所承载的面积也达到了截面总承载面积的 2/3，结构稳定性高。

综上所述，有孔管桩极限承载力性能最好的桩型是开 8mm 孔径的星状桩型，并能够充分发挥有孔管桩加速超孔隙水压力消散的特点。

第 4 章　有孔管桩室内静载荷模型试验

4.1　概述

本章有孔管桩室内静载荷试验和第 5 章带帽有孔管桩单桩复合地基以及第 7 章带帽有孔管桩群桩复合地基的承载特性试验中，都有一个共同的试验目的，就是要与无孔管桩在相同试验条件下的承载性状作对比分析，验证桩身开孔是否有利于加速静压沉桩过程超孔隙水压力的消散、提高土体抗剪强度和带帽有孔管桩复合地基的承载能力。因此，本试验只需做到定性描述，并不需要做到完全的定量研究。同时也考虑到有孔管桩静载荷试验和后面的带帽有孔管桩单桩复合地基和带帽有孔管桩群桩复合地基的静载试验是一种非线性的复杂问题，因试验技术条件的限制，各项物理量很难同时达到与原型相似，但并不影响利用模型试验定性地得到一些原型产生的物理现象及相互关系的可能性。因此，可以采用相似理论，确定相似模型来进行相关的模型试验。

4.1.1　试验依据

根据相似理论，试验模型在几何尺寸、模型材料、力学特性、加载条件等方面必须遵循对应的规律，即要求试验模型能全面形象地反映出原型试验整个物理现象的全貌。本次试验主要是模拟深厚软土地区不同开孔方式的带帽有孔管桩复合地基在竖向荷载作用下的承载特性，并将各种不同开孔方式的带帽有孔管桩复合地基的工作情况进行对比。因此，试验模型在以下几个方面应做到与原型相似。

(1) 几何相似

模型中软土层厚度、桩长、桩径等几何条件应与所模拟的原型在尺寸上满足一定的相似比例关系。

(2) 材料相似

模型试验中使用的软土、砂垫层等材料与原型试验使用的介质基本相同，在本构模型具备天然相似性。

(3) 荷载相似

模型试验中静力荷载试验使用堆载方案，加载方式采用逐级加载来模拟施工过程中逐渐增加的荷载。

(4) 边界条件相似

一般条件下，研究的对象都是与外界事物相互关联、相互制约，而不是孤立存在。当研究某一物体时，其所处的状态必定会受到边界上其他物体的影响，因而在试验模型中必须保持边界条件的相似。本次试验中模型的支承方式、受力的状态、荷载的形式等与原型相似。

(5) 初始条件相似

初始条件相似主要是指地基土体的应力历史条件相似，即地基土体在自身重力作用下发生固结而在土体内部产生的应力状态。试验中要模拟土体在自重条件下达到完全固结的状态，需要很长时间才能完成，因此本次试验制作软基时对重塑软土进行预压并静置一段时间来尽量满足与原型的初始条件相似。

4.1.2 试验目的

(1) 提出一种有孔管桩室内静荷载试验方法及实施方案；

(2) 确定竖向荷载作用下有孔管桩的桩身轴力分布、桩侧摩阻力分布；

(3) 确定竖向荷载作用下有孔管桩的沉降变形；

(4) 确定有孔管桩单桩的极限承载力；

(5) 确定桩壁开孔对管桩承载力的影响规律，进一步验证桩壁开孔位置的最优分布方式。

4.2 试验内容

4.2.1 模型试验箱制备

利用角钢和钢化玻璃制作一个尺寸为1m×1m×1m的模型箱。具体过程是：用5号角钢焊制1m×1m×1.4m的角钢架，并将角钢架居中固定在大小为1.5m×1.5m×0.01m的钢板上，模型箱四周的每个面使用2块刚好能够放入角钢架内的1.0m×0.5m×0.01m钢化玻璃拼接而成，以便观察。钢化玻璃接缝处不密封，以保证土体中过多的自由水能够从接缝处流出，如图4-1所示。

4.2.2 土样制备

试验中所用土体取自南昌周边软土地区，采取土样后，将其运至实验室，并将土体及时封装保存。为了保证试验的顺利进行，对土体进行了捣碎、风干、搅拌、分层填筑、静压固结及土体回弹等加工处理，用来制备室内软土地基模型，如图4-2 (*a*)~(*i*) 所示。在具体操作过程中需要注意的事项：土体需捣碎均匀，粒径小于2cm；土体搅拌时按照软土含水要求来控制[96]，含水率约为40%；土

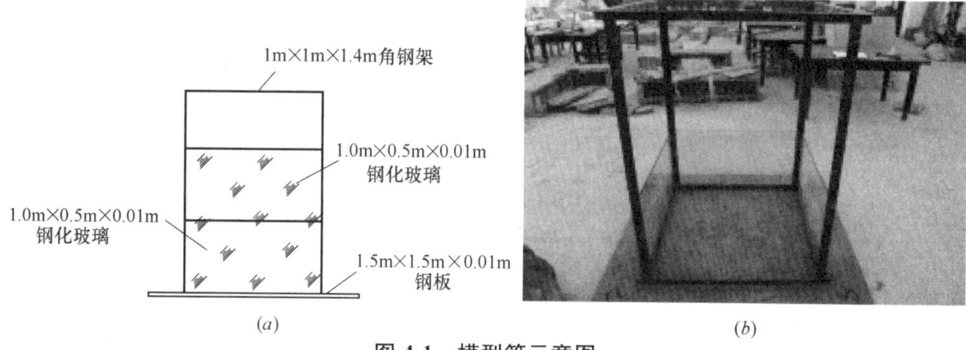

图 4-1　模型箱示意图

(*a*) 立面图；(*b*) 实物图

图 4-2　软土地基模型制作流程（一）

(*a*) 原始土样；(*b*) 土体的初步捣碎；(*c*) 土体风干处理；(*d*) 土块捣碎；(*e*) 土体颗粒润湿；(*f*) 土体搅拌

(g) (h) (i)

图 4-2　软土地基模型制作流程（二）

(g) 土体分层填筑；(h) 土体分层固结；(i) 软土地基模型

体填筑分三次完成，每次深度为 30cm、30cm、40cm；土体先后固结和回弹时间均控制在 7 天，视为土体达到稳定状态。

4.2.3　模型桩制备

从最小桩距和边界效应的角度出发，根据美国石油学会的建议，假定模型桩几何比例 $n=8$[97]。模型桩体材料采用 PVC 管，如图 4-3 所示。由第 2 章和第 3 章的模型试验结果可知，对称式布孔方式的有孔管桩在应力集中系数、轴向极限承载力等受力性能方面要优于非对称式布孔方式的有孔管桩。因此，本章及其后续各章，对于桩身开孔方式，只考虑单向对穿孔、双向对穿孔和星状布孔三种对称式布孔形式，如图 4-4 所示。管桩为长度 800mm，直径 63mm，壁厚 3mm，桩身孔径 10mm。近似模拟实际工程中桩长为 8m，桩

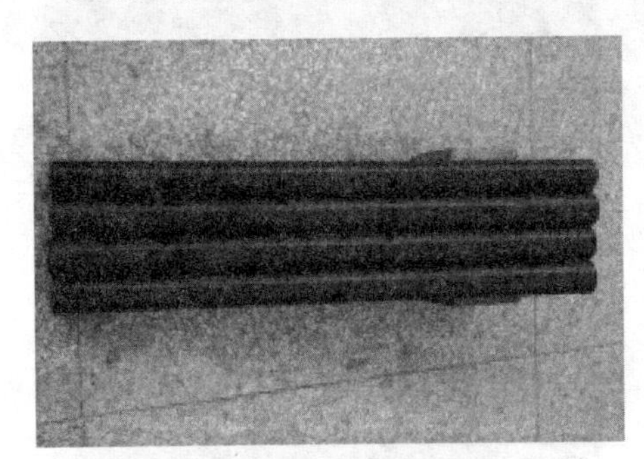

图 4-3　PVC 管材模型桩

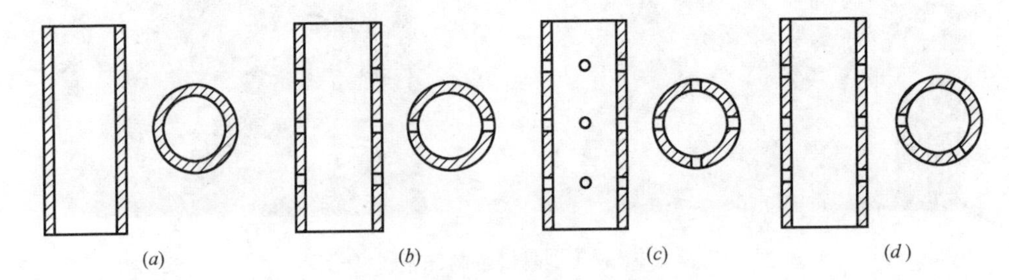

(a) (b) (c) (d)

图 4-4　各种布孔方式的管桩结构

(a) 无孔；(b) 单向对穿孔；(c) 双向对穿孔；(d) 星状孔

径500mm，桩身孔径80mm的管桩。按各种桩型布孔方式，桩身沿桩长方向每间隔200mm进行开孔，即从桩端开始，沿桩长在200mm、400mm、600mm的位置布置3层桩孔。为作对比，设计一组不开孔的无孔管桩，其桩长、桩径和有孔管桩相同。

图4-5　桩端封闭效果图

考虑到沉桩过程中管桩桩端可能会产生土塞效应，故在模型桩底部采用与管桩外径等尺寸的薄三角板封口，并且用透明胶布进行加固，防止过多土体进入到模型桩管腔内，如图4-5所示。

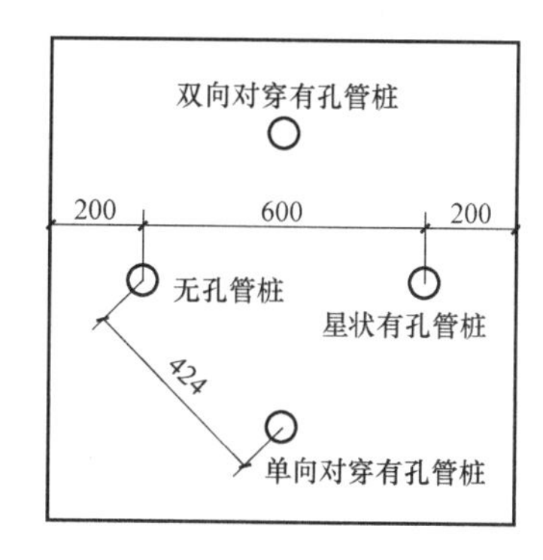

图4-6　四种有孔管桩在模型箱中的桩位分布（单位：mm）

为了实现在同一环境中对四种有孔管桩同时进行静荷载试验，有利于试验结果的对比分析，有孔管桩在模型箱中的桩位分布如图4-6所示。考虑到试验过程中的单一变量控制问题，因此将四种不同布孔方式的管桩设计在同一土体环境进行加载。有孔管桩之间的桩间距设计为424mm，满足大于$6D=378$mm的要求，按照疏桩原理来考虑，尽可能地减小桩间的相互作用影响。同时考虑到边界效应，管桩与模型箱边界的距离设计为200mm，满足大于$3D=189$mm的要求[98]。

4.3　仪器测试原理与测点布置

4.3.1　桩身应力应变测试原理

工程中在桩基静荷载试验时，桩侧摩阻力可以通过桩身埋设的钢筋应力计得到各级荷载作用下的桩身轴力分布。考虑到PVC管模型管桩中不能使用钢筋应力计来监测桩身轴应力的变化，因此采用电阻应变片收集竖向荷载作用下桩身的轴向应变。根据应力-应变的关系式进行应力计算，即可得到桩身的轴力。PVC管模型管桩的桩身轴力通过式（4-1），式（4-2）进行换算得出，如下所示：

$$\sigma_{p}=E_{p}\times\varepsilon_{b} \tag{4-1}$$

$$P_{b}=A_{b}\times\sigma_{pb} \tag{4-2}$$

式中：σ_{pb}表示管桩 b 截面正应力；E_p 表示 PVC 管模型桩的弹性模量；ε_b 表示管桩 b 截面应变；P_b 表示桩身各断面上的轴力；A_b 表示管桩断面上的有效面积。

管桩桩侧摩阻力 f_b（b 截面和 $b+1$ 截面之间的桩侧摩阻力）由式（4-3）可以得出：

$$f_b=\frac{P_b-P_{b+1}}{A_{侧b}} \tag{4-3}$$

式中：$A_{侧b}$表示管桩两相邻截面之间的桩侧表面积。

4.3.2 PVC 管模型管桩力学参数测定

PVC 管模型管桩力学参数主要是根据胡克定律和材料压缩试验来测定的。为了减小测定结果的误差，采取了平行试验措施，设计了两组试验，对其结果取平均值。具体的操作过程如下：

（1）取长度为 30cm 的 PVC 管，在车床上进行精加工使管桩两端的截面平整，可以用水平尺对其进行校核；

（2）在管桩轴向的中间位置进行标记，沿着轴向和纵向分别用 502 胶水粘贴一片应变片，接出两根导线，如图 4-7 所示。

（3）将 PVC 管桩放置在 50kN 级电子万能试验机上，导线一端连接两台静态应变仪，通过计算机设置加载荷载和加载速率来控制加载，加载过程中记录好静态应变仪上显示的试验数据，如图 4-8 所示。

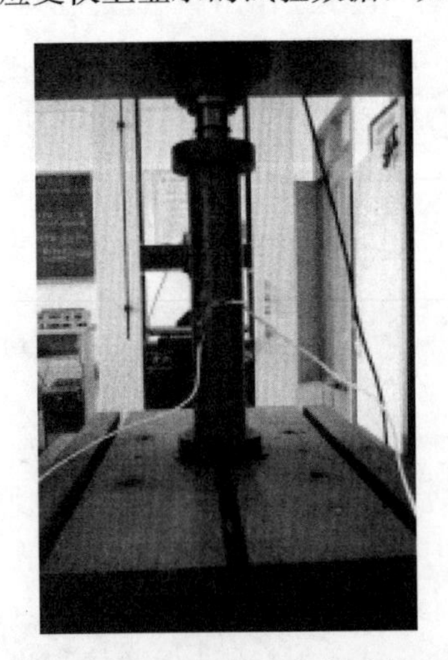

图 4-7 PVC 管桩应变测定

图 4-8 PVC 管桩压缩试验过程

PVC 管模型管桩弹性模量的测定结果见表 4-1。

利用曲线函数拟合方法，对表 4-1 中的试验数据进行处理，可以得到图 4-9。

PVC 管模型管桩弹性模量的测定结果　　表 4-1

加载荷载(kN)	第一组		第二组	
	$\varepsilon_b(\mu\varepsilon)$	E_{P1}(GPa)	$\varepsilon_b(\mu\varepsilon)$	E_{P2}(GPa)
2	−741	4.773	−736	4.805
4	−1642	4.308	−1652	4.282
6	−2586	4.103	−2605	4.073
8	−3548	3.987	−3578	3.954

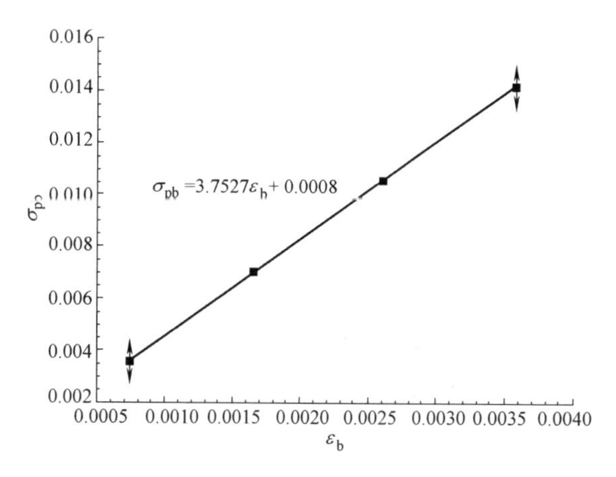

图 4-9　PVC 管模型桩应力-应变关系图

由图 4-9 可以得到 PVC 管模型桩的应力-应变函数关系式：

$$\sigma_{pb}=3.7527\varepsilon_b+0.0008 \tag{4-4}$$

即 PVC 管模型桩的弹性模量 $E_P=3.7527$GPa。

PVC 管模型管桩泊松比的测定结果见表 4-2。由表 4-2 可以得出：第一组试验测得的泊松比 $\upsilon_{01}=0.387$，第二组试验测得的泊松比 $\upsilon_{02}=0.394$，取两组数据的平均值得出 PVC 管模型桩的泊松比 $\upsilon_0=0.390$。

PVC 管模型管桩泊松比的测定结果　　表 4-2

加载荷载(kN)	第一组		第二组	
	$\varepsilon_b'(\mu\varepsilon)$	υ_{01}	$\varepsilon_b'(\mu\varepsilon)$	υ_{02}
2	287	0.387	290	0.394
4	645	0.393	641	0.388
6	1004	0.388	1010	0.388
8	1383	0.390	1394	0.390

式中：$\upsilon_{0b}(b=1, 2)$ 表示 PVC 管模型桩的泊松比，$\upsilon_{0b}=\left|\dfrac{\varepsilon'}{\varepsilon}\right|$。

4.3.3 桩身应变片布置

桩身轴向应变的测量采用应变片测量法，通过静态应变仪使构件的应变值显示出来。合理选用应变片的规格，是测试前需要慎重考虑的问题。通常，首先要根据量测对象的工作条件，是静载还是动载，是长期观测还是短期观测，环境温度是否稳定，温差变化大不大等应以此来选择适合的应变片。因此，根据现有的实验室试验条件，选择型号为 B×120-5AA 的应变片。

为了防止应变片的接线在沉桩和静载加载过程中被扯断，贴好应变片后将导

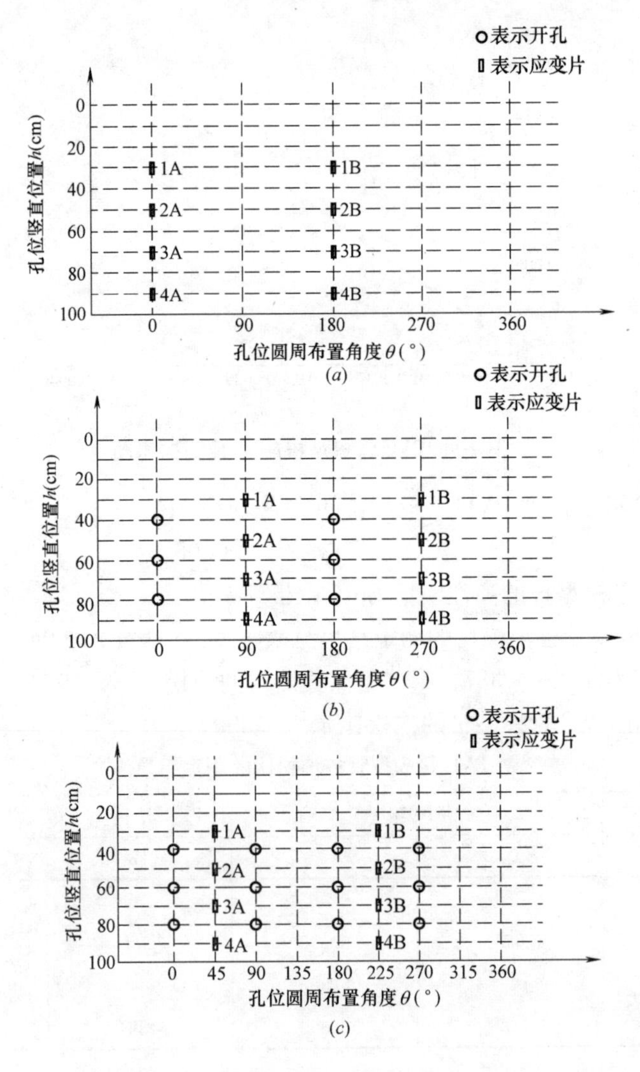

图 4-10 应变片在桩身的分布（一）

(*a*) 无孔管桩；(*b*) 单向对穿有孔管桩；(*c*) 双向对穿有孔管桩

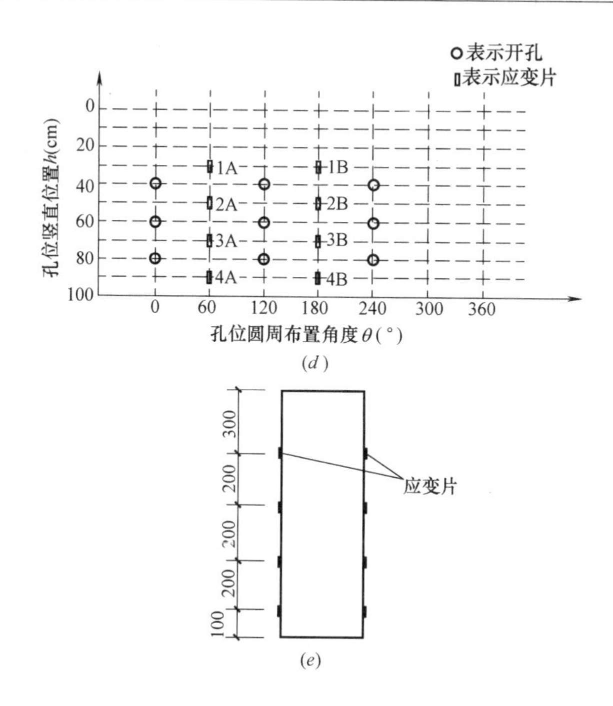

图 4-10　应变片在桩身的分布（二）

（*d*）星状有孔管桩；（*e*）立面分布

线顺着管桩的外壁用 502 胶水粘结牢固且避开桩壁开孔的位置。应变片的分布位置如图 4-10 所示。

应变片的粘贴工艺如下所示：

（1）为了使应变片粘贴牢靠，要求对贴片部位清洁平整，表面利用砂纸进行打磨处理，用酒精除去油脂痕迹；

（2）用记号笔在 PVC 管上标出应变片粘贴位置，再次进行酒精清洁；

（3）将 502 胶水均匀地涂在应变片的底面上，放在 PVC 管标记的位置；

（4）应变片所在的位置用聚乙烯薄膜压盖住，用手指滚压挤出多余胶水，揭掉薄膜，保持一段时间使其固化；

（5）将引出线与软导线焊接在固定端子上，分别进行编号；

（6）检查质量。包括有无短路和断路，绝缘电阻是否符合要求（一般电阻大小约为 120Ω）等，可以用新型掌上数字万用表及时进行检测，如图 4-11 所示；

（7）然后立即涂上防护层（E-44 环氧树脂与低分子聚酰胺树脂按照一定的比例配合而成），进行防水处理，如图 4-12 所示。

4.3.4　桩身轴向应变测定

管桩在静载加载过程中产生的轴向应变通过 DH3818 静态应变测试系统软件

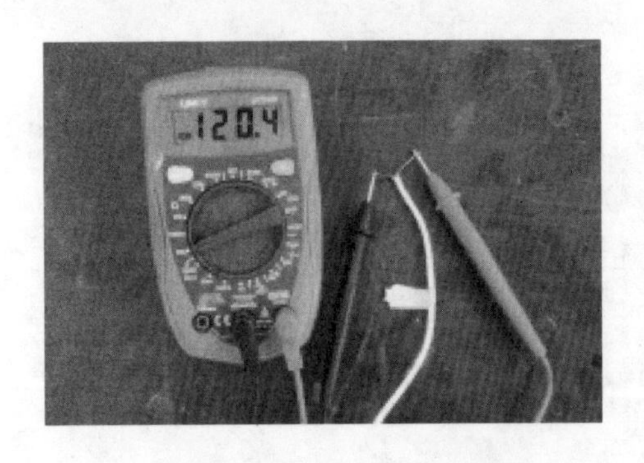

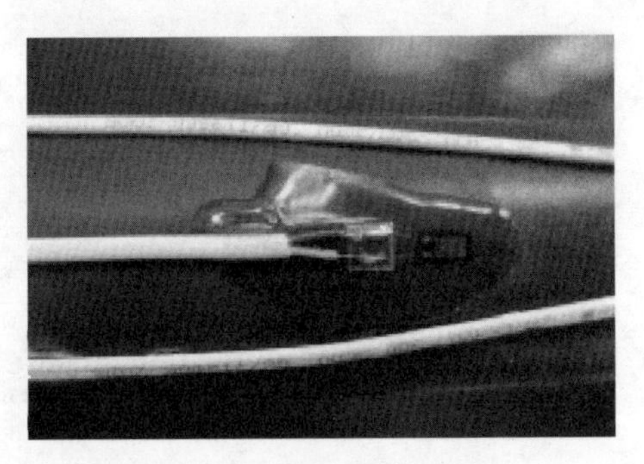

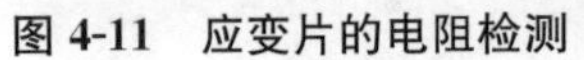

图 4-11　应变片的电阻检测　　　　图 4-12　应变片的防水保护

利用计算机作即时记录，如图 4-13 所示。该软件通过 USB 接口与计算机通讯，方便可靠，独立化模块设计，实现了从开始测量到自动记录数据的一系列过程。

图 4-13　DH3818 静态应变仪及数据的采集

4.3.5　百分表的布置

桩顶沉降量的监测可用百分表来实现，将其竖直固定在桩顶部位（按直径方向对称安装 2 个），然后在静载加载的过程中，依次读出桩的沉降量 s，并做好相关的记录。

4.4　试验方法

4.4.1　加载装置

根据模型管桩的相关力学参数结合 FLAC3D 数值模拟软件和《建筑桩基技术规范》提供的经验参数法对管桩的极限承载力进行估算，约为 510N[99]，加载荷载分别为 51N、102N、153N、204N、255N、306N、357N、408N、459N、510N 等 10 级。若换算成质量，510N 即约为 51kg，可以采用砝码进行等量分级加载。根据实验室现有的砝码配置，可采用均重为 5.1kg 砝码，共需 10 块砝码。

在砝码加载的过程中，当砝码叠加在一起达到了一定的高度时，可能会产生倾斜，对试验结果造成一定的影响。因此，在每根管桩的桩顶分别放置大小相同、质量均衡的矩形轻质薄木板，木板中心位置预留了小孔，用螺钉固定了一根轻质标杆，在加载的时候起到防止砝码倾斜的作用，如图 4-14 所示。

4.4.2　加载方法

参照《建筑基桩检测技术规范》，采取慢速维持荷载法进行加载卸载，整个过程分为五步：分级加载→观测沉降→终止加载→分级卸载→观测沉降[100]。如图 4-15 所示。

图 4-14　管桩模型静荷载试验的仪器布置

图 4-15　管桩模型静荷载试验的加载过程

4.5　试验数据成果与分析

4.5.1　各种管桩荷载沉降

（1）各种管桩荷载沉降试验成果

根据室内模型试验数据，校核后经整理编制了无孔管桩、单向对穿有孔管桩、双向对穿有孔管桩、星状有孔管桩单桩静荷载试验成果汇总表见表 4-3、表 4-4。各种管桩荷载沉降 Q-s 曲线如图 4-16 所示，各种管桩荷载沉降 s-lg$Q$ 曲线如图 4-17 所示，各种管桩荷载沉降 s-lg$t$ 曲线如图 4-18 所示。

各种管桩单桩静荷载试验成果汇总表（1）　　表 4-3

序号	分级加载(N)	无孔管桩		单向对穿有孔管桩	
	荷载等级:51N	沉降量(mm)		沉降量(mm)	
		本级	累计	本级	累计
1	0	0.000	0.000	0.000	0.000
2	102	0.110	0.110	0.115	0.115
3	153	0.145	0.255	0.130	0.245
4	204	0.150	0.405	0.145	0.390
5	255	0.200	0.605	0.190	0.580
6	306	0.305	0.910	0.350	0.930
7	357	0.530	1.440	0.420	1.350
8	408	0.575	2.015	0.635	1.985
9	459	0.655	2.670	0.700	2.685
10	510	1.085	3.755	0.900	3.585
11	408	−0.005	3.750	−0.040	3.545
12	306	−0.100	3.650	−0.085	3.460
13	204	−0.100	3.550	−0.125	3.335
14	102	−0.115	3.435	−0.175	3.160
15	0	−0.245	3.190	−0.190	2.970

各种管桩单桩静荷载试验成果汇总表（2）　　表 4-4

序号	分级加载(N)	双向对穿有孔管桩		星状有孔管桩	
	荷载等级:51N	沉降量(mm)		沉降量(mm)	
		本级	累计	本级	累计
1	0	0.000	0.000	0.000	0.000
2	102	0.110	0.110	0.075	0.075
3	153	0.120	0.230	0.080	0.155
4	204	0.130	0.360	0.115	0.270
5	255	0.150	0.510	0.180	0.450
6	306	0.325	0.835	0.195	0.645
7	357	0.325	1.160	0.390	1.035
8	408	0.365	1.525	0.415	1.450
9	459	0.415	1.940	0.630	2.080
10	510	0.605	2.545	0.930	3.010
11	408	−0.020	2.525	−0.010	3.000
12	306	−0.045	2.480	−0.045	2.955
13	204	−0.085	2.395	−0.050	2.905
14	102	−0.085	2.310	−0.125	2.780
15	0	−0.160	2.150	−0.255	2.525

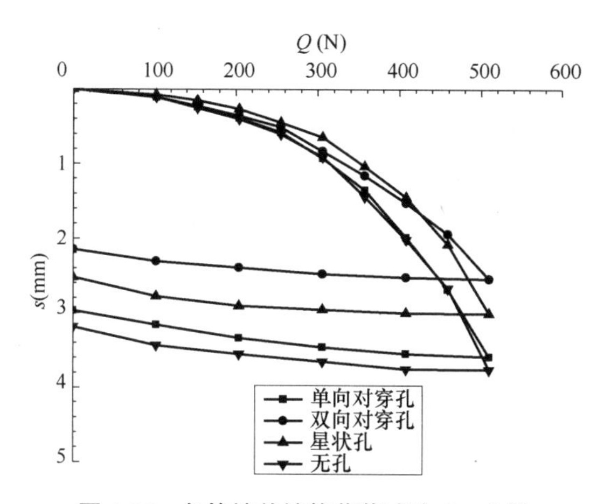

图 4-16　各管桩单桩静荷载试验 Q-s 曲线

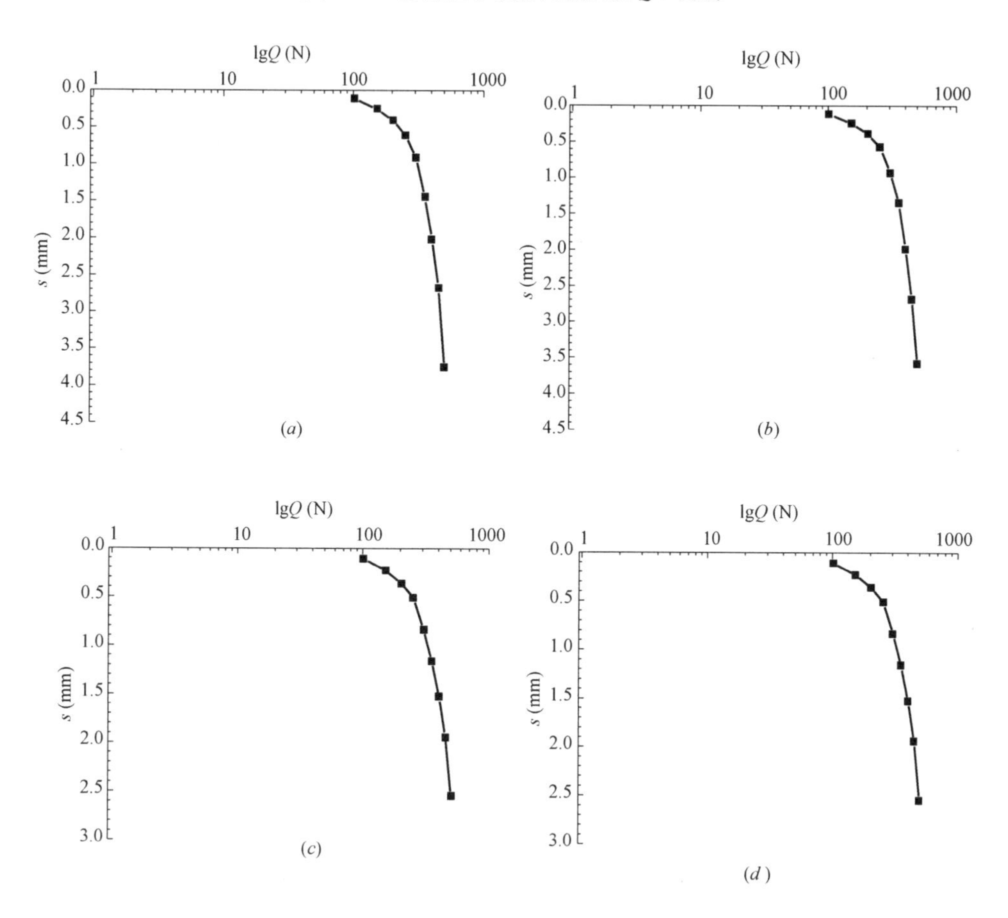

图 4-17　各桩型单桩静荷载试验 s-lg$Q$ 曲线

(a) 无孔管桩；(b) 单向对穿有孔管桩；(c) 双向对穿有孔管桩；(d) 星状有孔管桩

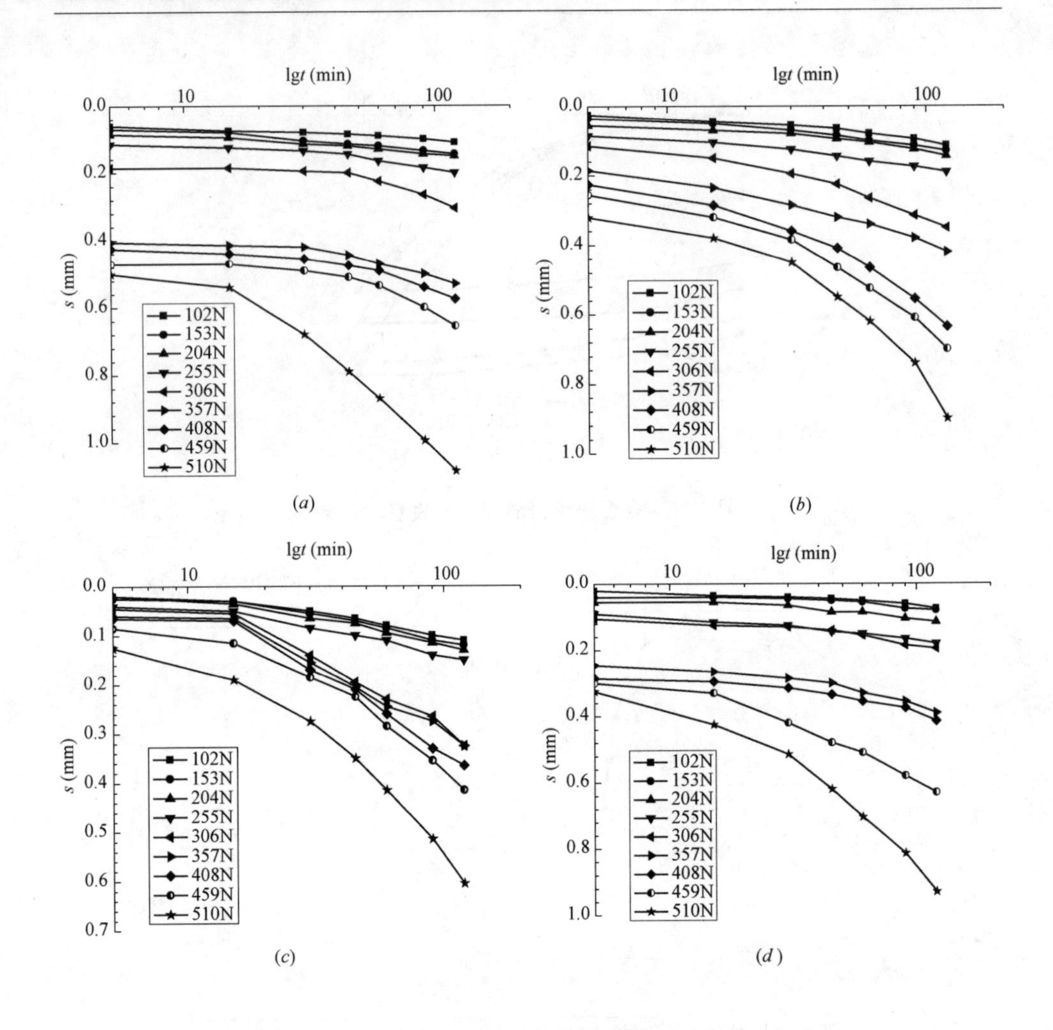

图 4-18　各桩型单桩静荷载试验 s-lg$t$ 曲线

(a) 无孔管桩；(b) 单向对穿有孔管桩；(c) 双向对穿有孔管桩；(d) 星状有孔管桩

根据文献［99］提供的单桩极限承载力确定方法，可以判定四种管桩的竖向极限承载力分别为 $Q_{u1}=459\text{N}$、$Q_{u2}=306\text{N}$、$Q_{u3}=255\text{N}$、$Q_{u4}=408\text{N}$。

记无孔管桩的竖向极限承载力分别与三种有孔管桩竖向极限承载力之差的绝对值与无孔管桩极限承载力的百分比为管桩极限承载力的折减率，即：

$$g=\frac{|Q_{u1}-Q_{ui}|}{Q_{u1}}\times 100\% \tag{4-5}$$

式中：$i=1, 2, 3, 4$，Q_{ui} 分别表示无孔管桩、单向对穿有孔管桩、双向对穿有孔管桩、星状有孔管桩的竖向极限承载力。

(2) 各种管桩荷载沉降曲线分析

由式（4-5）可以得出单向对穿有孔管桩、双向对穿有孔管桩、星状有孔管桩因桩壁开孔导致单桩竖向极限承载力的折减率分别为：33.33%、44.44%、11.11%，即 $g_4<g_2<g_3$。由此可知：星状有孔管桩的竖向极限承载力折减率最小。由试验可得出：单向对穿有孔管桩桩壁开孔的数目要比双向对穿有孔管桩的桩壁开孔数量要少，所以 $g_2<g_3$；而星状分布的孔是绕桩轴间隔120°布置，在空间上形成了一个等边三角形，类似于三铰拱的受力情况，这样可以有效地减小有孔管桩的竖向极限承载力的折减率。因此，星状开孔为有孔管桩设计桩壁开孔最优分布方式，进一步验证了前面两章的观点。

由图4-16和表4-3可以得出：在加载过程中，无孔管桩、单向对穿有孔管桩、双向对穿有孔管桩以及星状有孔管桩沉降量分别为3.755mm、3.585mm、3.010mm、2.545mm，由此可知无孔管桩沉降量最大，双向对穿有孔管桩沉降量最小。在卸载过程中，无孔管桩、单向对穿有孔管桩、双向对穿有孔管桩和星状有孔管桩桩顶沉降量回弹率大小分别为17.71%、17.15%、15.52%、16.11%。同样，无孔管桩桩顶沉降量回弹率最大，双向对穿有孔管桩桩顶沉降量回弹率最小。由以上分析可知，桩壁开孔的数量多少对桩顶沉降量有一定影响。从土的三相组成及其基本性质来分析该现象，主要是因为桩身开孔能有效地减少土体中的含水量，提高土体抗剪强度，增大桩侧摩阻力，降低桩顶沉降量。双向对穿型桩孔数量最多，其减少土的含水量最大，提高土的抗剪强度最高，因此其桩顶沉降量最小。

4.5.2　各桩型桩身轴力

(1) 各桩型桩身轴力测试成果

静态应变仪测出来的应变通过式（4-1)、式（4-2）进行换算，得出四种管桩分级加载时桩身不同深度处的轴力见表4-5、表4-6。各种管桩桩身轴力随深度变化曲线，如图4-19（a)～(d）所示。

各管桩单桩静荷载试验分级加载时桩身不同深度处轴力汇总表（1)（单位：N)

表4-5

荷载(N)	无孔管桩 距离桩顶的深度(mm)				单向对穿孔有孔管桩 距离桩顶的深度(mm)			
	300	500	700	900	300	500	700	900
102	97.726	73.897	45.492	42.049	90.129	66.696	34.116	30.445
153	151.407	114.027	60.619	56.327	137.551	94.459	39.037	34.586
204	188.480	149.214	62.140	57.865	187.370	143.292	54.012	48.989
255	252.533	212.538	113.851	105.386	252.927	205.959	80.063	70.355
306	294.582	251.298	127.484	109.845	294.086	244.417	117.962	82.385
357	352.390	299.098	166.534	130.463	328.548	272.803	125.533	85.272

续表

荷载(N)	无孔管桩 距离桩顶的深度(mm)				单向对穿孔有孔管桩 距离桩顶的深度(mm)			
	300	500	700	900	300	500	700	900
408	406.412	350.776	200.472	159.639	342.832	286.882	135.593	94.114
459	451.846	390.590	220.895	172.762	384.919	322.894	153.222	104.524
510	501.647	442.081	257.405	203.434	423.816	359.033	173.196	117.386

各管桩单桩静荷载试验分级加载时桩身不同深度处轴力汇总表（2）（单位：N）

表 4-6

荷载(N)	双向对穿孔有孔管桩 距离桩顶的深度(mm)				星状孔有孔管桩 距离桩顶的深度(mm)			
	300	500	700	900	300	500	700	900
102	81.826	55.630	20.162	16.371	88.657	62.775	29.572	25.876
153	133.530	88.469	28.295	23.420	139.311	95.033	36.118	31.604
204	173.802	125.877	34.963	28.443	181.492	135.189	46.485	39.755
255	245.099	195.520	67.086	42.638	251.522	202.586	76.025	56.151
306	268.325	214.566	84.425	45.231	293.423	241.193	114.336	77.680
357	308.711	251.404	102.837	57.592	337.843	281.880	134.549	90.769
408	343.641	286.416	134.712	76.684	400.563	343.743	192.399	135.841
459	385.510	322.788	148.272	89.871	435.920	373.760	199.631	144.217
510	411.331	343.520	154.108	95.605	472.199	404.514	217.120	160.245

各种管桩桩身轴力随深度变化曲线，分别如图 4-19（a）～（d）所示。

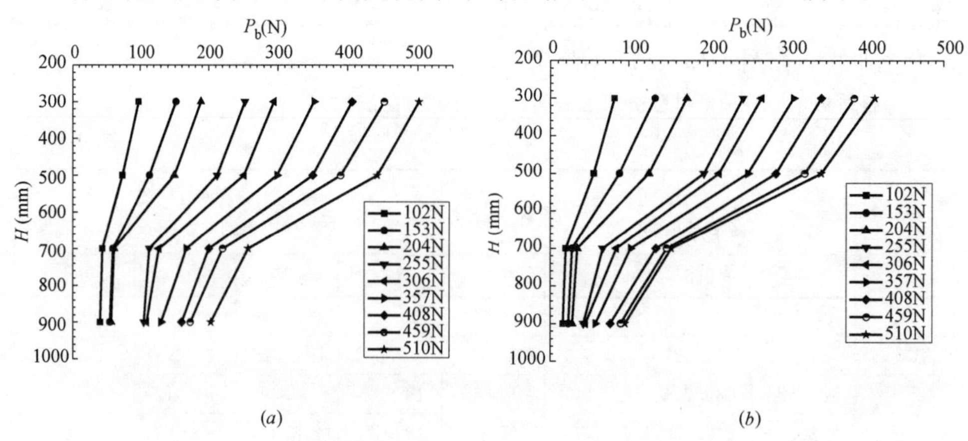

图 4-19 各桩型有孔管桩单桩桩身轴力随深度变化的曲线（一）

（a）无孔管桩；（b）单向对穿孔有孔管桩

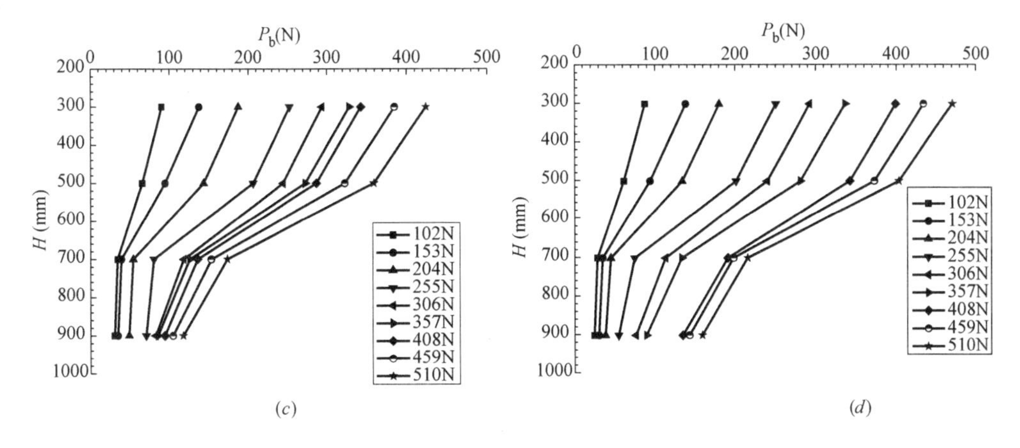

图 4-19　各桩型有孔管桩单桩桩身轴力随深度变化的曲线（二）

（c）双向对穿孔有孔管桩；（d）星状孔有孔管桩

对比分析表 4-5 和表 4-6，整理四种管桩桩身不同深度处轴力汇总表，结果如表 4-7 所示。

四种管桩单桩静荷载试验分级加载时桩身不同深度处轴力最大值　　表 4-7

桩型	不同深度处桩身轴力最大值(N)			
	300mm	500mm	700mm	900mm
无孔管桩	501.647	442.081	257.405	203.434
单向对穿有孔管桩	423.816	359.033	173.196	117.386
双向对穿有孔管桩	411.331	343.520	154.108	95.605
星状有孔管桩	472.199	404.514	217.120	160.245

（2）各桩型桩身轴力对比分析

由图 4-19（a）～（d）可以看出：桩身轴力随深度的分布与其作用机理相符，桩身轴力近似呈多折射型 Γ 分布，桩身轴力随着深度的增加而减小，在不同深度处以不同的速率减小，随着桩顶荷载的增大而增加。当桩顶施加荷载分别达到 357N、408N、459N、510N 后，曲线斜率变陡，表明其后桩身轴力增加缓慢，此时桩周土逐渐发挥作用。

由表 4-7 可得：同一深度处的桩身轴力最大值随无孔管桩、星状有孔管桩、单向对穿有孔管桩、双向对穿有孔管桩等桩型改变，在数值上逐渐减小。同理，由式（4-5）可以得出：单向对穿有孔管桩、双向对穿有孔管桩、星状有孔管桩的桩身轴力折减率分别为 23.58%、28.48%、10.71%。通过对比分析可知，双向对穿有孔管桩桩身轴力折减率最大，单向对穿有孔管桩桩身轴力折减率次之，星状有孔管桩桩身轴力折减率最小。因此，从管桩桩身轴力分布角度再次验证了星状开孔为有孔管桩桩壁开孔最优布孔方式。

4.5.3 各桩型桩侧摩阻力

(1) 各桩型桩侧摩阻力测试成果

表 4-5、表 4-6 中的桩身轴力通过式（4-3）进行换算，得出四种 B 类管桩在不同深度处的桩侧摩阻力见表 4-8、表 4-9。各种 B 类管桩桩侧摩阻力随深度变化曲线，如图 4-20（a）～（d）所示。

各种管桩单桩静荷载试验分级加载时桩侧不同深度处摩阻力汇总表（1）（单位：Pa）

表 4-8

荷载(N)	无孔管桩 距离桩顶的深度(mm)			单向对穿有孔管桩 距离桩顶的深度(mm)		
	300～500mm	500～700mm	700～900mm	300～500mm	500～700mm	700～900mm
102	601.99	717.59	86.96	619.21	800.35	93.04
153	944.33	1349.23	108.42	1092.07	1404.58	112.79
204	991.96	2199.74	107.99	1117.09	2262.64	127.29
255	1010.37	2493.11	213.85	1190.32	3190.59	246.04
306	1093.48	3127.86	445.62	1258.77	3204.77	901.65
357	1346.28	3348.93	911.26	1412.74	3732.28	1020.35
408	1405.52	3797.07	1031.56	1417.95	3834.12	1051.22
459	1547.50	4286.94	1215.97	1571.92	4300.01	1234.18
510	1504.79	4665.40	1363.46	1641.81	4709.68	1414.40

各种管桩单桩静荷载试验分级加载时桩侧不同深度处摩阻力汇总表（2）（单位：Pa）

表 4-9

荷载(N)	双向对穿有孔管桩 距离桩顶的深度(mm)			星状有孔管桩 距离桩顶的深度(mm)		
	300～500mm	500～700mm	700～900mm	300～500mm	500～700mm	700～900mm
102	666.00	901.73	96.04	656.98	842.81	93.83
153	1145.65	1529.87	123.93	1123.93	1495.49	114.59
204	1218.46	2311.39	165.77	1175.33	2251.62	170.83
255	1260.53	3265.31	621.57	1242.17	3212.57	504.48
306	1366.79	3308.72	996.47	1325.79	3220.10	930.46
357	1457.00	3777.17	1150.34	1420.53	3739.80	1111.29
408	1454.90	3856.93	1475.31	1442.31	3841.64	1435.64
459	1594.66	4436.92	1484.79	1577.87	4420.00	1436.60
510	1724.02	4815.64	1487.37	1718.10	4756.72	1443.71

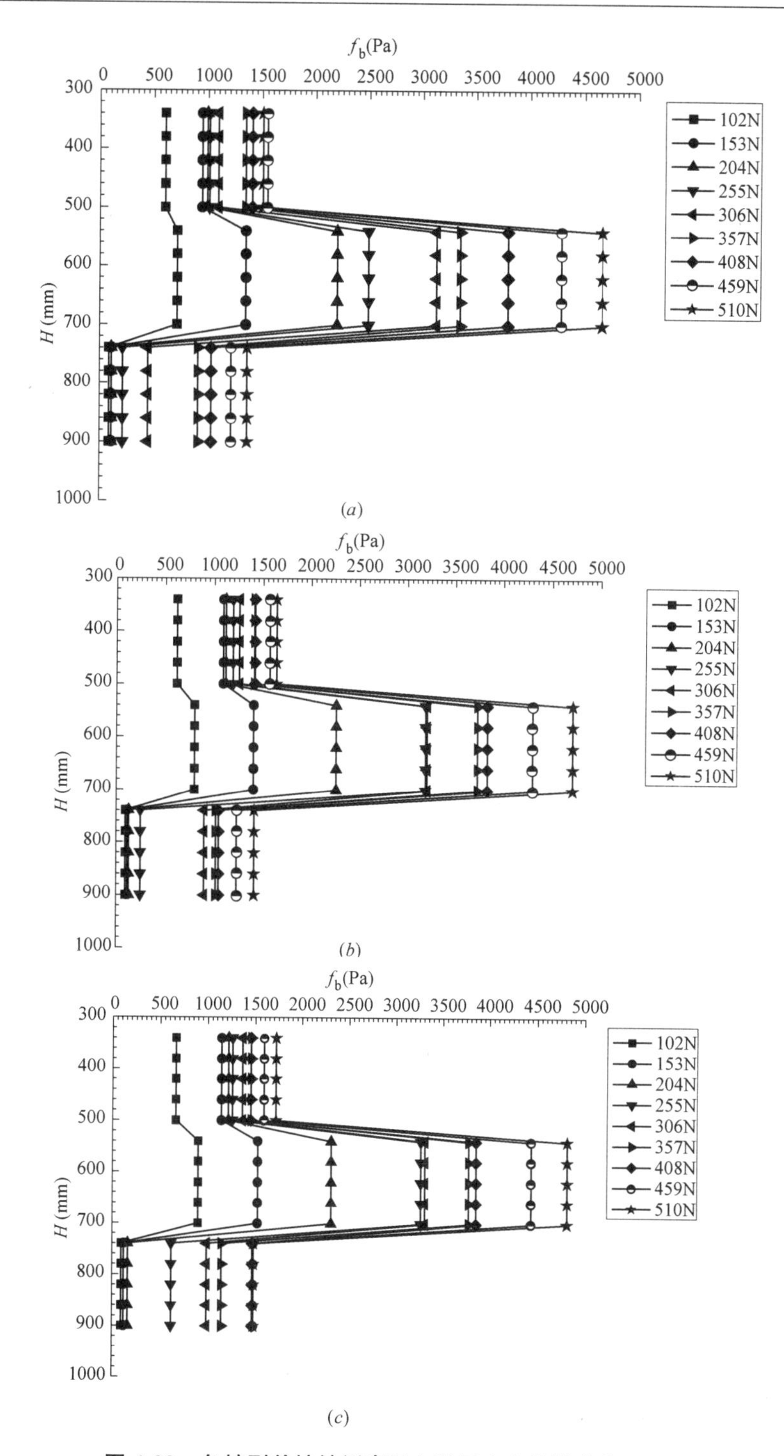

图 4-20　各桩型单桩桩侧摩阻力随深度变化的曲线（一）

(*a*) 无孔管桩；(*b*) 单向对穿孔有孔管桩；(*c*) 双向对穿孔有孔管桩

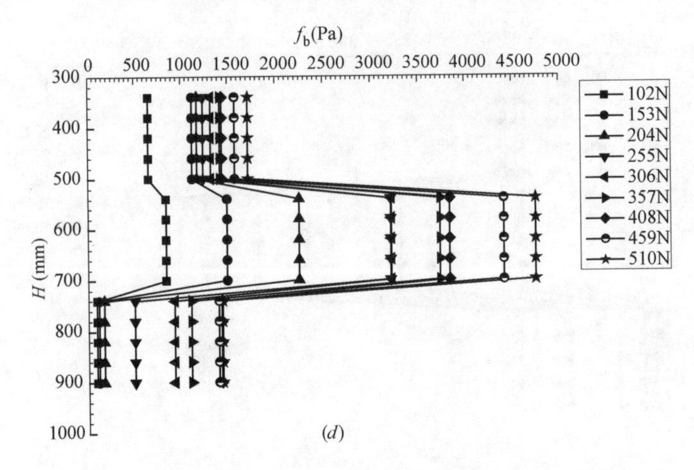

图 4-20 各桩型单桩桩侧摩阻力随深度变化的曲线（二）

（d）星状孔有孔管桩

对比分析表 4-7、表 4-8，整理四种管桩不同深度处桩侧摩阻力最大值的汇总结果，如表 4-10 所示。

各种管桩单桩静荷载试验分级加载时不同深度处桩侧摩阻力最大值 表 4-10

桩 型	不同深度处桩侧摩阻力最大值(Pa)		
	300～500mm	500～700mm	700～900mm
无孔管桩	1504.79	4665.40	1363.46
单向对穿有孔管桩	1641.81	4709.68	1414.40
双向对穿有孔管桩	1724.02	4815.64	1487.37
星状有孔管桩	1718.10	4756.72	1443.71

（2）各桩型桩侧摩阻力成果分析

由图 4-20（a）～（d）可以看出：管桩桩侧摩阻力呈腰部鼓起状态分布，最大值发生在管桩的中腰部位，并且随着桩顶施加竖向荷载的增大而逐渐增大。

由表 4-10 可以得出：双向对穿有孔管桩桩侧摩阻力最大，无孔管桩桩侧摩阻力最小，星状有孔管桩和单向对穿有孔管桩的桩侧摩阻力居中，且前者大于后者。这可能与桩壁开孔的数量有一定的关联。开孔的数量影响着桩周土体中孔隙水的排出效果，决定着桩周土体的密实度，与桩侧摩阻力的作用效果有紧密的联系。

4.6 本章小结

本章详细介绍了有孔管桩室内模型静载荷试验，对有孔管桩的荷载-沉降、轴力分布、桩侧摩阻力分布情况进行了对比分析，可得到以下结论：

（1）单桩静荷载 Q-s 关系曲线中，各桩的桩顶沉降量及其回弹量，随无孔管桩、单向对穿有孔管桩、星状有孔管桩、双向对穿有孔管桩等桩型改变，在数值上依次递减。

（2）在本次静载荷试验中，四种管桩的竖向极限承载力分别为 $Q_{u1}=459N$、$Q_{u2}=306N$、$Q_{u3}=255\mathrm{N}$、$Q_{u4}=408\mathrm{N}$。相对于无孔管桩的竖向极限承载力而言，有孔管桩的极限承载力折减率随着双向对穿有孔管桩、单向对穿有孔管桩、星状有孔管桩等桩型的改变，在数值上逐渐减小。因此，星状开孔有孔管桩竖向极限承载力折减率最小，桩体自身承载力损失最小。

（3）对比分析得出四种管桩的轴力近似呈多折射 Γ 型分布，随着深度增加而减小，在不同深度处以不同的速率在减小；随着桩顶施加荷载增加而增大。从管桩桩身轴力折减情况分析，双向对穿型折减率最大，单向对穿型折减率次之，星状型折减率最小。

（4）四种管桩的桩侧摩阻力呈腰部鼓起状态分布，桩侧摩阻力最大值发生在管桩的中腰部位，桩侧摩阻力随着桩顶施加竖向荷载的增加而增大。同一深度处桩侧摩阻力最大值随着双向对穿有孔管桩、星状有孔管桩、单向对穿有孔管桩、无孔管桩等桩型的改变，在数值上逐渐减小；由此推断出桩壁开孔数量的多少会影响桩侧摩阻力的分布。

（5）从桩体极限承载力和桩身轴力的折减率来看，星状有孔管桩均为最小，是有孔管桩设计最优布孔方式。

第 5 章　带帽有孔管桩单桩复合地基承载特性模型试验

5.1　概述

从已有文献的研究来看，模型试验在复合地基的研究中发挥着重要作用，并且取得了丰硕的研究成果。为了更好地揭示竖向荷载作用下带帽有孔管桩复合地基承载特性，得到一些有益的结论，本章采用室内模型试验方法，根据现有的复合地基理论，设计了竖向荷载作用下带帽有孔管桩复合地基的室内模型，完成了室内模型的设计制作、试验数据的采集、试验数据的对比分析等工作。

5.2　试验目的

本次室内模型试验的主要目的是针对带帽有孔管桩复合地基承载特性的研究。通过对带帽无孔管桩复合地基和带帽有孔管桩复合地基进行室内模型静荷载试验，观测复合地基的沉降变形、桩身轴力、桩周土压力的变化。基于所观测的试验数据，对比分析两者在桩侧摩阻力、桩帽下土体土压力与桩间土体土压力、桩土荷载分担比、桩土应力比等的分布形式及变化规律，研究竖向荷载作用下带帽有孔管桩复合地基受力与变形、桩土的相互作用、荷载传递等方面的承载特性，分析桩身开孔对提高带帽有孔管桩复合地基承载力的有效性和可行性，验证桩身开孔是否有利于提高带帽有孔管桩复合地基的承载力。

5.3　试验装置和试验材料

5.3.1　试验装置

(1) 模型箱

利用角钢和钢化玻璃制作了 1.5m×1.5m×1.5m（长×宽×高）的试验用模型箱。首先用角钢焊制 1.5m×1.5m×1.5m（长×宽×高）角钢架，并将角钢架焊接在大小为 2.0m×2.0m×0.01m（长×宽×厚）的钢板上，模型箱框架焊接好后，在表面涂抹一层防锈漆，防止试验过程中模型箱生锈。模型箱围挡的每个面由 2 块恰好可以放入角钢架内的 1.5m×0.5m×0.01m（长×宽×厚）钢化玻璃拼接而成，钢化玻璃与角钢接缝处用玻璃胶密封，如图 5-1 所示。

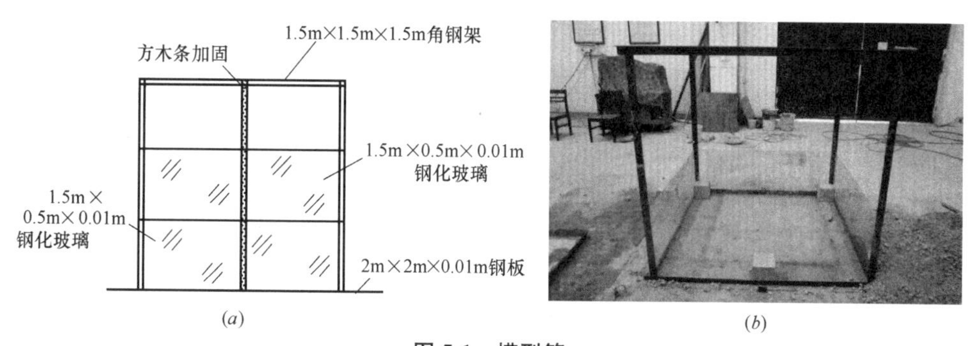

图 5-1　模型箱

（*a*）剖面图；（*b*）立体图

（2）载荷板

加载板尺寸为 400mm×400mm×10mm，在适当的位置用电钻钻 3 个直径为 10mm 的小孔以便于沉降标穿过，如图 5-2 所示。

图 5-2　载荷板

（3）荷载

本次试验采用堆载方案，通过分级堆载重物来模拟复合地基上部荷载，堆载重

图 5-3　堆载砝码

物选用土工实验室所使用的标准砝码，所用砝码每块重 5.1kg，如图 5-3 所示。

5.3.2 试验材料

(1) 试验土体

模型试验中的土体取自南昌周边软土地区，将土体运回实验室后，为了保证试验的顺利进行，需要对其进行了一系列的处理。土体运到后，在试验室内进行平铺晾晒，使土体自然风干。土体风干后，通过人工锤捣，将土体捣碎成粒径小于 2cm 的土块，以确保最终土样的土质均匀。土体捣碎后堆在试验室空旷位置备用。试验土体预处理如图 5-4 所示。

(*a*)

(*b*)

图 5-4 试验土体预处理

(*a*) 土体风干；(*b*) 土体捣碎

(2) 垫层

垫层材料选用中砂，厚度取 100mm，如图 5-5 所示。

(3) 模型桩

试验中模型管桩采用 PVC 管制作，长度为 800mm，外径尺寸为 63mm，桩身钻孔孔径 10mm。模型桩底部用特制盖板和透明胶带进行封口，防止试验过程中土体和土中孔隙水从底部进入到模型桩内部。

本次模型试验采用 4 种不同开孔方式的带帽管桩，分别为带帽无孔管桩、带

图 5-5　垫层材料

帽星状有孔管桩、带帽单向对穿有孔管桩和带帽双向对穿有孔管桩，桩身间隔 200mm 进行钻孔，具体桩身布孔方式如图 5-6（*a*）～（*d*）所示。带帽管桩桩帽采用有机玻璃板材，经过数控机床加工成正方形，尺寸为 200mm×200mm×15mm，通过强力胶与管桩粘结形成带桩帽管桩，如图 5-7 所示。

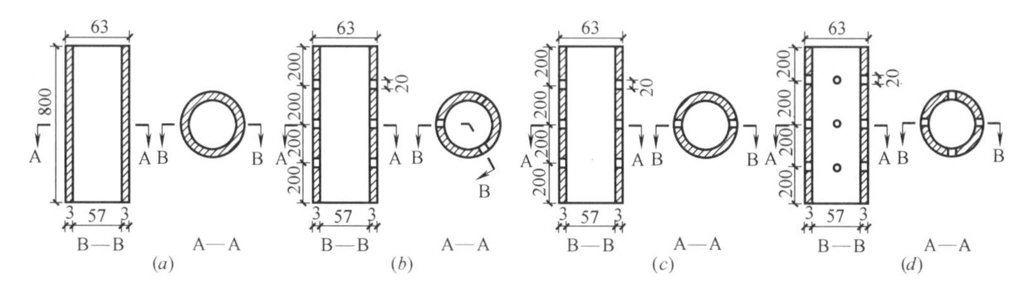

图 5-6　桩身布孔方式

（*a*）无孔；（*b*）星状孔；（*c*）单向对穿孔；（*d*）双向对穿孔

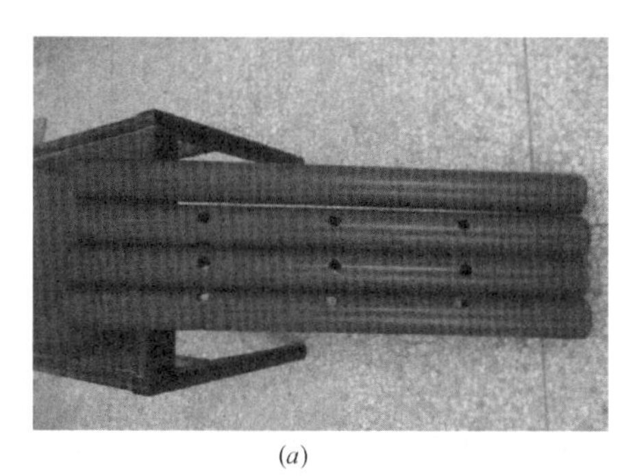

（*a*）　　（*b*）

图 5-7　试验用带帽管桩（一）

（*a*）管桩模型；（*b*）桩帽模型

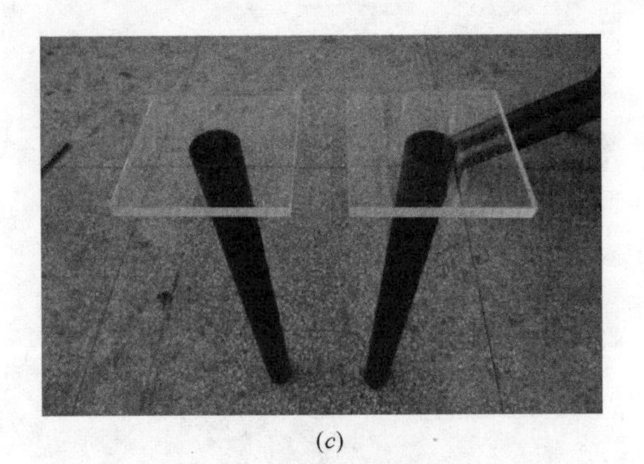

(c)

图 5-7 试验用带帽管桩（二）

(c) 带帽管桩模型

5.4 试验量测设备和测点布置

5.4.1 试验测设设备

(1) 土压力盒

本次模型试验选用 LY-350 型应变式微型土压力盒来测量土体压应力，量程范围为 0～0.2MPa，如图 5-8 所示。

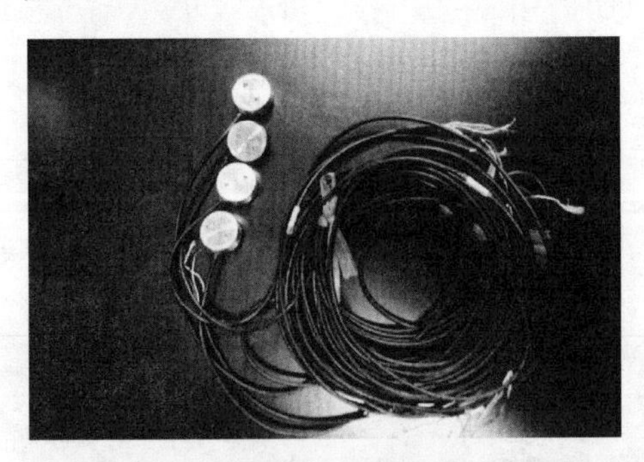

图 5-8 LY-350 型应变式微型土压力盒

LY-350 型应变式微型土压力盒是一种常用的用来监测土体中土压力变化的有效设备，广泛应用于模型试验和实际工程中，LY-350 型应变式微型土压力盒的主要技术参数如表 5-1 所示。

为了确保仪器使用正常，土压力盒埋置时，将有两个小孔的一面（底面）朝下，表面光滑的一面（正面）朝上，水平放置在预定的测点，在表面覆盖 2cm 厚细砂，以避免应力集中，便于应力分布。

微型土压力盒主要技术参数　　表 5-1

型　号	LY-350
测量范围(MPa)	0～0.2
分辨率(%F·S)	≤0.05
外形尺寸 Φ(mm)	28×9
接线方式	输入→输出：AC→BD
阻抗(Ω)	350
绝缘电阻(MΩ)	≥50

当模型箱中土体填埋至既定高度时，在预定位置周围放置 LY-350 型应变式微型土压力盒，土压力盒在土体中的埋设及平面布置如图 5-9 (*a*)～(*b*) 所示。

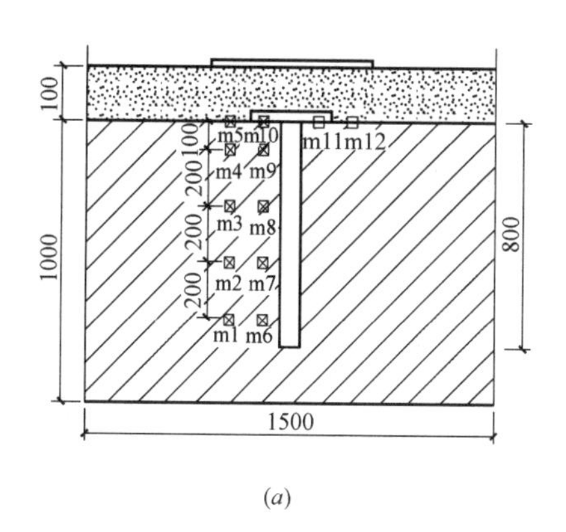

(*a*)

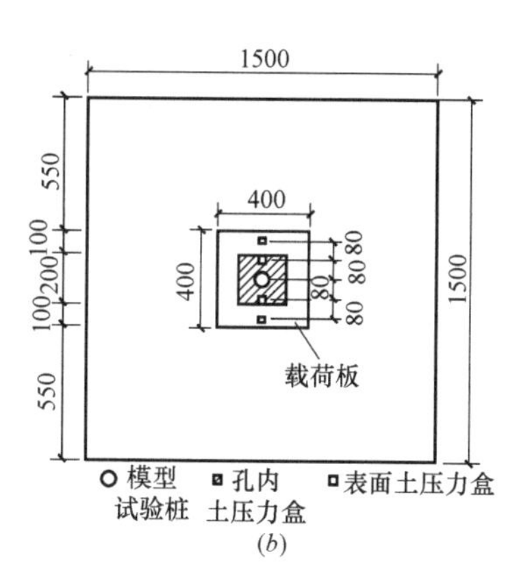

(*b*)

图 5-9　土压力盒的布置图

(*a*) 立面图；(*b*) 平面布置图

(2) 桩身应变片

为了掌握桩顶、桩身轴力及其在不同荷载下的变化规律，通过不同深度桩身轴力的差值计算桩侧摩阻力，分析桩的工作机理。试验中采用电阻应变片来测量桩身轴向应力，应变片沿桩身两侧对称布置，应变片的布置如图 5-10 所示。

应变片的安装采用粘贴法，先用 502 胶水在设定位置将应变片粘贴牢固并与固定端焊接，检测应变片粘贴质量，然后立即涂上防护层，最后用透明胶带将导线引出桩顶并在导线上贴好标签。

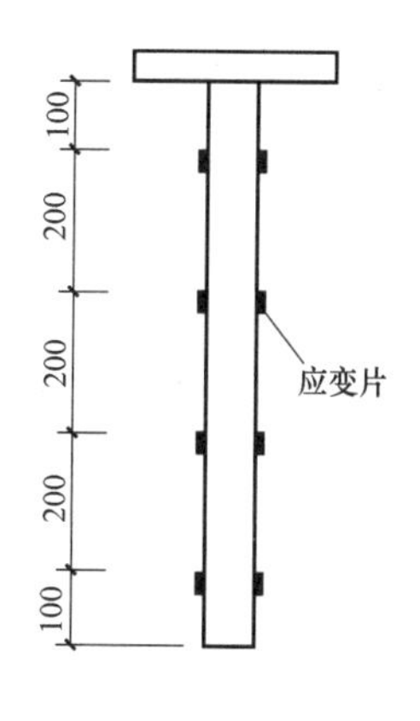

图 5-10　电阻应变片

(3) 沉降标与百分表

在模型试验中，加载板表面的沉降可以直接通过百分表读取，但桩顶和桩间土的沉降无法直接用百分表读取，为此设计了3个沉降标与百分表配合来分别测量桩顶（1个）和桩间土（2个）的沉降。沉降标由底座、标杆、护筒及顶座组成，底座为40mm×40mm×2mm方形小钢片，底座上焊接一根标杆，标杆为直径6mm、长150mm的圆钢丝。护筒为外径9mm、内径7mm的空心塑料管，长为120mm，其作用是把标杆和粗砂垫层隔离，防止砂粒卡住标杆。顶座为直径8mm的圆形塑料片，其厚度为2mm，载荷板预留10mm钻孔以使沉降标通过。沉降标见图5-11。百分表量程为20mm，如图5-12所示。

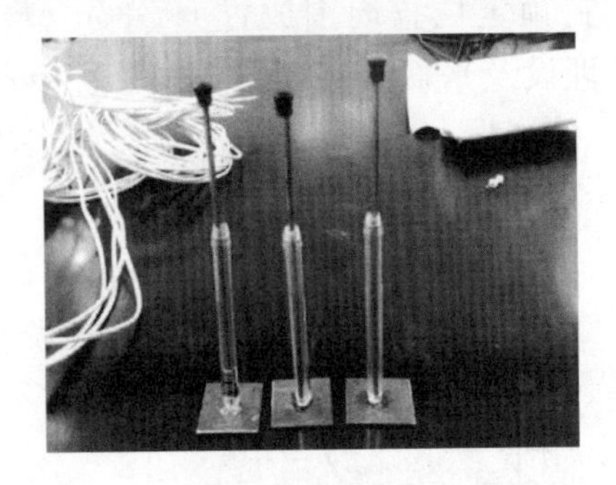

图5-11 沉降标

图5-12 百分表

(4) 数据采集系统

试验使用2台DH3818静态应变测试仪来分别采集土压力盒和桩身应变片的数据，两台静态应变测试仪通过数据线串联并与装有DH3818静态应变测试系统软件的电脑连接，通过软件来记录静态应变测试仪数据。DH3818静态应变测试仪及操作软件界面，如图5-13所示。

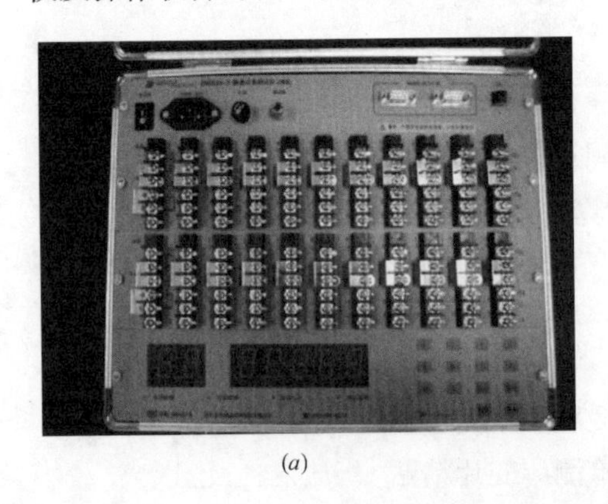

(a)

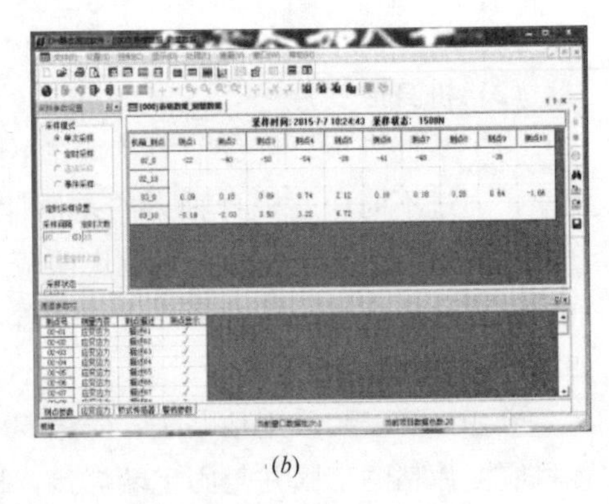

(b)

图5-13 DH3818静态应变测试仪及操作软件界面

(a) 静态应变测试仪；(b) 操作软件界面

5.5　试验步骤

5.5.1　桩身应变片的粘贴

模型试验采用应变片测量桩身轴力，其中应变片的安装是较为重要的一个环节，应变片安装质量的好坏直接影响着测量数据的准确性。本次试验中电阻应变片安装采用粘贴法。粘贴法是用粘结剂将应变片粘贴在被测构件的表面，当构件受力变形时，构件表面的变形传递到敏感栅而引起电阻变化，必须保证胶层粘贴均匀牢固才能确保敏感栅如实地再现构件变形。因此，精心粘贴是十分必要的。应变片粘贴的工序主要包括：定位、选片、打磨、画线、清洗、粘贴、检查、接线、防潮处理等。为制作满足试验要求质量的应变片，粘贴应变片的方法和步骤如下：

（1）定位：按照应变片的布置方案，在桩身需要粘贴应变片的部位用硬质铅笔做好标记。

（2）选片：首先对应变片的外观进行检查，挑选无形状缺陷、无气泡、无霉斑、无锈点的应变片。

（3）打磨：用棉签蘸取无水乙醇对管桩粘贴部位进行预清洗，将清洗后的部位使用砂纸打磨粗化，用砂纸沿与测量部位所画轴线成 45°方向交叉磨出一些细密网状纹路，以使胶液充分浸润，增强粘结力，这样有利于应变的充分传递。

（4）画线：依据应变片大小，使用钢尺和划针在应变片粘贴位置的四周划出定位基准线，注意不要划到应变片的粘贴范围内。如图 5-14 所示。

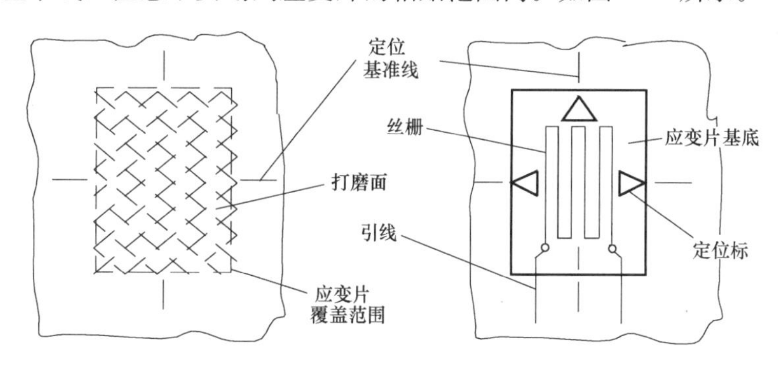

图 5-14　试件的打磨与画线定位

（5）清洗：用干净的棉签蘸取无水乙醇均匀地沿同一方向反复擦洗粘贴表面，直至粘贴部位没有污垢为止。

（6）粘贴：待无水乙醇挥发后，在贴片位置和选好的应变片的底面滴上粘贴剂，并将粘贴剂涂匀。用镊子轻轻夹住应变片的两边，将应变片的十字线对准构件粘贴位置的定位基准线，轻轻调正方向。定位后，垫上一张玻璃纸，用手指朝同一个方向轻轻挤压出过量的胶水和气泡，确保粘结层尽量薄而均匀。手指按压时不要使应变片与构件之间发生错动，待胶水初步固化后即可松开，再用相同的胶水粘贴引线端子。粘贴后自然干燥几小时，如图 5-15 所示。

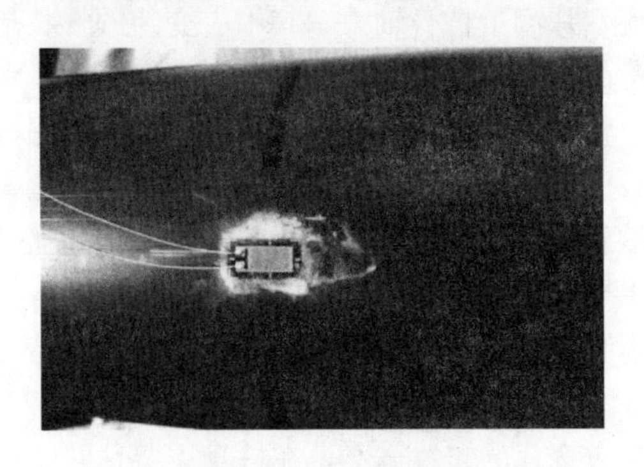

图 5-15 应变片粘贴

（7）检查：待粘结剂干燥后对贴片质量进行检查，贴片质量检查包括外观检查、电阻和绝缘电阻测量，目测观察应变片粘贴方位是否正确、粘贴是否牢固、有无气泡等现象。用数字万用表测量应变片电阻值，检查有无断路、短路现象。检查无误后，将应变片的两根引出线分别焊接在接线端子上，再通过接线端子与引出导线相连。

（8）接线：应变片和静态应变仪之间通过导线连接，将应变片的两根引出线与导线一端焊接在接线端子上，焊接完成后用数字万用表在导线另一端检查是否接通。为了避免导线混乱，在引出导线的另一端用医用胶带分别编号。如图5-16所示。

图 5-16 应变片接线

（9）防潮处理：为了保护粘贴后的应变片，防止在使用过程中应变片吸收空气和土体中的水分而损坏，在应变片接线完成后，马上对应变片进行防潮处理。

防潮材料的选用应满足试验要求和试验环境。本次试验中由于应变片需要随管桩沉入土体中，为避免应变片受到机械损坏，采用环氧树脂和聚酰胺树脂按 1：1 配置的防潮剂。将配置好的防潮剂均匀涂抹在应变片和接线端子表面，保证导线端头不外露，放置 24 小时凝固。如图 5-17 所示。

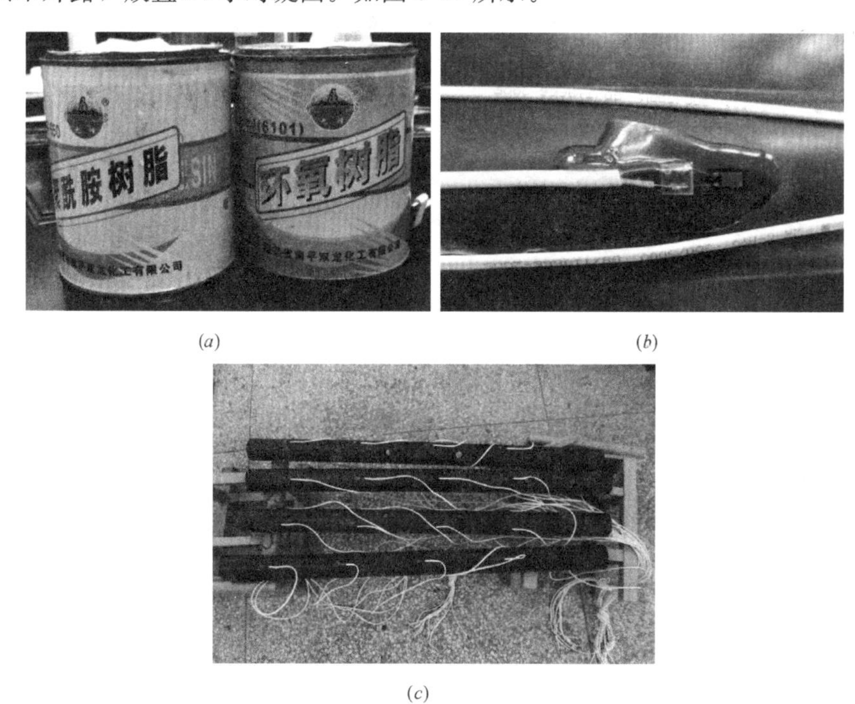

(a)　(b)

(c)

图 5-17　应变片防潮

(a) 防潮剂；(b) 防潮剂涂抹；(c) 防潮剂凝固

5.5.2　软土地基填筑

(1) 制备土体

将前期捣碎后粒径小于 2cm 的土块放入搅拌机并加入适量水搅拌均匀，为了满足试验要求，以《公路路基施工技术规范》JTG F10—2006[96] 划分的软土天然含水率大于或等于 35%为标准，将土体含水率控制在 50%左右。如图 5-18 所示。

(2) 土体填埋

土体填入模型箱之前，先在模型箱钢化玻璃板内侧表面薄薄涂刷一层矿物油隔离剂，以减少边界效应。将搅拌均匀的土体倒入模型箱中，并用铁锹充分捣实填压，防止土体中出现较大孔隙，如图 5-19 所示。在将土体填入模型箱的过程中，每填入约 30cm 的土体，即在土体表面放置两块铁板，在铁板上加压一定荷

图 5-18　土体搅拌

图 5-19　土体填埋

载的混凝土试块，使土体压实 24 小时，分 3 天将土体填满模型箱。

(3) 埋设土压力盒

当模型箱中土体填埋至既定高度时，根据试验设计方案，进行测量确定好土压力盒埋设位置，在预定位置放置 LY-350 型应变式微型土压力盒。在土压力盒埋设前，先对预定埋设位置土体进行夯实找平，再将土压力盒受力膜表面朝上轻轻压入土体中并确保土压力盒安装水平，用直尺调整土压力盒表面至预定高度，在土压力盒表面覆盖一层厚度 2cm 的标准砂，以避免应力集中，便于应力分布，土压力盒导线在土体中绕 S 形向模型箱边缘引出。土压力盒埋设完毕后用搅拌均匀的土体轻轻覆盖，再填筑上层土体，填筑过程中注意不要碰动土压力盒。土压力盒在土体中的埋设及平面布置如图 5-20 所示。

(*a*)　　(*b*)

图 5-20　土压力盒的埋设

(*a*) 定位；(*b*) 标准砂覆盖

(4) 预压固结

模型箱被土体填满后，在土体表面放置两块铁板，在铁板上加压一定荷载的混凝土试块，让土体进行固结，直至土面平整，孔隙水压力保持稳定。固结 7 天后，可视为土体固结效果良好，如图 5-21 所示。

(5) 土体回弹

土体固结完成后，混凝土试块和铁板取下，并使用不透水塑料薄膜将模型箱土体表面处密封，保证土体含水率的稳定。让土体在不受荷载作用下静置 7 天，使已被压缩为超固结状态的土体回弹到一种稳定状态。随后即可进行静压沉桩试验。如图 5-22 所示。

图 5-21　土体预压固结

图 5-22　土体回弹

5.5.3　复合地基静载荷试验

待土体回弹稳定之后，对试验土体进行土工试验，得到土体相关物理力学参数见表 5-2。

试验土体物理力学参数　　表 5-2

类　别	数　值	类　别	数　值
含水率 w(%)	43.28	液限 w_L(%)	40.34
孔 隙 比 e	1.13	塑限 w_P(%)	21.90
密度 ρ(g/cm³)	1.82	塑性指数 I_P	18.44
重度 γ(kN/m³)	18.2	渗透系数 κ(cm/s)	2.99×10^{-8}

对土体进行静压沉桩，首先去除模型土体表面的不透水塑料薄膜，使用墨线在土体表面轻轻弹出模型箱的两条对角线，两对角线交点处即模型土体中心位置，为预定沉桩位置。

将桩端中心对准墨线交点处，保持桩身竖直，调整桩身方向，使桩帽两对角线与模型箱两对角线处在同一垂面，准备静压沉桩。

在桩帽上端施加一定荷载，使桩身以 5cm/min 的速度缓慢下沉。沉桩过程中注意保持桩身竖直，防止桩体偏移旋转。当桩帽距离土体 10cm 时暂停沉桩，方便埋设桩帽下土体表面土压力盒和桩间土体表面土压力盒，埋置好土压力盒后继续沉桩，直至桩帽与土体表面接触，如图 5-23 所示。

静压沉桩结束后，在复合地基与加载板之间设置垫层，垫层材料选用中砂，厚度取 100mm，采用静力压实，如图 5-24 所示。

(*a*)

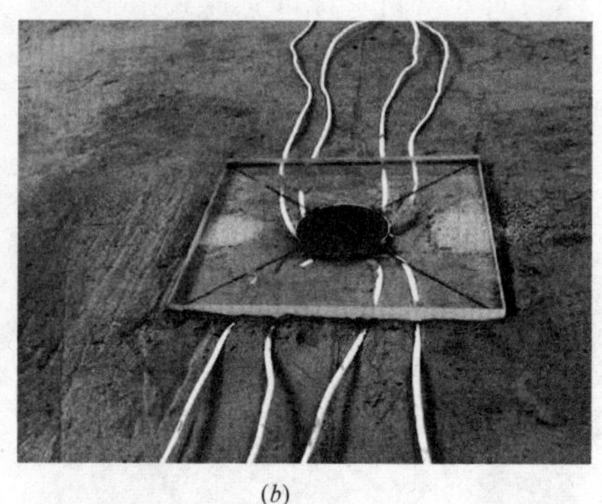

(*b*)

图 5-23 静压沉桩

(*a*) 沉桩过程；(*b*) 沉桩完毕

图 5-24 砂垫层

按照中华人民共和国行业标准《复合地基技术规范》GB/T 50783—2012[101]，本次静载试验过程分为五个步骤：分级加载—沉降观测—终止加载—卸载与回弹观测—数据处理和结果分析，试验采用慢速维持荷载法，当每一级荷载下沉降量达到相对稳定后，再施加下一级荷载，直至设计最大荷载，然后分级卸载到零。复合地基静载试验过程，如图 5-25 所示。

试验采用堆载方案，堆载重物选用标准砝码块（5.1kg），根据加载级数预先备好。

(1) 荷载分级：试验荷载应分级施加，且采用逐级等量加载方式。本次试验荷载分 8 级加载，分别为 300N、600N、900N、1200N、1500N、1800N、

图 5-25　复合地基静载试验

(a) 加载就位初始；(b) 加载级别（第 3 级）；(c) 加载级别（第 4 级）；(d) 加载完毕

2100N、2400N。开始试验前用最大试验荷载的 5%～10%进行预压，并应卸载调零后再正式试验。

（2）沉降观测：每级荷载施加后按第 10、10、10、15、15min 读取百分表读数，此后每间隔 30min 测读一次，当连续 2h 的沉降速率不超过 0.1mm/h 时，即认为沉降达到相对稳定，可继续施加下一级荷载。

（3）终止加载：复合地基加载至设计最大荷载且沉降达到相对稳定后终止加载，并注意观察复合地基的破坏方式。当出现下述情况之一的即可终止加载：①总施加荷载量已经达到设计的最大试验荷载；②载荷板周围突起或产生较大裂缝；③在某一级荷载下，沉降量大于前一级的 2 倍，且连续 24 个小时沉降速率不能达到相对稳定标准；④某一级荷载下的沉降量短时间急剧增大，荷载沉降曲线出现明显陡降；⑤相对沉降大于或等于 0.10。

(4) 卸载与回弹观测：卸载级数分为 4 级卸载，每级卸载量为加载量的 2 倍。每卸载一级，间隔 30min 测读一次残余沉降，即可卸载下一级荷载，待卸完全部荷载后应间隔 3h 再测读一次沉降。

(5) 数据处理和结果分析：对试验中所测得的数据进行处理，分别绘制荷载沉降曲线图、桩身轴力分布图、桩周土压力变化曲线图和桩体荷载分担比与桩土应力比变化图，并对结果进行对比分析。

5.6 试验成果与分析

5.6.1 荷载沉降分析

(1) 荷载沉降试验测试成果

本次模型试验所测得的沉降数据有载荷板的沉降、桩顶的沉降以及桩间土体表面的沉降，各种桩型复合地基静载试验数据经过处理后成果汇总表见表 5-3～表 5-6。

带帽无孔管桩复合地基静载荷试验成果汇总表 **表 5-3**

带帽无孔管桩复合地基(荷载等级:300N)								
序号	荷载(N)	载荷板沉降(mm)		桩顶沉降(mm)		桩间土体表面沉降(mm)		载荷板与桩顶沉降差(mm)
		本级	累计	本级	累计	本级	累计	
0	0	0	0	0	0	0	0	0
1	300	0.16	0.16	0.13	0.13	0.13	0.13	0.03
2	600	0.49	0.65	0.41	0.53	0.42	0.56	0.12
3	900	0.70	1.35	0.61	1.14	0.61	1.17	0.21
4	1200	0.95	2.30	0.83	1.97	0.84	2.01	0.34
5	1500	1.06	3.36	0.85	2.82	0.91	2.92	0.54
6	1800	1.30	4.66	1.13	3.95	1.13	4.06	0.71
7	2100	1.33	6.00	1.16	5.11	1.18	5.24	0.88
8	2400	1.69	7.69	1.48	6.59	1.48	6.72	1.10
9	1800	−0.04	7.65	−0.04	6.56	−0.02	6.71	1.10
10	1200	−0.15	7.50	−0.12	6.44	−0.12	6.59	1.07
11	600	−0.24	7.26	−0.20	6.24	−0.21	6.38	1.02
12	0	−0.45	6.81	−0.34	5.91	−0.37	6.01	0.90

带帽星状有孔管桩复合地基静载荷试验成果汇总表　　表 5-4

带帽星状有孔管桩复合地基(荷载等级:300N)

序号	荷载(N)	载荷板沉降(mm)		桩顶沉降(mm)		桩间土体表面沉降(mm)		载荷板与桩顶沉降差(mm)
		本级	累计	本级	累计	本级	累计	
0	0	0	0	0	0	0	0	0
1	300	0.15	0.15	0.12	0.12	0.13	0.13	0.03
2	600	0.30	0.46	0.23	0.36	0.26	0.38	0.10
3	900	0.49	0.95	0.41	0.77	0.42	0.81	0.18
4	1200	0.66	1.61	0.57	1.33	0.58	1.38	0.27
5	1500	0.90	2.51	0.79	2.12	0.80	2.18	0.38
6	1800	1.07	3.58	0.93	3.06	0.95	3.13	0.53
7	2100	1.48	5.06	1.25	4.31	1.32	4.45	0.76
8	2400	1.63	6.63	1.41	5.72	1.43	5.88	0.97
9	1800	−0.08	6.59	−0.12	5.60	−0.08	5.80	1.02
10	1200	−0.18	6.41	−0.13	5.47	−0.13	5.67	0.96
11	600	−0.23	6.20	−0.30	5.17	−0.22	5.45	1.04
12	0	−0.29	5.91	−0.07	5.10	−0.23	5.22	0.82

带帽单向对穿有孔管桩复合地基静载荷试验成果汇总表　　表 5-5

带帽单向对穿有孔管桩复合地基(荷载等级:300N)

序号	荷载(N)	载荷板沉降(mm)		桩顶沉降(mm)		桩间土体表面沉降(mm)		载荷板与桩顶沉降差(mm)
		本级	累计	本级	累计	本级	累计	
0	0	0	0	0	0	0	0	0
1	300	0.17	0.17	0.12	0.12	0.14	0.14	0.05
2	600	0.33	0.50	0.27	0.39	0.28	0.43	0.11
3	900	0.50	1.00	0.44	0.83	0.43	0.85	0.17
4	1200	0.80	1.80	0.69	1.52	0.70	1.56	0.28
5	1500	1.07	2.87	0.89	2.41	0.95	2.51	0.46
6	1800	1.25	4.12	1.08	3.49	1.11	3.61	0.62
7	2100	1.42	5.54	1.22	4.71	1.26	4.87	0.83
8	2400	1.52	7.05	1.36	6.07	1.39	6.26	1.02
9	1800	0.02	7.08	−0.05	6.02	0.00	6.27	1.06
10	1200	−0.14	6.94	−0.12	5.90	−0.13	6.14	1.04
11	600	−0.19	6.75	−0.20	5.70	−0.23	5.90	1.05
12	0	−0.33	6.42	−0.26	5.44	−0.30	5.61	0.98

带帽双向对穿有孔管桩复合地基静载荷试验成果汇总表　　表 5-6

带帽双向对穿有孔管桩复合地基(荷载等级:300N)								
序号	荷载(N)	载荷板沉降(mm)		桩顶沉降(mm)		桩间土体表面沉降(mm)		载荷板与桩顶沉降差(mm)
		本级	累计	本级	累计	本级	累计	
0	0	0	0	0	0	0	0	0
1	300	0.14	0.14	0.11	0.11	0.11	0.11	0.03
2	600	0.34	0.48	0.30	0.41	0.30	0.41	0.07
3	900	0.48	0.95	0.42	0.82	0.43	0.84	0.13
4	1200	0.62	1.58	0.54	1.37	0.56	1.40	0.21
5	1500	0.81	2.39	0.71	2.08	0.73	2.13	0.31
6	1800	1.10	3.50	0.95	3.03	0.97	3.10	0.47
7	2100	1.38	4.87	1.18	4.20	1.22	4.32	0.67
8	2400	1.53	6.41	1.29	5.49	1.34	5.66	0.91
9	1800	−0.02	6.38	−0.06	5.44	−0.02	5.65	0.95
10	1200	−0.16	6.22	−0.13	5.31	−0.13	5.51	0.91
11	600	−0.26	5.96	−0.18	5.13	−0.20	5.31	0.83
12	0	−0.23	5.74	−0.13	5.00	−0.23	5.08	0.73

(2) 荷载沉降成果分析

各桩型带帽单桩复合地基荷载-沉降 Q-s 曲线、s-lg$Q$ 曲线、s-lg$t$ 曲线，分别如图 5-26 (a)～(d)、图 5-27 (a)～(d) 和图 5-28 (a)～(d) 所示；各桩型带帽单桩复合地基静载荷试验 Q-s 对比曲线，如图 5-29 所示；各桩型带帽单桩复合地基沉降差与荷载关系曲线，如图 5-30 所示。

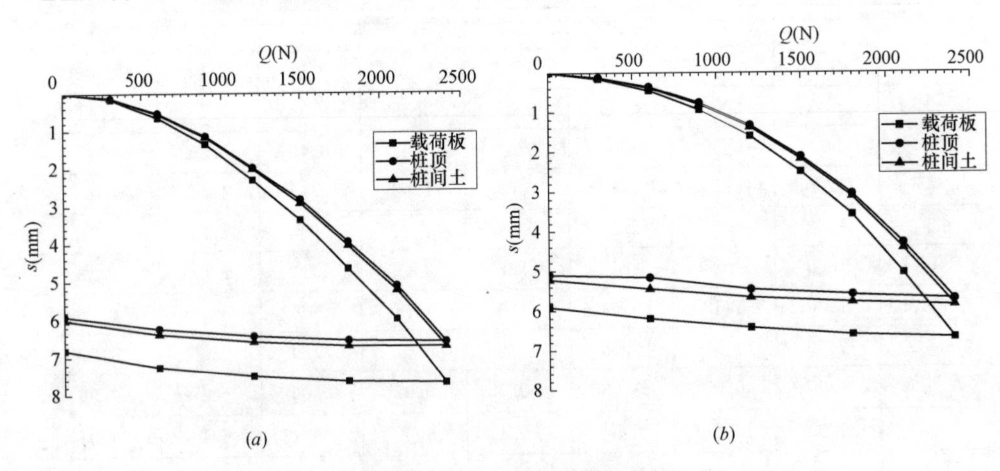

图 5-26　各桩型带帽单桩复合地基静载荷试验 Q-s 曲线（一）

(a) 无孔管桩；(b) 星状孔管桩

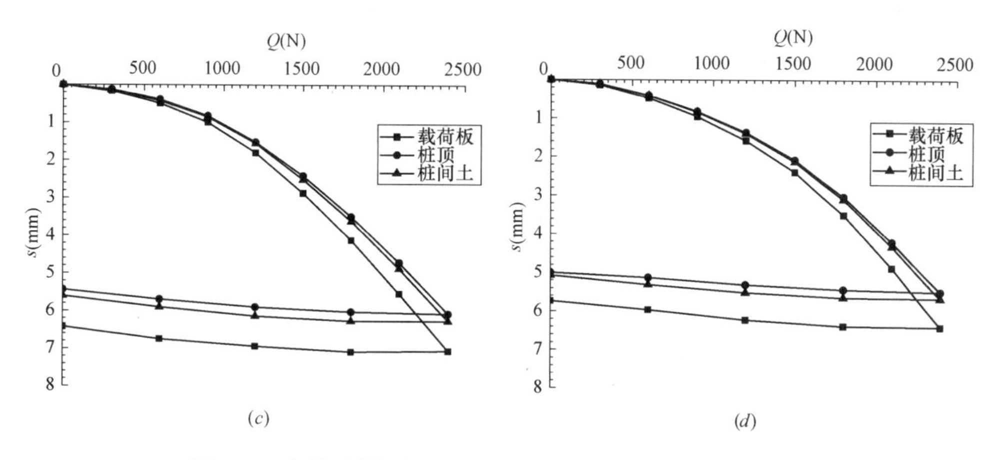

图 5-26　各桩型带帽单桩复合地基静载荷试验 Q-s 曲线（二）

（c）单向对穿孔管桩；（d）双向对穿孔管桩

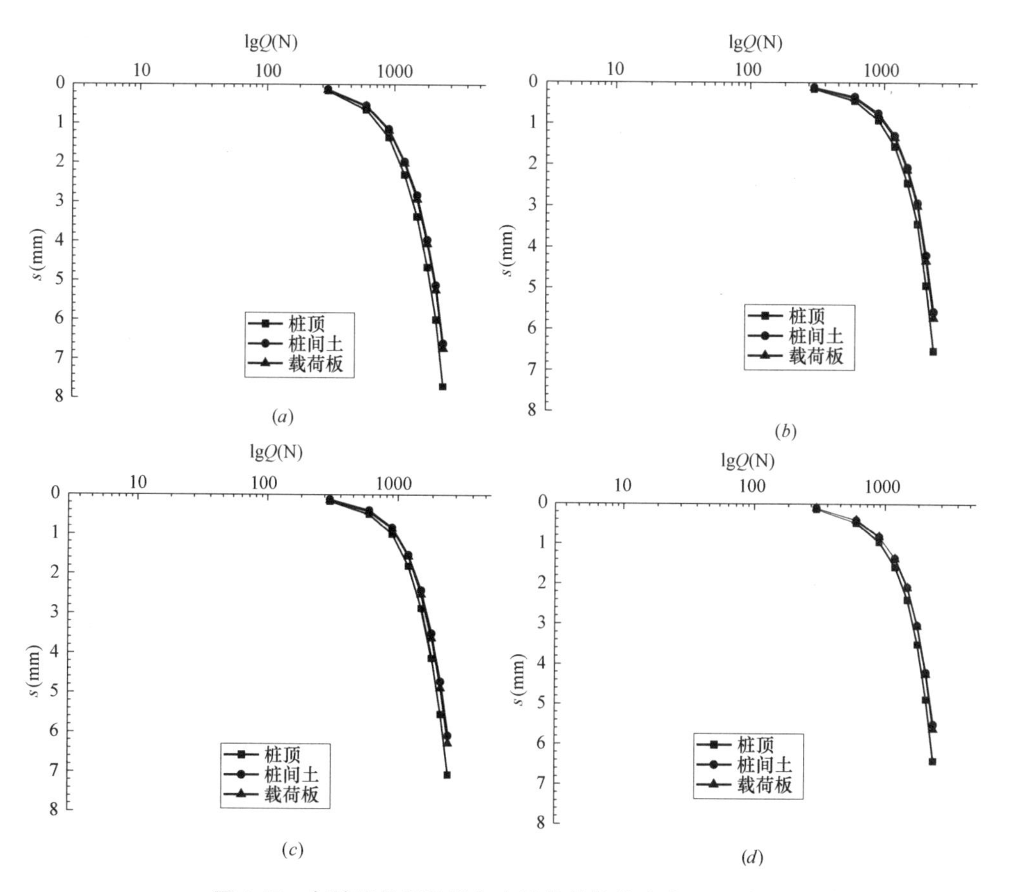

图 5-27　各桩型带帽单桩复合地基静载荷试验 s-lg$Q$ 曲线

（a）无孔管桩；（b）星状孔管桩；（c）单向对穿孔管桩；（d）双向对穿孔管桩

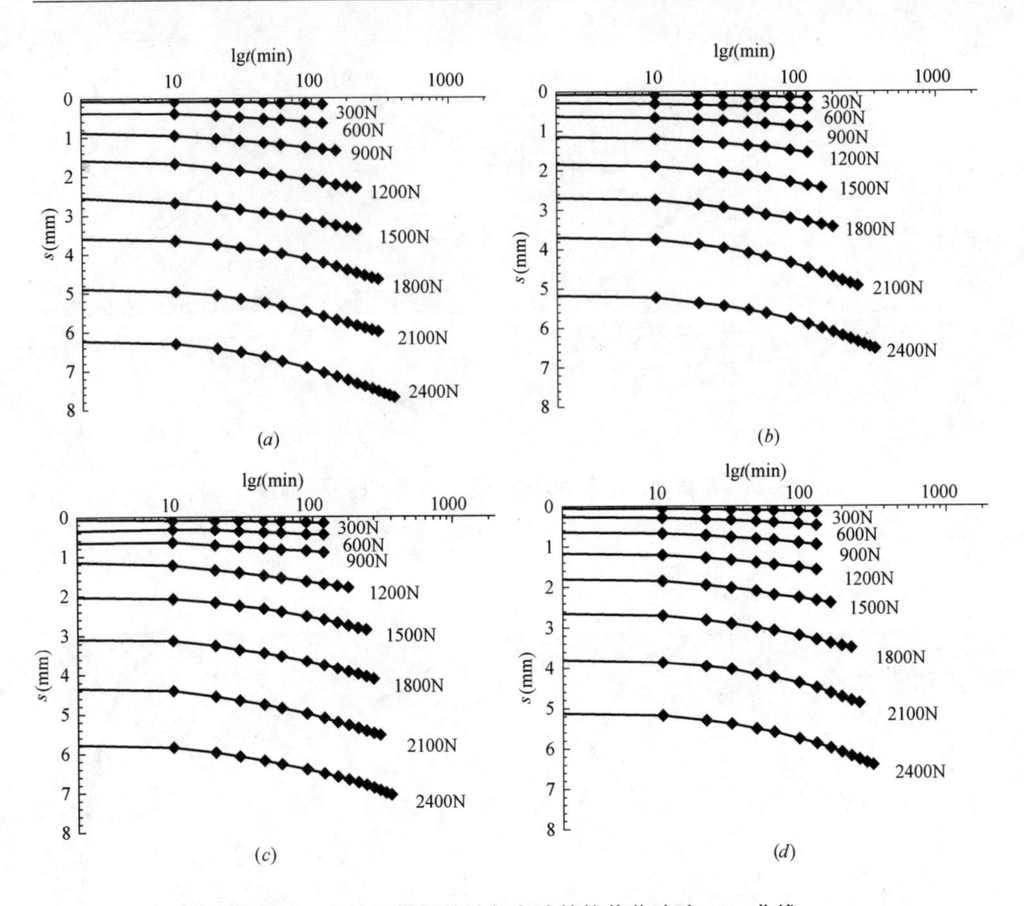

图 5-28　各桩型带帽单桩复合地基静载荷试验 s-lg$t$ 曲线

（a）无孔管桩；（b）星状孔管桩；（c）单向对穿孔管桩；（d）双向对穿孔管桩

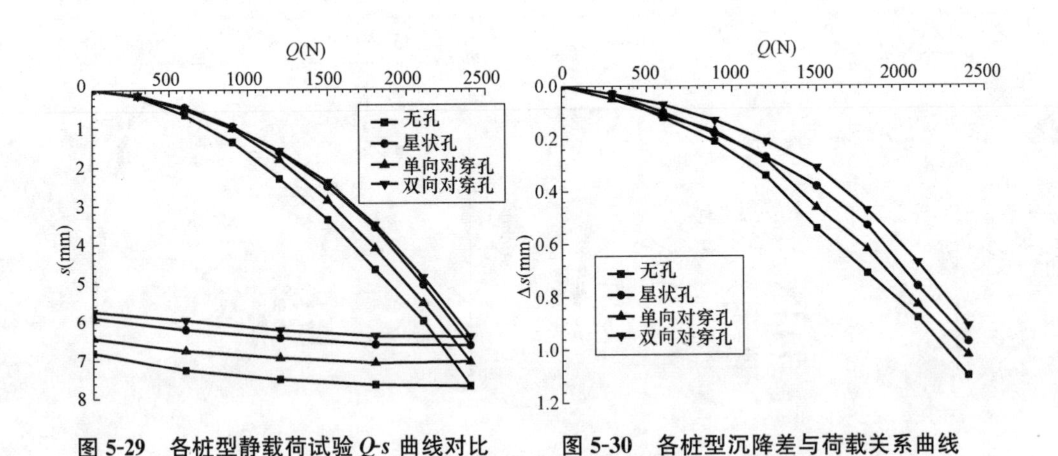

图 5-29　各桩型静载荷试验 Q-s 曲线对比　　**图 5-30　各桩型沉降差与荷载关系曲线**

由表 5-3～表 5-6 可知，在四组模型试验中，带帽无孔管桩复合地基载荷板总沉降为7.69mm。带帽星状有孔管桩复合地基、带帽单向对穿有孔管桩复合地基、带帽双向对穿有孔管桩复合地基分别为6.63mm、7.05mm、6.41mm，与带帽无孔管桩复合地基相比，分别减小了13.78%、8.32%、16.64%。由图5-28分析可知，在上部竖向荷载作用下，四组试验的荷载-沉降曲线递增趋势均平缓，未出现陡降的情况，说明带帽管桩复合地基在承受竖向荷载作用时，地基得到了整体加固。从图中可以看出，带帽无孔管桩复合地基载荷板总沉降最大，且荷载-沉降曲线斜率较陡，而带帽有孔管桩复合地基载荷板总沉降则较小，且沉降曲线较为平缓。这点在图5-26也有所反映，带帽无孔管桩复合地基在前4级荷载作用下沉降曲线大致呈线性变化，斜率也相对较小，但从第5级荷载开始每级沉降曲线斜率逐渐，沉降也开始变大，这表明荷载较小时，复合地基表现出弹性变形的特性，当荷载较大时，其沉降随所加荷载表现出较快的变化，且沉降量的增大速率随荷载的增加不断变大。其他三种带帽有孔管桩复合地基也呈现出这种规律，且每级沉降均较带帽无孔管桩复合地基要小，其中带帽双向对穿有孔管桩复合地基每级沉降减小幅度较大，且前5级加载沉降曲线大致呈线性变化，斜率较小，从第6级荷载开始沉降才逐渐增大。

由于荷载-沉降曲线没有明显拐点，根据《复合地基技术规范》GB/T 50783—2012规定，对于复合地基荷载-沉降曲线为缓降变型时，可采用相对沉降确定承载力特征值，按照规范本次模型试验取相对沉降$s/b=0.008$所对应的应力为复合地基的承载力特征值（b为载荷板边长）。根据承载力的判断方法，结合荷载-沉降曲线，可以得到带帽无孔管桩复合地基承载力特征值为9.09kPa，而带帽星状有孔管桩复合地基、带帽单向对穿有孔管桩复合地基、带帽双向对穿有孔管桩复合地基的承载力特征值分别10.58kPa、9.87kPa、10.74kPa，带帽有孔管桩复合地基相对于带帽无孔管桩复合地基的承载力特征值分别提高了16.39%、8.58%、18.15%，这说明带帽有孔管桩能够在一定程度上提高软弱土体的承载力，且提高幅度与桩身开孔方式有关。

图5-28为各桩型带帽单桩复合地基静载荷试验Q-s曲线对比，通过对比可以发现，在四种带帽桩型复合地基中，无孔桩型复合地基的沉降较有孔桩型复合地基沉降大，其中带帽双向对穿有孔管桩复合地基的沉降最小。

图5-29为各桩型载荷板与桩顶之间的沉降差与荷载关系曲线，通过对比发现，带帽无孔管桩复合地基、带帽单向对穿孔管桩复合地基、带帽星状孔管桩复合地基、带帽双向对穿孔管桩复合地基的沉降差数值上依次递减，说明桩顶上刺入量逐渐减小，这也进一步表明桩身开孔有利于调整复合地基中桩体与桩周土体的整体性，表明桩周土体承载能力得到了增强。分析其原因，主要是桩身开孔有利于加速静压沉桩过程中超孔隙水压力的消散，减小桩周土体含水量，但是这种加速的效果又与桩身开孔的方式、数量等因素有关。

综上所述，在带帽管桩复合地基中，在管桩桩身开孔能明显改善饱和软黏土复合地基的总沉降，提高复合地基的承载力，且改善沉降和提高承载力的效果跟桩身开孔方式有关。在本次模型试验中，带帽双向对穿有孔管桩改善沉降和提高承载力的效果最为明显，带帽星状有孔管桩次之，带帽单向对穿有孔管桩效果较不明显，究其原因，可能是因为带桩帽双向对穿有孔管桩的开孔数量比其他两种有孔管桩要多，对加速桩周土体固结效果较好，因此改善沉降和提高承载力的效果较明显。

5.6.2 桩身轴力分析

(1) 桩身轴力测试成果

各种桩型带帽单桩复合地基桩身轴力随深度变化情况，分别如表 5-7～表 5-10所示。

带帽无孔管桩复合地基加载时不同深度桩身轴力汇总表 **表 5-7**

荷载(N)	不同深度处桩身轴力(N)			
	0.1m	0.3m	0.5m	0.7m
300	72.28	69.69	64.87	47.08
600	117.74	113.74	102.56	72.53
900	169.29	161.64	137.47	94.41
1200	211.69	198.21	157.86	98.39
1500	245.29	227.93	177.62	100.02
1800	272.30	247.44	191.69	109.74
2100	294.08	264.89	209.10	113.97
2400	318.00	282.55	226.66	122.06

带帽星状有孔管桩复合地基加载时不同深度桩身轴力汇总表 **表 5-8**

荷载(N)	不同深度处桩身轴力(N)			
	0.1m	0.3m	0.5m	0.7m
300	62.37	59.17	54.79	32.82
600	96.52	93.88	78.62	43.51
900	143.10	134.93	110.83	60.57
1200	185.11	177.63	139.47	75.70
1500	228.43	212.28	170.30	87.19
1800	257.37	235.14	185.68	93.69
2100	285.88	253.77	199.13	101.65
2400	304.18	266.52	209.97	112.60

带帽单向对穿有孔管桩复合地基加载时不同深度桩身轴力汇总表　　表 5-9

荷载(N)	不同深度处桩身轴力(N)			
	0.1m	0.3m	0.5m	0.7m
300	75.34	68.78	51.41	30.52
600	128.44	117.74	89.87	55.20
900	169.97	153.35	123.21	74.79
1200	204.72	189.08	149.76	89.73
1500	241.60	217.52	168.84	100.01
1800	269.08	238.86	190.11	107.11
2100	294.02	262.52	210.80	118.45
2400	311.48	280.56	230.01	134.13

带帽双向对穿有孔管桩复合地基加载时不同深度桩身轴力汇总表　　表 5-10

荷载(N)	不同深度处桩身轴力(N)			
	0.1m	0.3m	0.5m	0.7m
300	71.05	66.25	54.49	27.11
600	111.28	103.33	81.70	40.11
900	151.43	142.04	117.86	55.12
1200	195.59	183.02	147.35	74.09
1500	229.30	210.52	164.63	86.51
1800	254.74	231.94	180.34	94.44
2100	276.98	247.75	196.54	104.62
2400	296.69	261.46	209.56	115.21

(2）桩身轴力成果分析

各桩型带帽单桩复合地基桩体应变布置点轴力变化曲线和桩身轴力曲线，分别如图 5-31（a）～(d）和图 5-32（a）～(d）所示。

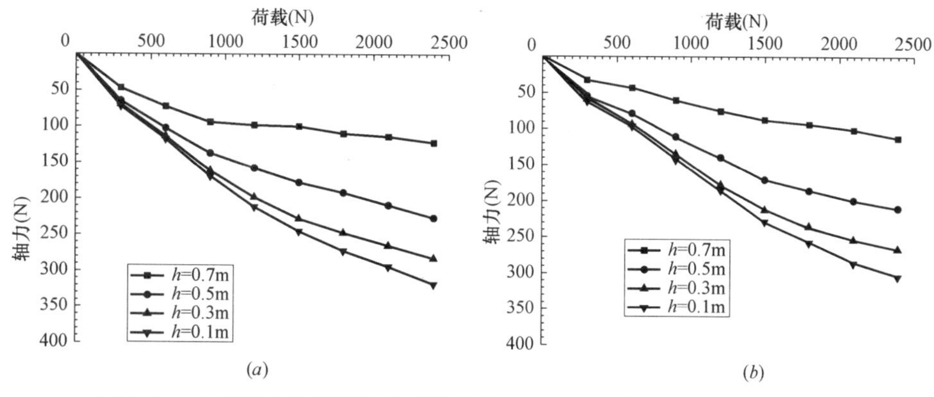

图 5-31　各桩型带帽单桩复合地基中桩体应变布置点轴力变化曲线（一）

（a）无孔管桩；（b）星状孔管桩

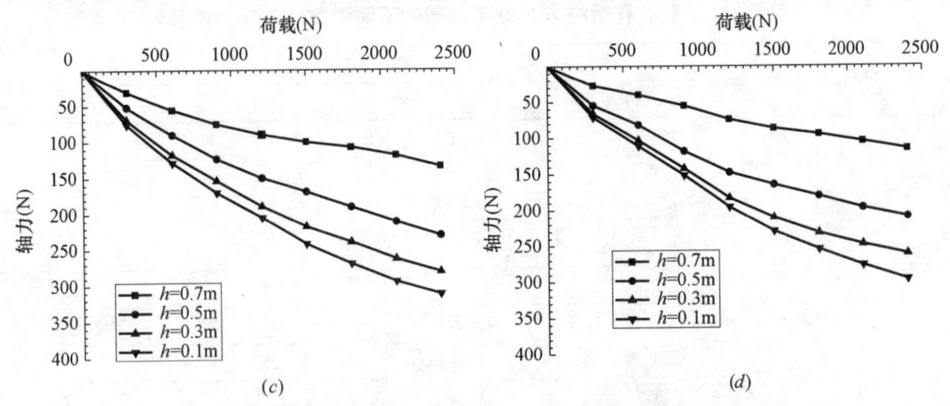

图 5-31 各桩型带帽单桩复合地基中桩体应变布置点轴力变化曲线（二）

（*c*）单向对穿孔管桩；（*d*）双向对穿孔管桩

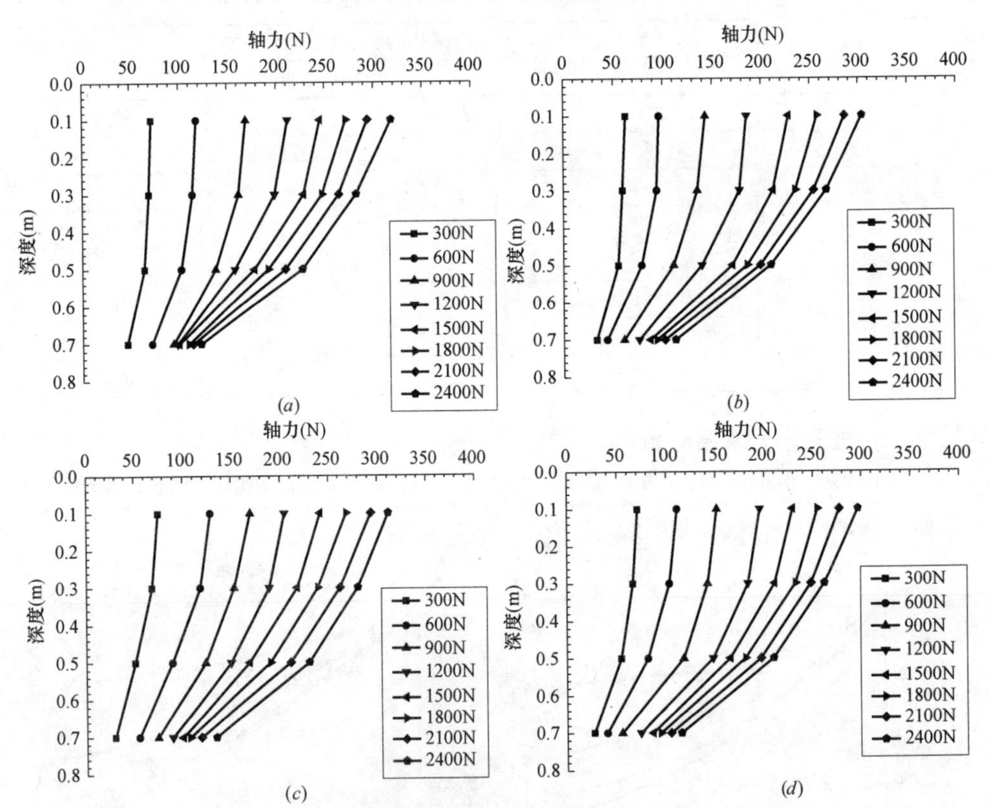

图 5-32 各桩型带帽单桩复合地基桩身轴力随深度变化曲线

（*a*）无孔管桩；（*b*）星状孔管桩；（*c*）单向对穿孔管桩；（*d*）双向对穿孔管桩

通过分析图表可知，无论是在带帽无孔管桩复合地基还是在带帽有孔管桩复合地基中，桩身轴力均沿着深度方向逐渐减小，而且随着荷载等级的增加，轴力减小的程度逐渐增大。图 5-31 为四组桩型桩身各应变布置点轴力变化曲线，从图中可以发现，各应变布置点处的轴力变化曲线趋势较为一致。从第一级荷载到第五级荷载，各应变布置点处的轴力变化曲线斜率较大，轴力变化较快；从第五级以后，曲线斜率变缓和，轴力逐渐趋于稳定。

从图 5-32 中可以看出，四种桩型的桩身轴力分布上大下小，且在深度 $h=0.5\text{m}$ 至 $h=0.7\text{m}$ 范围内桩身轴力随深度变化较大，这说明此处桩土相对位移较大，桩侧摩阻力得到了较为充分的发挥。由图可知，当荷载等级达到 1500N 之前每级曲线分布比较分散，而后每级曲线较为集中，表明其后每级荷载下桩身轴力增加缓慢，此时桩间土逐渐开始发挥作用，并承担大部分上部增加荷载。

5.6.3　桩周土压力分析

（一）桩周土压力测试成果

（1）桩周地表土压力历时曲线

各桩型带帽单桩复合地基桩周地表土压力历时曲线，如图 5-33（*a*）～（*d*）所示。

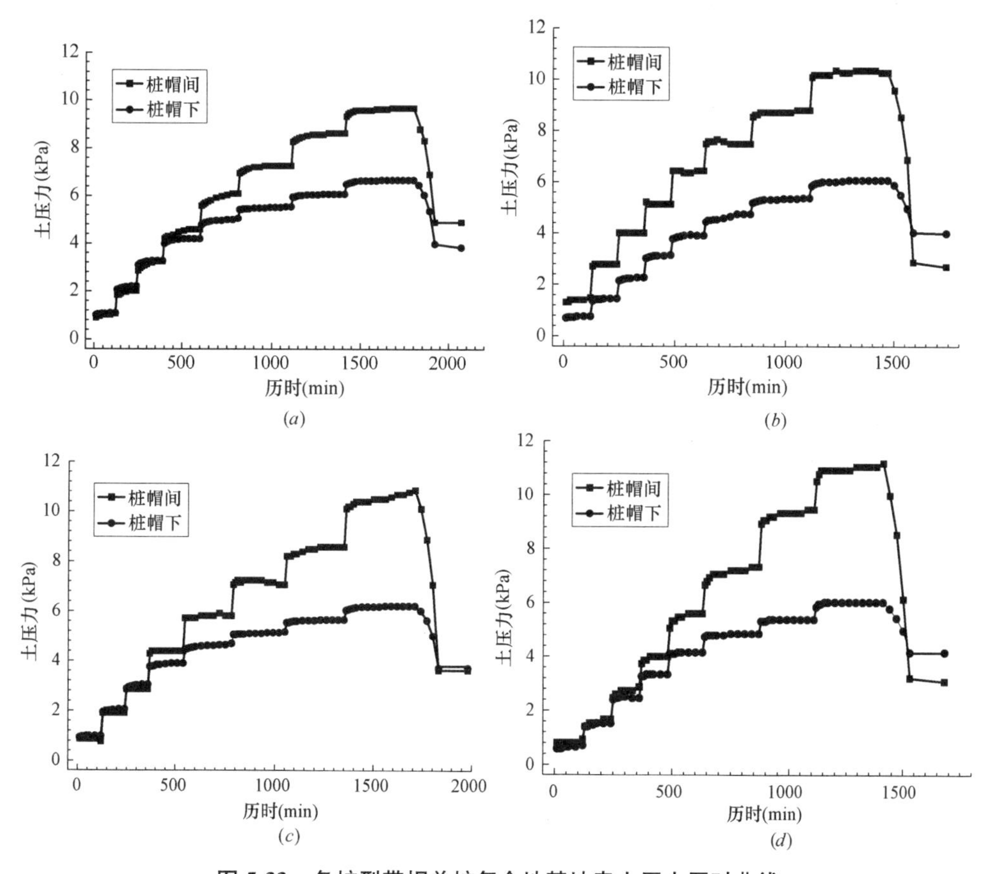

图 5-33　各桩型带帽单桩复合地基地表土压力历时曲线

（*a*）无孔管桩；（*b*）星状孔管桩；（*c*）单向对穿孔管桩；（*d*）双向对穿孔管桩

(2) 桩帽间深层土压力历时曲线

各桩型带帽单桩复合地基桩帽间深层土压力历时曲线，如图 5-34（*a*）～（*d*）所示。

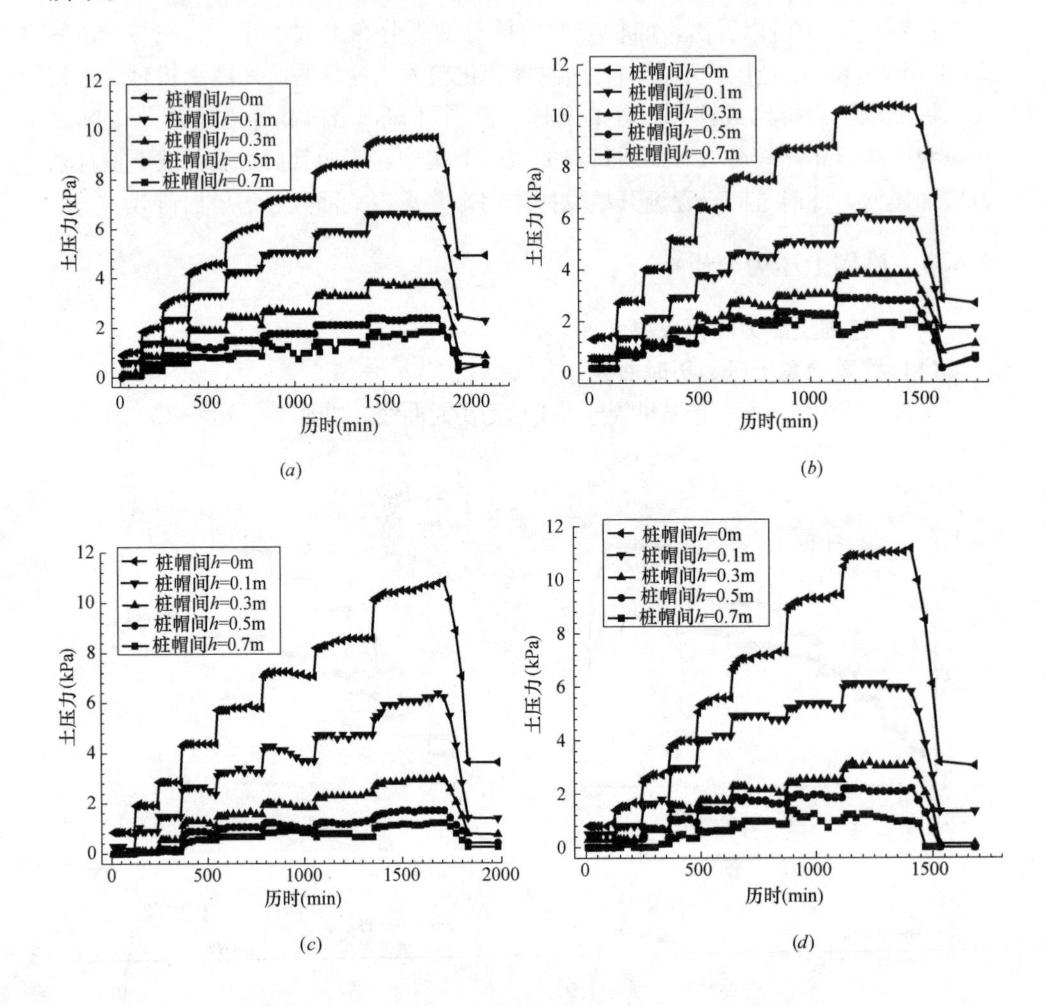

图 5-34 各桩型带帽单桩复合地基桩帽间土压力历时曲线

（*a*）无孔管桩；（*b*）星状孔管桩；（*c*）单向对穿孔管桩；（*d*）双向对穿孔管桩

(3) 桩帽下深层土压力历时曲线

各桩型带帽单桩复合地基桩帽下深层土压力历时曲线，如图 5-35（*a*）～（*d*）所示。

(4) 桩帽间深层土压力随荷载变化曲线

各桩型带帽单桩复合地基桩帽间深层土压力随荷载变化曲线，如图 5-36（*a*）～（*d*）所示。

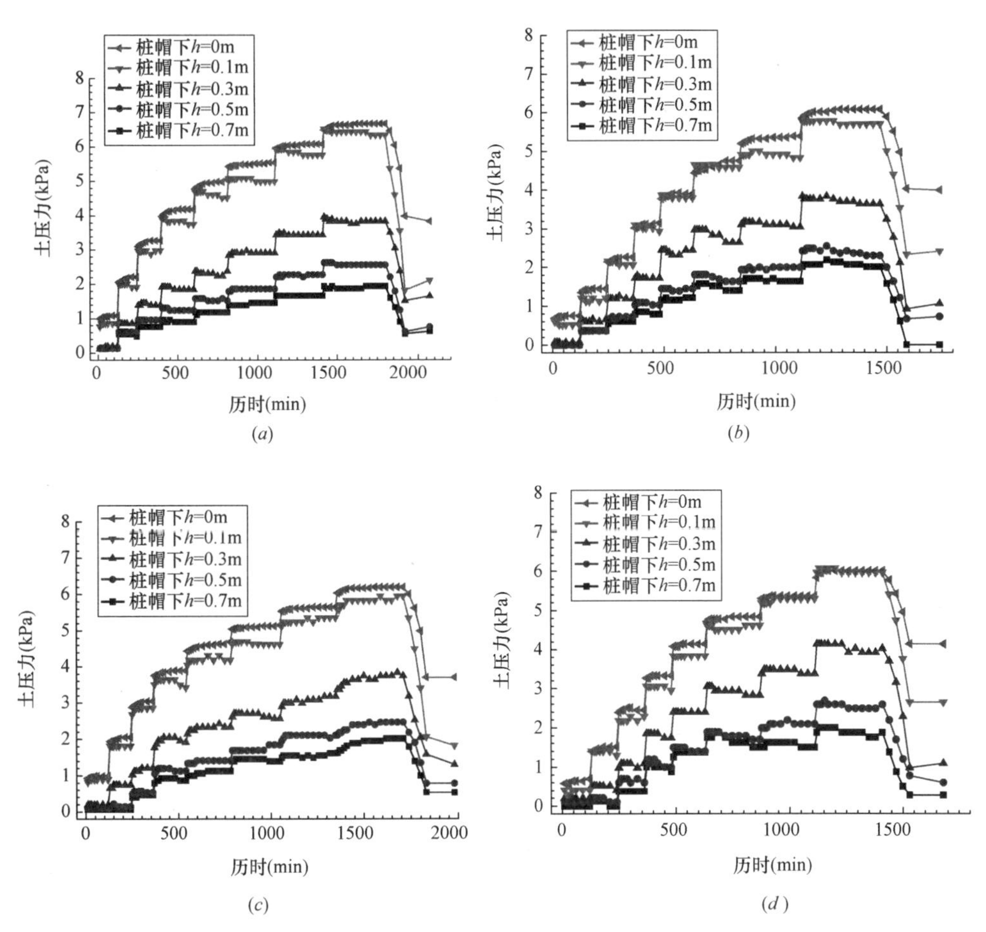

图 5-35　各桩型带帽单桩复合地基桩帽下土压力历时曲线

（a）无孔管桩；（b）星状孔管桩；（c）单向对穿孔管桩；（d）双向对穿孔管桩

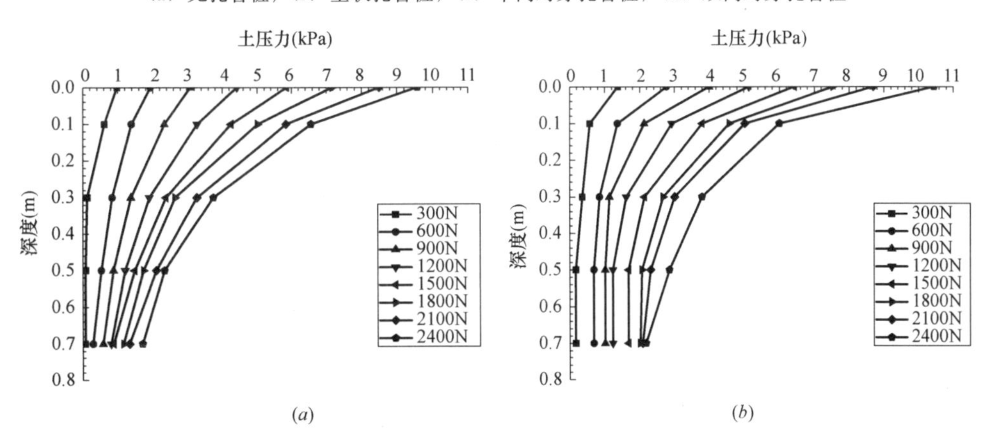

图 5-36　各桩型带帽单桩复合地基桩帽间深层土压力曲线（一）

（a）无孔管桩；（b）星状孔管桩

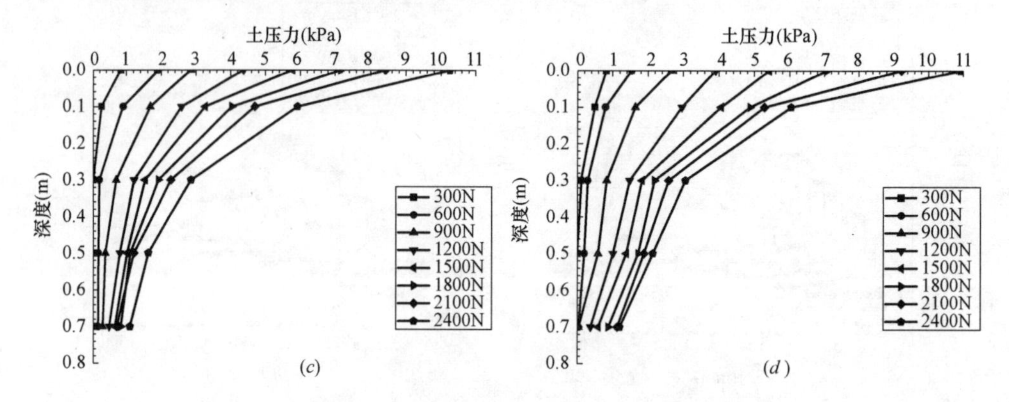

图 5-36 各桩型带帽单桩复合地基桩帽间深层土压力曲线（二）

（c）单向对穿孔管桩；（d）双向对穿孔管桩

（5）桩帽下深层土压力随荷载变化曲线

各桩型带帽单桩复合地基桩帽下深层土压力随荷载变化曲线，如图 5-37（a）～（d）所示。

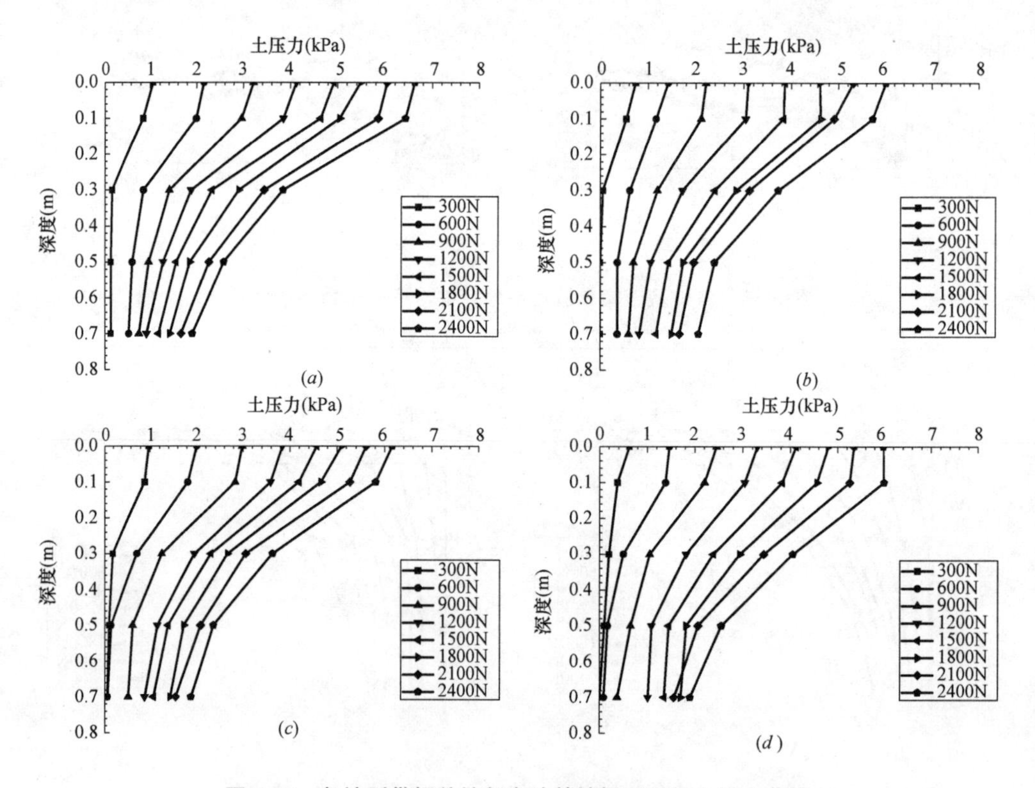

图 5-37 各桩型带帽单桩复合地基桩帽下深层土压力曲线

（a）无孔管桩；（b）星状孔管桩；（c）单向对穿孔管桩；（d）双向对穿孔管桩

(二) 桩周土压力成果分析

由桩周土压力历时曲线可知，对于带帽无孔管桩复合地基和带帽有孔管桩复合地基，每加一级荷载桩周土体都会有一个加荷稳定过程。从图5-33中可以看出四种桩型复合地基桩周地表土压力随荷载增加而增大，但是桩帽间土体与桩帽下土体承担荷载的作用发挥不同，桩帽间土体相比桩帽下土体承担荷载作用要大，究其原因主要是因为桩帽刚度较大，桩帽承担的荷载大部分通过桩体传递至土体中。图中桩帽间土体表面与桩帽下土体表面土压力在前3级荷载作用下变化相差不大，从第四级荷载开始二者之间的差异逐渐变大，桩帽间土体表面土压力每级增加较大，而桩帽下土体表面土压力每级增加逐渐变小，这说明在加载前期桩体是主要承载对象，而后桩帽间土体的承载作用逐渐显现出来。

由桩周深层土压力随荷载变化曲线可知，桩周土体并非在整个桩长范围都承受土压力变化，其中受压后上部土体受影响较大。从图5-34～图5-37可以看出，复合地基受竖向荷载作用，桩帽间土体表面土压力变化较大，其中带帽有孔管桩复合地基桩帽间土体表面土压力较带帽无孔管桩复合地基稍大，这说明带帽有孔管桩复合地基桩帽间土体承担荷载较带帽无孔管桩复合地基大，这主要是因为桩身开孔加速了桩周土体的固结，使桩周土体承载作用增强。

5.6.4 桩侧摩阻力分析

(1) 桩侧摩阻力测试成果

各桩型带帽单桩复合地基桩侧摩阻力分布曲线，分别如图5-38 (a)～(d) 所示。

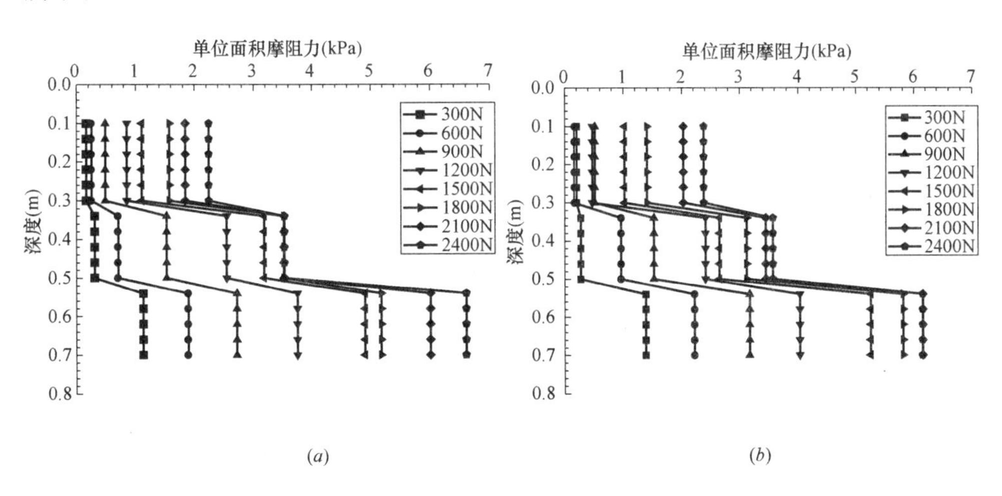

图5-38　各桩型带帽单桩复合地基桩侧摩阻力变化曲线（一）

(a) 无孔管桩；(b) 星状孔管桩

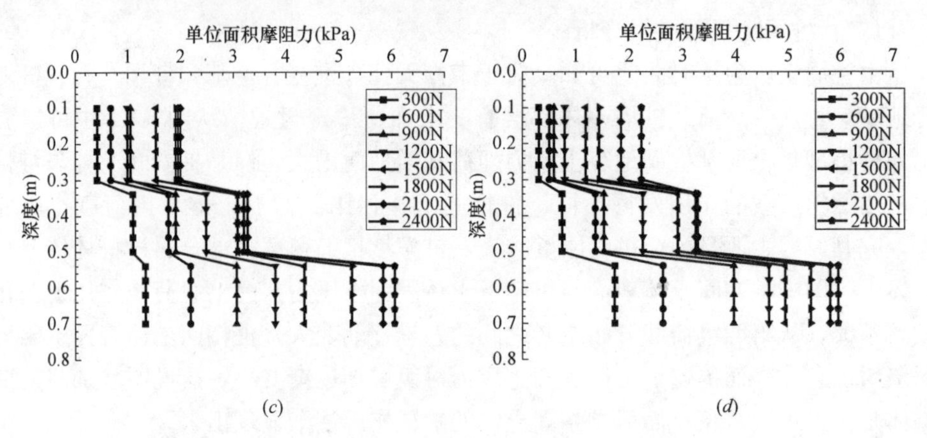

图 5-38 各桩型带帽单桩复合地基桩侧摩阻力变化曲线（二）

(*c*) 单向对穿孔管桩；(*d*) 双向对穿孔管桩

(2) 桩侧摩阻力成果分析

分析图 5-38 (*a*)～(*d*) 可知，在四组试验中，各种桩型桩侧摩阻力在桩长范围内均能够较好的发挥，且随着上部竖向荷载的增加，桩侧摩阻力逐渐得到发挥。图中四种桩型桩侧摩阻力随深度的变化曲线都呈现出上小下大的"阶梯"状分布，说明桩土相对位移沿桩身随深度的增加而增大，这主要是因为垫层的存在协调了桩土的变形，上部的土体沉降大于下部土体，而桩体刚度较大，沉降差异较小，造成下部桩土相对位移较大，因此桩身下部侧摩阻力能充分发挥。

5.6.5 桩土荷载分担比与桩土应力比分析

(1) 桩土荷载分担比与桩土应力比测试成果

本次模型试验中，四种桩型带帽单桩复合地基桩土荷载分担比、桩土应力比汇总表见表 5-11～表 5-14，各桩型带帽单桩复合地基桩土荷载分担比曲线、桩土应力比曲线，分别如图 5-39 (*a*)～(*d*) 和图 5-40 所示。

带帽无孔管桩复合地基静载荷试验成果汇总表　　表 5-11

总荷载 Q(N)	沉降 s(mm)	土承担荷载 P_s(N)	桩承担荷载 P_p(N)	地表土应力 σ_s(kPa)	桩顶应力 σ_p(kPa)	土荷载分担比 δ_s	桩荷载分担比 δ_p	桩土应力比 n
300	0.16	117.79	182.21	0.98	4.56	39.26%	60.74%	4.64
600	0.65	231.75	368.25	1.93	9.21	38.63%	61.37%	4.77
900	1.35	370.38	529.62	3.09	13.24	41.15%	58.85%	4.29
1200	2.30	529.59	670.41	4.41	16.76	44.13%	55.87%	3.80
1500	3.36	703.28	796.72	5.86	19.92	46.89%	53.11%	3.40
1800	4.66	860.15	939.85	7.17	23.50	47.79%	52.21%	3.28
2100	6.00	1019.62	1080.38	8.50	27.01	48.55%	51.45%	3.18
2400	7.69	1149.17	1250.83	9.58	31.27	47.88%	52.12%	3.27

带帽星状有孔管桩复合地基静载荷试验成果汇总表 表5-12

总荷载 Q(N)	沉降 s(mm)	土承担荷载 P_s(N)	桩承担荷载 P_p(N)	地表土应力 σ_s(kPa)	桩顶应力 σ_p(kPa)	土荷载分担比 δ_s	桩荷载分担比 δ_p	桩土应力比 n
300	0.15	129.09	170.91	1.08	4.27	43.03%	56.97%	3.97
600	0.46	252.48	347.52	2.10	8.69	42.08%	57.92%	4.13
900	0.95	381.69	518.31	3.18	12.96	42.41%	57.59%	4.07
1200	1.61	552.46	647.54	4.60	16.19	46.04%	53.96%	3.52
1500	2.51	729.43	770.57	6.08	19.26	48.63%	51.37%	3.17
1800	3.58	904.11	895.89	7.53	22.40	50.23%	49.77%	2.97
2100	5.06	1098.04	1001.96	9.15	25.05	52.29%	47.71%	2.74
2400	6.63	1223.31	1176.69	10.19	29.42	50.97%	49.03%	2.89

带帽单向对穿有孔管桩复合地基静载荷试验成果汇总表 表5-13

总荷载 Q(N)	沉降 s(mm)	土承担荷载 P_s(N)	桩承担荷载 P_p(N)	地表土应力 σ_s(kPa)	桩顶应力 σ_p(kPa)	土荷载分担比 δ_s	桩荷载分担比 δ_p	桩土应力比 n
300	0.17	125.23	174.77	1.04	4.37	41.74%	58.26%	4.19
600	0.50	242.22	357.78	2.02	8.94	40.37%	59.63%	4.43
900	1.00	375.55	524.45	3.13	13.11	41.73%	58.27%	4.19
1200	1.80	536.47	663.53	4.47	16.59	44.71%	55.29%	3.71
1500	2.87	717.02	782.98	5.98	19.57	47.80%	52.20%	3.28
1800	4.12	871.09	928.91	7.26	23.22	48.39%	51.61%	3.20
2100	5.54	1033.28	1066.72	8.61	26.67	49.20%	50.80%	3.10
2400	7.05	1206.92	1193.08	10.06	29.83	50.29%	49.71%	2.97

带帽双向对穿有孔管桩复合地基静载荷试验成果汇总表 表5-14

总荷载 Q(N)	沉降 s(mm)	土承担荷载 P_s(N)	桩承担荷载 P_p(N)	地表土应力 σ_s(kPa)	桩顶应力 σ_p(kPa)	土荷载分担比 δ_s	桩荷载分担比 δ_p	桩土应力比 n
300	0.14	134.28	165.72	1.12	4.14	44.76%	55.24%	3.70
600	0.48	255.57	344.43	2.13	8.61	42.59%	57.41%	4.04
900	0.95	380.34	519.66	3.17	12.99	42.26%	57.74%	4.10
1200	1.58	553.59	646.41	4.61	16.16	46.13%	53.87%	3.50
1500	2.39	722.24	777.76	6.02	19.44	48.15%	51.85%	3.23
1800	3.50	911.66	888.34	7.60	22.21	50.65%	49.35%	2.92
2100	4.87	1082.83	1017.17	9.02	25.43	51.56%	48.44%	2.82
2400	6.41	1214.92	1185.08	10.12	29.63	50.62%	49.38%	2.93

1）桩土荷载分担比

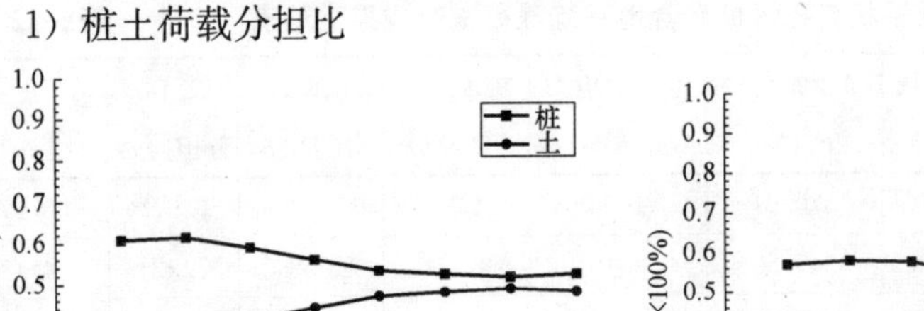

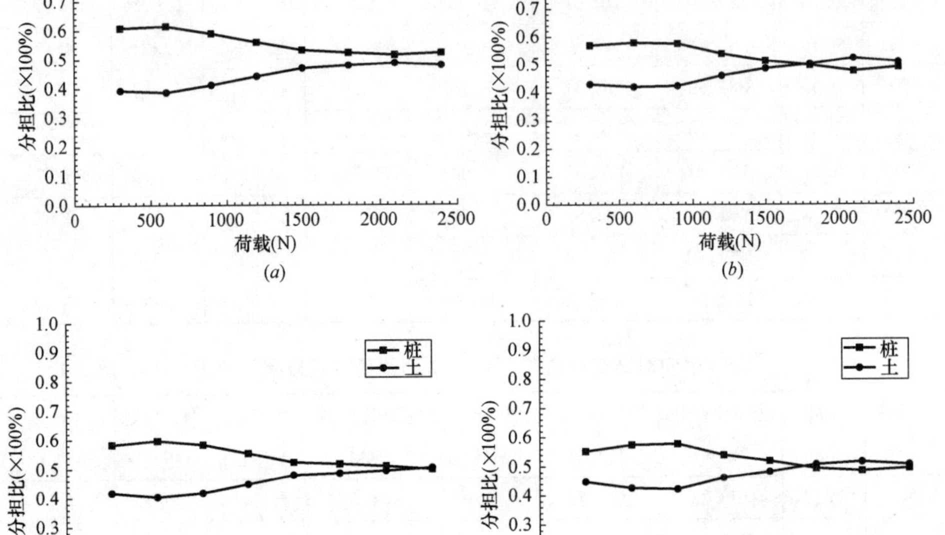

图 5-39　各桩型带帽单桩复合地基桩土荷载分担比曲线

（*a*）无孔管桩；（*b*）星状孔管桩；（*c*）单向对穿孔管桩；（*d*）双向对穿孔管桩

2）桩土应力比

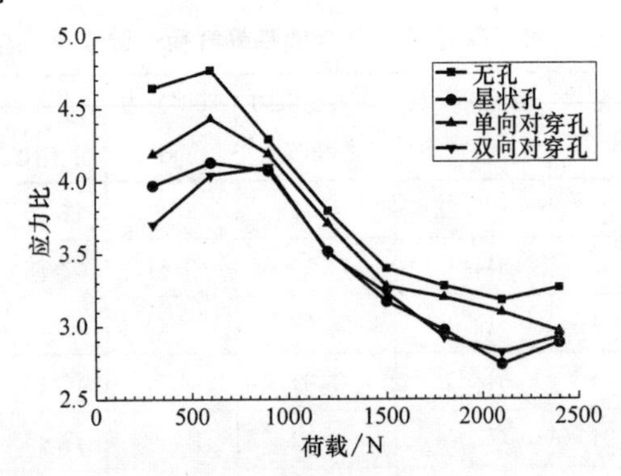

图 5-40　各桩型带帽单桩复合地基桩土应力比曲线

（2）桩土荷载分担比与桩土应力比成果分析

由图 5-39（*a*）～（*d*）分析可知，本次模型试验中，带帽无孔管桩复合地基、带帽星状有孔管桩复合地基、带帽单向对穿有孔管桩复合地基和带帽双向对穿有孔管桩复合地基桩土荷载分担比随荷载的变化规律相类似，在竖向荷载作用下桩土荷载分担比随荷载水平而改变，在荷载较小时，各桩桩土荷载分担比曲线较为平缓，且桩体承担荷载较大。当荷载继续增大时，桩体承担荷载的比例开始较快下降，说明此时桩体承载能力开始减小，而桩间土的承载能力逐渐得以发挥。从图中可以看出，带帽有孔管桩复合地基的桩土荷载分担比曲线随荷载变化曲线比带帽无孔管桩复合地基更为平缓。

由图5-40可知，各桩型复合地基桩土应力比曲线呈现出前期小幅上升、后急剧下降至平稳的趋势，说明在加载初期主要由桩体承担荷载，桩间土体的承载作用还没充分发展，导致桩土应力比变化较大；当桩体达到承载极限时，土体开始发挥主要承载作用，桩土应力比急剧下降；最后桩土共同承载，桩土应力比曲线趋于平缓，说明桩间土体的承载作用逐渐发挥且桩土承载趋于稳定。通过四组桩型复合地基桩土应力比曲线对比可以发现，无孔桩型复合地基桩土应力比要大于其他三种有孔桩型复合地基，而三种有孔桩型复合地基中单向对穿孔桩型较大，双向对穿孔桩型最小但与星状孔桩型相差不大。这也进一步说明了对桩身开孔能够减少复合地基中桩体的受力而增大土体的承载作用，且受桩身开孔方式的影响。

5.7　本章小结

本章对各桩型复合地基静载试验过程中量测所得的数据成果进行汇总处理，并绘制出相应的变化曲线。通过分析各桩型复合地基沉降、桩身轴力、桩周土压力、桩侧摩阻力、桩土荷载分担比、桩土应力比的变化规律，对竖向荷载下带帽无孔管桩复合地基和带帽有孔管桩复合地基承载特性进行了探讨，得到以下结论：

（1）沉降变形：两者在沉降、载荷板与桩顶的沉降差等变化规律基本保持一致。带帽无孔管桩复合地基载荷板总沉降最大，且荷载-沉降曲线斜率较陡，而带帽有孔管桩复合地基载荷板总沉降则较小，且沉降曲线变化趋势较为平缓。在带帽管桩复合地基中，在管桩桩身开孔能明显改善复合地基的总沉降，提高复合地基的承载力，且改善沉降和提高承载力的效果跟桩身开孔方式有关。

（2）桩身轴力：同级竖向荷载作用下，各桩型桩身轴力均沿着深度方向逐渐减小。桩身轴力随着荷载增大而增大，且达到一定荷载时增长趋势变缓。在同级荷载下，带帽有孔管桩的桩身轴力最大值要略小于带帽无孔管桩。

（3）桩周土体压力：加载过程中，随着荷载的增大，桩周土体压力的增加主要发生在上部土体，且越往深处土压力变化越不明显。同级荷载作用下，相对带帽无孔管桩复合地基，带帽有孔管桩复合地基桩帽间土体表面土压力较大，说明有孔管桩复合地基更有利于发挥桩周土体分担荷载的作用。

(4) 桩侧摩阻力：各种桩型桩侧摩阻力在桩长范围内均能够较好的发挥，且随着上部竖向荷载的增加，桩侧摩阻力逐渐得到发挥。同级竖向荷载作用下，桩侧摩阻力随深度的变化曲线都呈现出上小下大的“阶梯”状分布，桩身下部侧摩阻力较大。

(5) 桩土荷载分担比与桩土应力比：两者桩土荷载分担比随荷载的变化规律相类似。在加载初期桩体是主要的承载对象，随着上部荷载增大，桩间土体的承载作用逐渐发挥且桩土承载趋于稳定。无孔桩型复合地基桩土应力比要大于其他三种有孔桩型复合地基，这种现象说明有孔管桩复合地基更有利于发挥土体分担荷载的作用。在三种有孔桩型复合地基中，单向对穿孔桩型较大，双向对穿孔桩型最小但与星状孔桩型相差不大。

(6) 由第4章《有孔管桩单桩静载荷试验》的试验结果可知，桩身开孔导致3种开孔方式的有孔管桩极限承载力均比无孔管桩极限承载力要低；而由本章《带帽有孔管桩单桩复合地基承载特性模型试验》的试验结果可知，无论是哪一种开孔方式的带帽有孔管桩复合地基，其极限承载力均高于带帽无孔管桩复合地基极限承载力。由此，经过对比分析，不难得出，桩身开孔会引起桩体自身承载力折减，但是这种折减的承载力，可通过调整桩周土体分担的荷载以提高带帽有孔管桩复合地基承载力来弥补管桩自身承载力的损失。之所以桩周土体能够分担更多的荷载，究其原因是，静压沉桩过程中，有孔管桩技术有助于加速超孔隙水压力的消散，降低了桩周土体中的含水量，提高了桩周土体抗剪强度，使其具有承担更多荷载的能力。因此，本章验证了桩身开孔有利于提高带帽有孔管桩复合地基承载力，说明有孔管桩技术对于软基处理工程而言，具有较好的先进性和有效性。

第6章　带帽有孔管桩单桩复合地基承载特性数值模拟试验

6.1　概述

近二十年来，随着计算机技术的不断提高与广泛普及，数值模拟技术在岩土工程领域得到了愈来愈广泛的应用，岩土工程中数值计算方法也得到了前所未有的发展。数值模拟技术能够帮助分析人员更直观的认识各种岩土结构内部的破坏机理，为研究人员解决复杂的岩土工程问题提供了一种重要的研究手段，因此数值模拟技术被越来越多的岩土研究工作人员运用到了科学研究之中。

6.2　FLAC3D软件简介

FLAC3D是由美国 Itasca Consulting Group Inc. 公司研发的一种三维显式有限差分程序，可以对土体、岩体和其他材料的三维结构受力状态进行模拟分析，目前已广泛应用于岩土工程、采矿工程、隧道工程、道路与铁路工程等学科领域的科学研究之中[102-105]。

本次数值模拟试验使用 FLAC3D 5.0 软件，FLAC3D 5.0 是 FLAC3D 软件的第五个大版本更新。FLAC3D 5.0 版本在其原有的版本上有了较大的改进，相对于前几个版本来说，在计算效率和操作性上有了很大的飞跃，可以称得上具有突破性的变化。

利用 FLAC3D 软件进行数值模拟时，主要是通过命令流来实现的。要建立一个完整的 FLAC3D 三维数值模型，需要进行如下三个方面的工作：

（1）建立模型的有限差分网格；

（2）定义本构模型和赋予材料参数；

（3）定义边界条件及初始条件。

完成以上步骤后，就可以进行模型初始平衡状态的计算，从而获得模型的初始平衡状态，也就是外界扰动前原土的应力状态。接着对模型做一些变动，比如开挖或者施加外力，然后再对变动后的模型计算，进行工程开挖或施加外力后的工程响应分析。

在 FLAC3D 中，达到模拟所需的计算步可以由软件自动控制，也可以通过人为指定计算步数来控制。但最后还是需要用户自己来判断进行了这些时间步的计算后，模拟的问题是否已经得到了最终所要的解。图 6-1 给出了 FLAC3D 的一般求解流程。

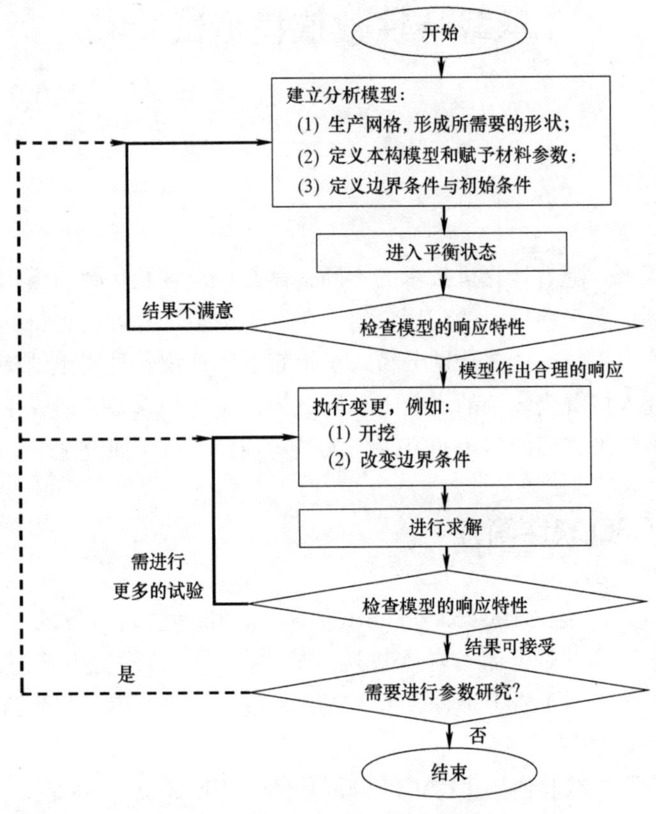

图 6-1　FLAC3D 的一般求解流程

6.3　计算模型的建立

6.3.1　模型简介

本次数值模拟试验模型采用与室内模型试验相同的试验参数，模型中四个重要组成材料是土体、带帽桩、砂垫层、载荷板。土体模型的尺寸为：1.5m×1.5m×1m（长×宽×高），中部圆柱孔半径为 0.032m，长 0.8m。带帽桩体模型直径为 0.064m，桩长 0.8m，桩帽 0.2m×0.2m×0.015m。砂垫层厚度为 100mm，载荷板尺寸为 0.4m×0.4m×0.01m。对于本次数值模拟试验模型而言，带帽桩和载荷板的刚度较大、变形小，近似于弹性变形，因此带帽桩和载荷板采用各向同性弹性本构模型。而土体和砂垫层为散粒状材料，大量的试验研究都表明该类材料应力与应变关系多表现出非线性特征，很难用弹性本构模型描述，为了更加符合实际，本章数值模拟中土体和砂垫层采用 Morh-Coulomb 弹塑性本构模型。土体、带帽桩、垫层、载荷板的模型材料参数如表 6-1 所示。

模型材料参数　　表 6-1

名称	ρ(kg/m^3)	E(MPa)	υ	C(kPa)	φ
土体	1.82×10^3	3	0.35	35	16°
带帽桩	1.38×10^3	3.75×10^3	0.39	—	—
砂垫层	1.66×10^3	15	0.3	0	38°
载荷板	7.85×10^3	2.0×10^5	0.28	—	—

在 FLAC3D 中，使用的变形参数为体积模量 K 和剪切模量 G，其计算公式分别为：

$$K=\frac{E}{3(1-2\upsilon)} \tag{6-1}$$

$$G=\frac{E}{2(1+\upsilon)} \tag{6-2}$$

根据上式计算得到各种材料的体积模量 K 和剪切模量 G 见表 6-2。

模型材料的体积模量 K 和剪切模量 G　　表 6-2

	土体	带帽桩	砂垫层	载荷板
体积模量 K(MPa)	3.33	5.69×10^3	12.5	1.52×10^5
剪切模量 G(MPa)	1.11	1.35×10^3	5.77	0.78×10^5

FLAC3D 内置有功能强大的网格生成器，它包含多种基本形状的网格，在 FLAC3D 中建立数值模型时，通过组合这些基本形状的网格单元，便可以生成一些较为复杂的三维结构网格。根据数值计算分析对于网格划分的要求，对于受力较为集中、变形较大和比较复杂的区域网格划分应稍密，而对于受力较小、结构单一的区域网格划分可稀疏，能满足计算精度即可。这样既能保证计算结果的可靠性，又能尽量减小计算模型的节点个数，节约计算机资源，缩短模型计算时间。本章数值计算模型中带帽桩桩身圆形开孔通过在开孔部位进行网格加密，运用 null 模型挖去开孔部位网格形成近似圆孔。

由于本章数值模拟中包含 4 种不同材料，这就涉及不同材料表面的接触问题。在 FLAC3D 中提供了接触面单元，用来模拟一定受力条件下两个接触的表面上产生的错动滑移、分开与闭合。本章数值模拟中土体与砂垫层之间的接触可以看作两个不同土层的连接，直接使用 Attach 命令连接，不需要建立接触面。带帽桩与砂垫层、土体以及载荷板与砂垫层的接触表面处会产生错动滑移，因此需要建立接触面。

FLAC3D 中常用的建立接触面的方法有 3 种，分别为“移来移去”法、“导来导去”法和“切割模型”法。在本章数值模拟中采用“移来移去”法建立接触面。首先按照设计模型尺寸使用软件内置网格生成器建立土体和砂垫层网格模型，用Attach命令连接两者之间的接触面，然后在偏离设计模型一定位置处依次建立带帽桩网格模型和载荷板网格模型，在带帽桩网格模型表面和载荷板网格模型下表面建立接触面后，将带接触面的网格模型移入原设计模型中，从而在各材料的接触表面上形成接触面模型。

接触面模型的参数包括法向刚度 k_n、剪切刚度 k_s、黏聚力 c 和摩擦角 φ，法向刚度 k_n 和剪切刚度 k_s 取接触面相邻区域土层等效刚度的10倍，即：

$$k_n = k_s = 10\max\left[\frac{\left(K+\frac{4}{3}G\right)}{\Delta z_{\min}}\right] \tag{6-3}$$

式中，K 是体积模量，G 是剪切模量，$\Delta z_{\min}$ 是接触面法向方向上连接区域上最小尺寸。由式（6-3）计算出接触面的法向刚度 k_n 和剪切刚度 k_s 为 1.2×10^{10}N/m。

接触面黏聚力 c 和摩擦角 φ 的取值采用反演分析确定，根据文献［102］的建议取与桩相邻土层的 c、φ 值的0.5倍左右进行模拟试算得出数值模拟静荷载试验数据，与室内模型试验静荷载试验数据作对比，看哪个倍数情况下的数值模拟荷载-沉降曲线与室内试验荷载-沉降曲线接近，就取哪个倍数。通过反演分析，本文接触面黏聚力 c 和摩擦角 φ 取与桩相邻土层的 c、φ 值的0.6倍较为合适，即接触面黏聚力 c 为21KPa，摩擦角 φ 为9.6°。

根据以上条件，分别建立带帽无孔管桩复合地基、带帽星状有孔管桩复合地基、带帽单向对穿有孔管桩复合地基、带帽双向对穿有孔管桩复合地基三维数值模型。以带帽双向对穿有孔管桩复合地基为例，其三维数值模型如图6-2～图6-5所示。

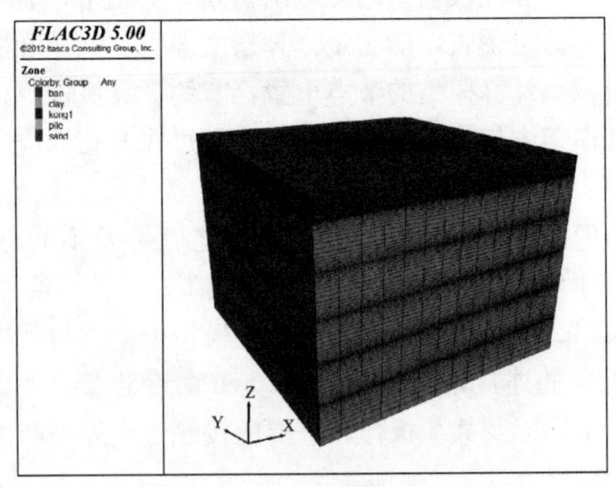

图6-2　带帽双向对穿有孔管桩复合地基三维数值模型

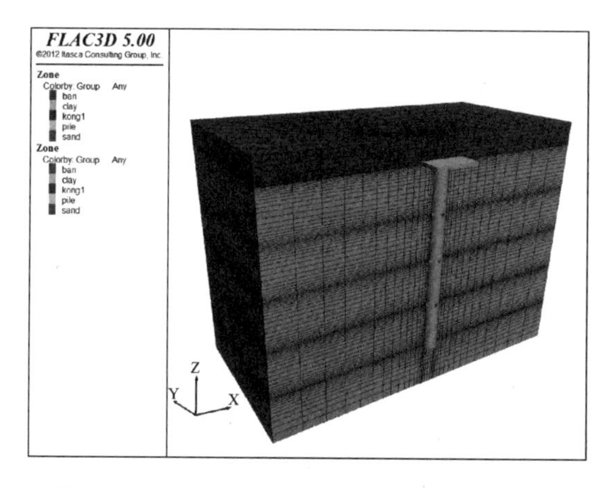

图 6-3　带帽双向对穿有孔管桩复合地基三维数值模型内部剖面

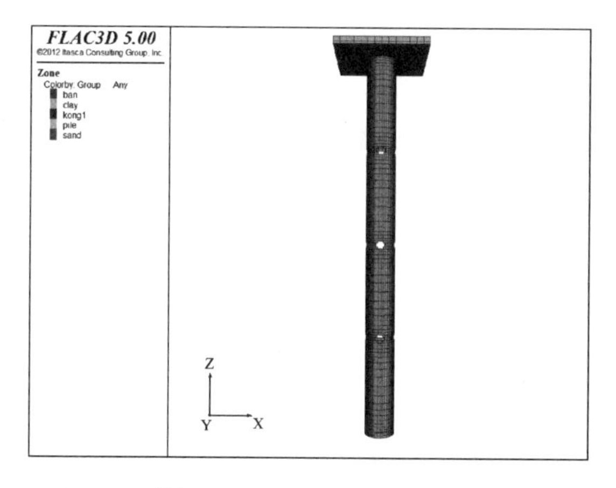

图 6-4　带帽双向对穿有孔管桩三维数值模型

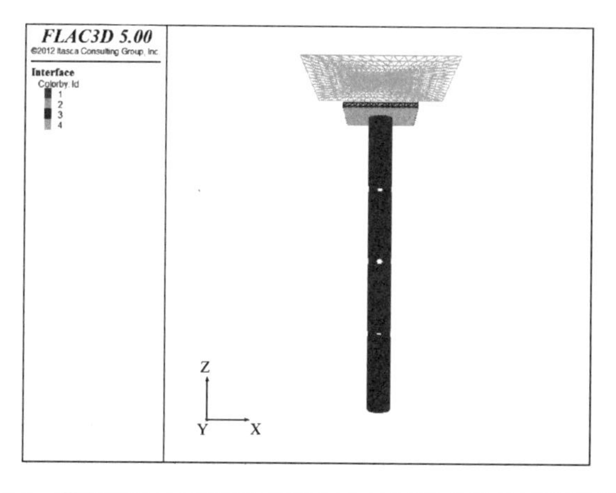

图 6-5　带帽双向对穿有孔管桩复合地基三维数值模型接触面

6.3.2 模型边界条件和初始条件

模型的边界条件为：垫层上表面为自由边界，土体底面固定约束三个方向的位移，土体4个侧面约束法向位移。

在实际工程中，由于地球引力的作用，在施加荷载之前土体中就已经存在应力场，初始地应力场的存在对土体受力的影响不容忽视。因此，想要较真实地对实际工程进行模拟，必须保证初始地应力场的可靠性。在FLAC3D中，生成初始地应力场的方法比较多，但通常采用弹性求解法、分阶段弹塑性求解法和改变参数的弹塑性求解法。本文采用改变参数的弹塑性求解法来生成初始地应力场。

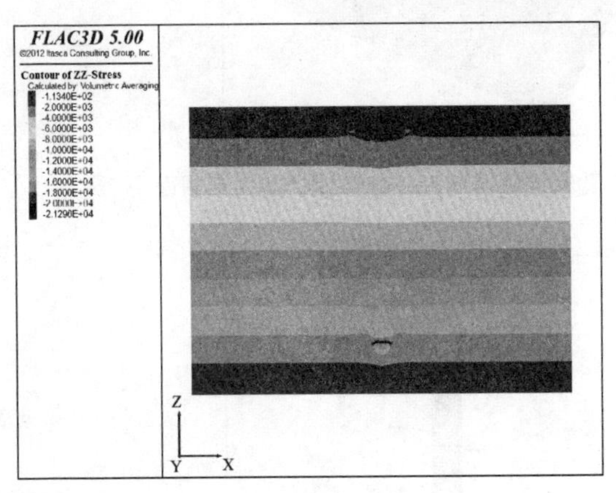

图6-6 初始地应力SZZ云图

图6-6为土体在Z方向的初始地应力场应力云图。由图可知：土体中的初始地应力场呈层状，在同一深度处初始地应力的大小相同，土层表面的初始地应力为0，土层初始地应力从上到下，随着深度的增大而逐渐增加。

本章数值模拟涉及超孔隙水压力的计算，FLAC3D在计算孔隙水压力的问题时，有渗流和无渗流两种计算模式。在无渗流模式下，孔隙水压力不会发生变化，而本章中加载过程中孔隙水压力会随之变化。因此，为了更加符合实际，本章采用渗流模式对超孔隙水压力进行分析。

在渗流模式下，必须对单元进行渗流模型的设置。FLAC3D提供了3种渗流模型（各向同性渗流模型、各向异性渗流模型、不透水材料模型）。本章数值模拟计算中设置单元为各向同性渗流模型。

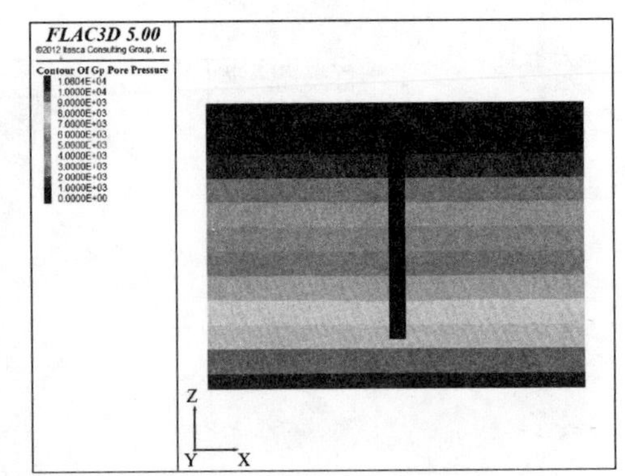

图6-7 初始孔压场云图

图6-7为初始孔压场云图。由图可知：土层表面的初始孔压为0，初始孔压从上到下，随着深度的增大而逐渐增加，在同一深度处初始孔压的大小相同。

6.3.3　模型加载

本次模拟的加载分为两个部分，分别为自重荷载和外部加载。自重荷载通过施加一个重力加速度实现，外部荷载采用应力加载方式，按静荷载试验在载荷板上分 8 级逐级加载，应力加载分级如表 6-3 所示。

应力加载分级　　表 6-3

级数	1	2	3	4	5	6	7	8
荷载(N)	300	600	900	1200	1500	1800	2100	2400
应力(kPa)	1.875	3.75	5.625	7.5	9.375	11.25	13.125	15

在加载之前，打开渗流计算（SET fluid on），设置 solve age 2.592e5 进行计算，模拟室内模型试验中沉桩后至加载前的 3 天休止期。加载前土体的应力云图和孔压场云图如图 6-8、图 6-9 所示。从图中可以看出，在休止期期间，土体应力相比初始状态稍有变化，但变化不大。而孔压场的变化却比较大，桩身一定范围内孔压场分界面下移，这种变化在桩身开孔附近尤为明显，这说明桩身开孔能够加快孔隙水压力的消散，从而加速土体固结。

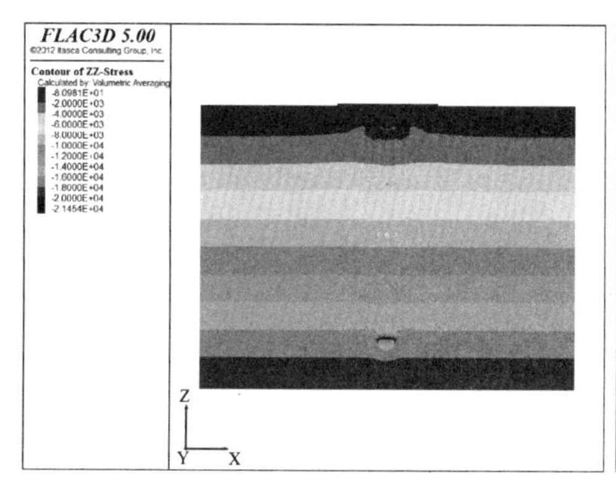

图 6-8　加载前土体应力云图

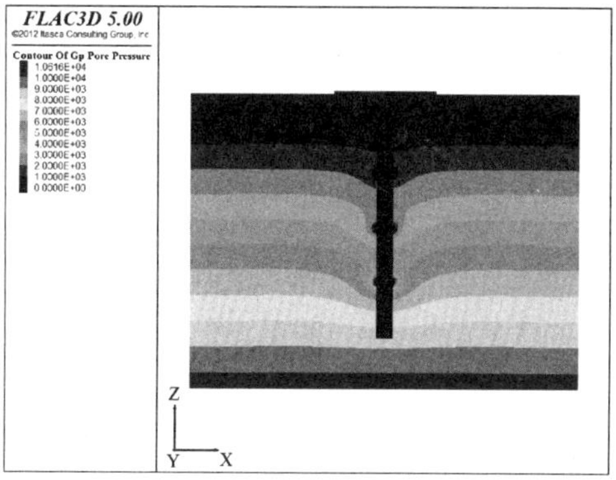

图 6-9　加载前孔压场云图

在载荷板上按应力加载分级逐级施加应力，每级应力作用一定时间后进入下一级应力加载。每级应力作用下数值模型的沉降云图、土体应力云图、桩身应力云图分别如图 6-10～图 6-12 所示。从图 6-10 中可以看出，带帽双向对穿有孔管桩复合地基的沉降等值线呈倒锥状，在荷载作用范围内，垫层能够协调桩土的沉降变形，而桩帽的存在使得桩帽下一定深度范围内的土体与桩体同时沉降，从而减小了桩体与土体的沉降差，这样避免了桩身上部产生负的侧摩阻力，增大了桩的承载力。图 6-11 反映了不同荷载作用下土体中竖向应力的变化情况，从图中可以看出桩和土体共同承担了上部荷载，其中桩顶所受竖向应力比桩帽间土体要大，而桩帽下一定范围内土体的竖向应力变化较桩帽间土体要小。图中土体中竖向应力等值线在桩周范围内有一个下凹的现象，这是由于桩体通过侧摩阻力将上部荷载传递到土体中，这符合摩擦桩的承载机理，说明本次数值模拟能够反映出带帽有孔管桩复合地基的承载特性，是可行的。图6-12是带帽桩体在不同荷载作用下竖向应力的变化情况，由图可知桩身上部的应力要大于桩身下部，从上到下逐渐减小，这是由于桩体主要通过桩侧摩阻力承担荷载，桩侧摩阻力在桩身上从下往上积累，从而使桩身轴力呈上大下小分布。同时桩身开孔附近存在明显的应力集中现象，开孔桩身截面处的应力也较没有开孔截面处要大，说明桩身开孔对桩身受力有一定的影响，这在设计桩身开孔方式时应当予以考虑。

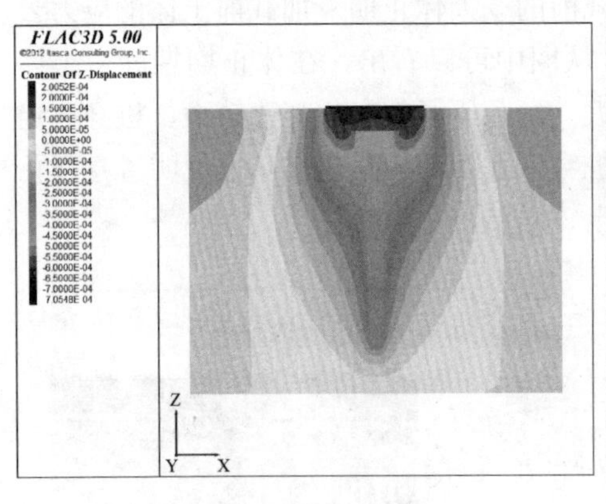

(*a*) 第一级应力加载(300N)

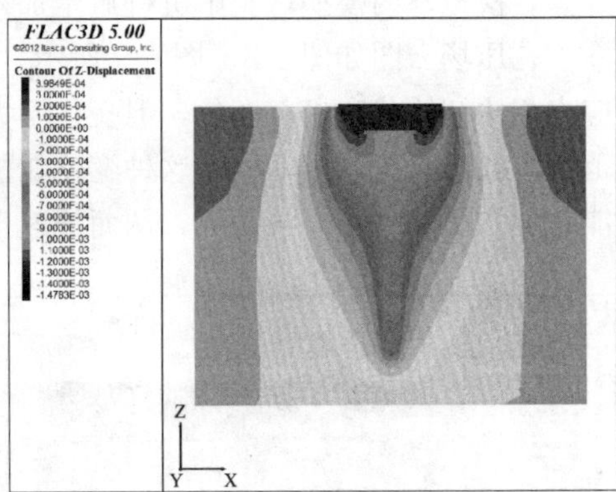

(*b*) 第二级应力加载(600N)

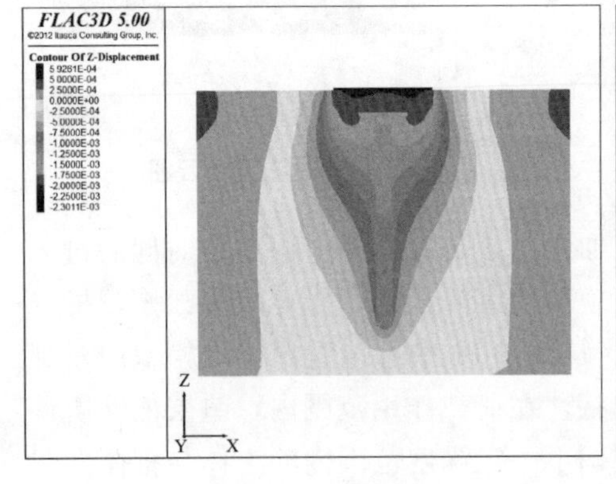

(*c*) 第三级应力加载(900N)

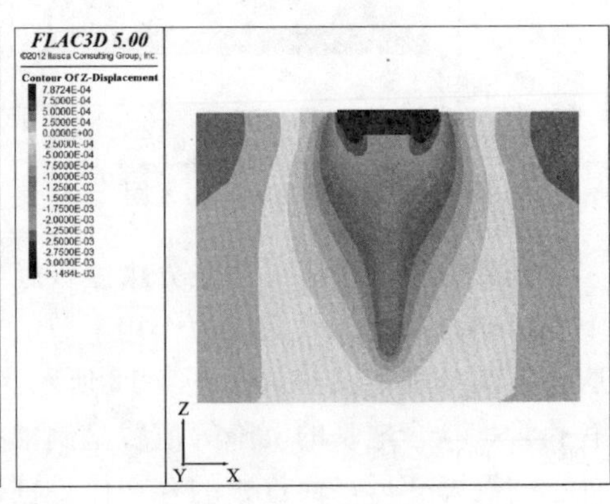

(*d*) 第四级应力加载(1200N)

图 6-10　各级应力作用下 Z 方向位移云图（一）

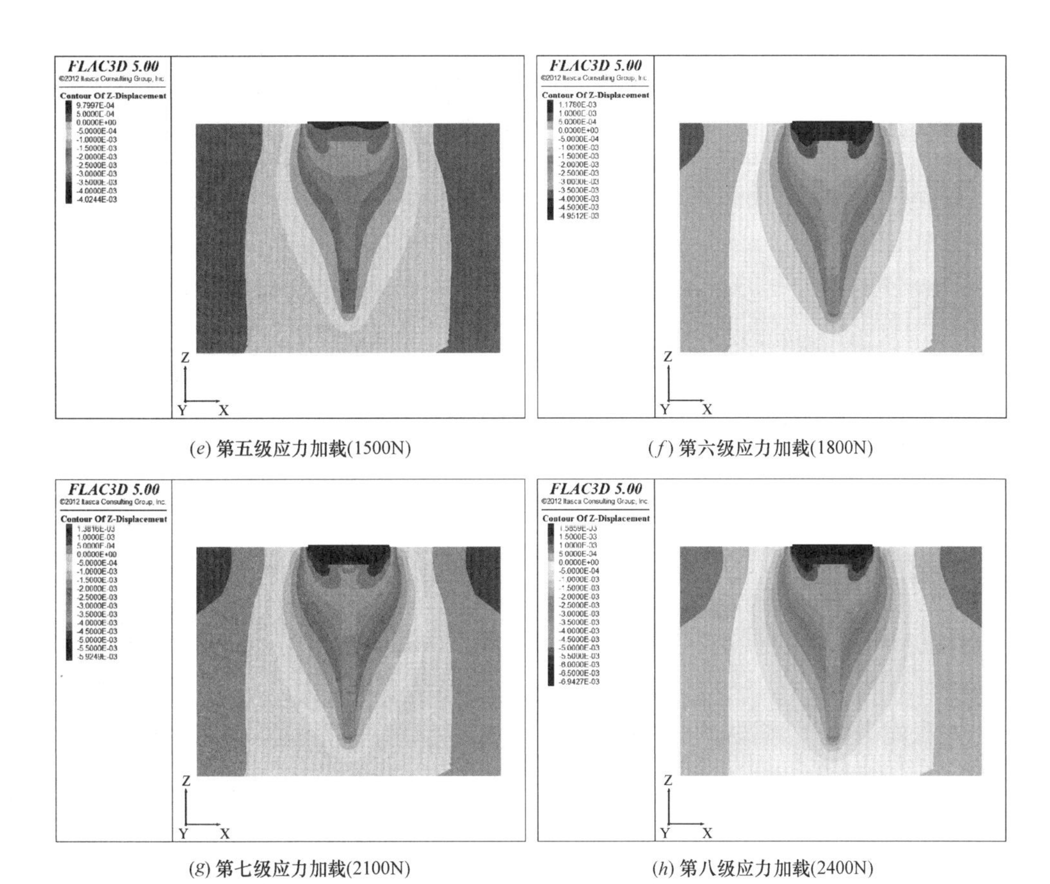

(*e*) 第五级应力加载(1500N)　　(*f*) 第六级应力加载(1800N)

(*g*) 第七级应力加载(2100N)　　(*h*) 第八级应力加载(2400N)

图 6-10　各级应力作用下 *Z* 方向位移云图（二）

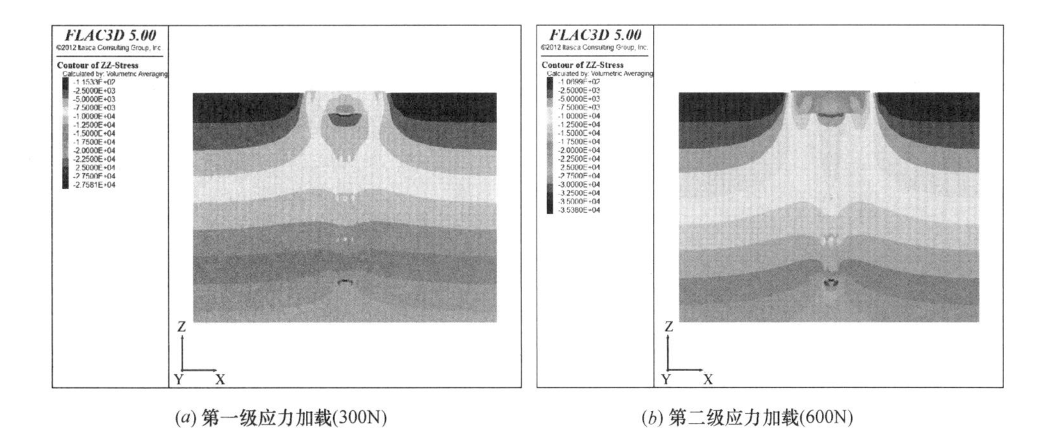

(*a*) 第一级应力加载(300N)　　(*b*) 第二级应力加载(600N)

图 6-11　各级应力作用下土体 SZZ 应力云图（一）

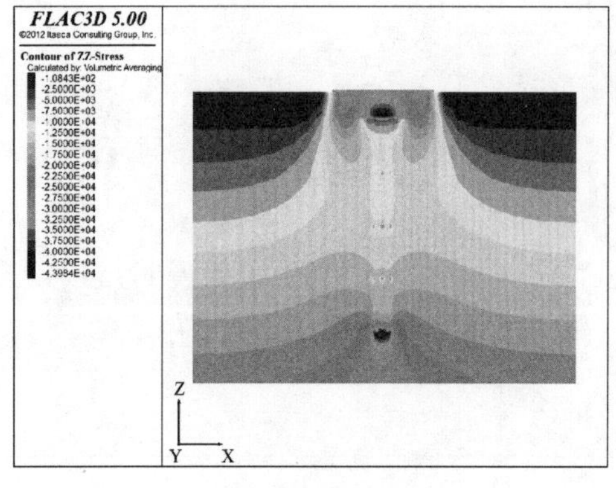

(*c*) 第三级应力加载(900N)

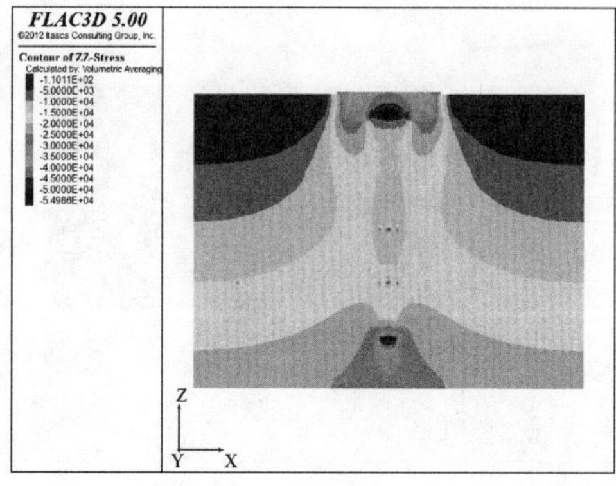

(*d*) 第四级应力加载(1200N)

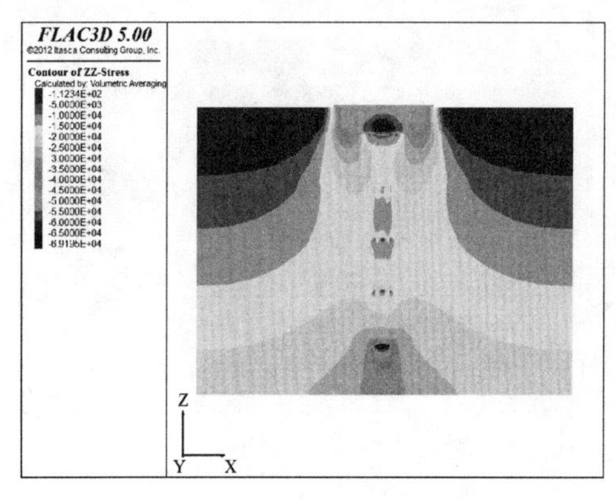

(*e*) 第五级应力加载(1500N)

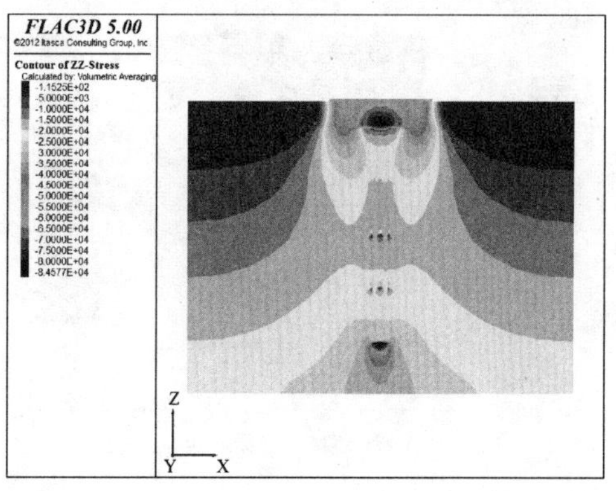

(*f*) 第六级应力加载(1800N)

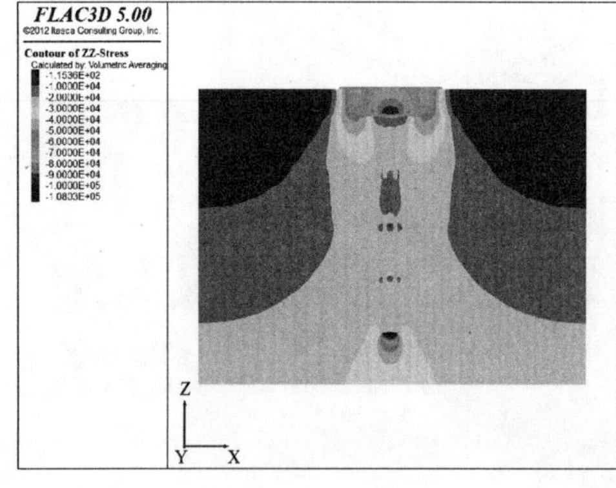

(*g*) 第七级应力加载(2100N)

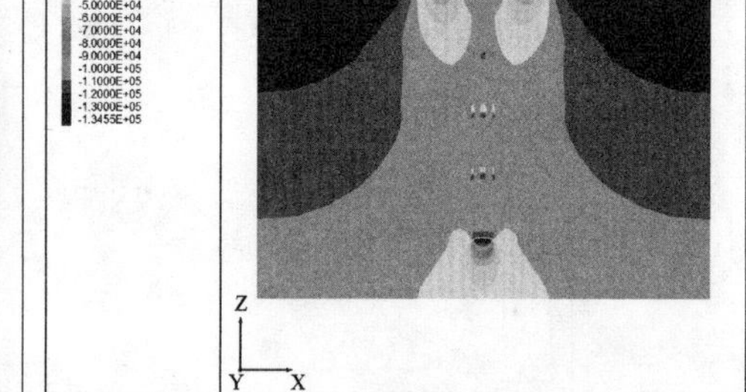

(*h*) 第八级应力加载(2400N)

图 6-11　各级应力作用下土体 SZZ 应力云图（二）

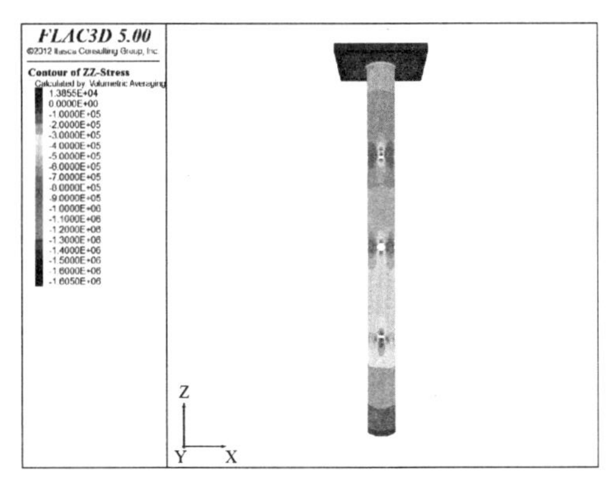

(*a*) 第一级应力加载(300N)

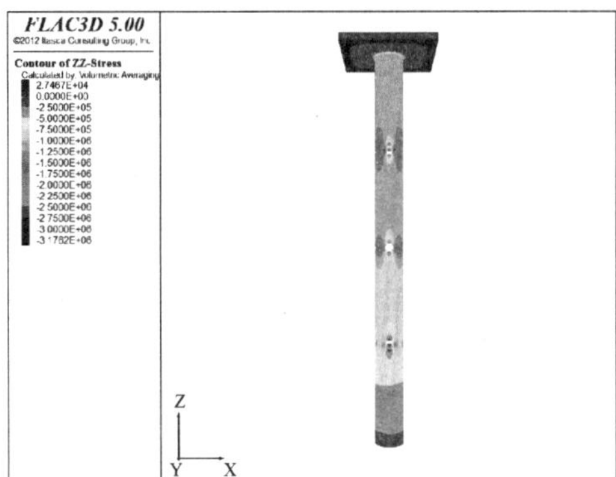

(*b*) 第二级应力加载(600N)

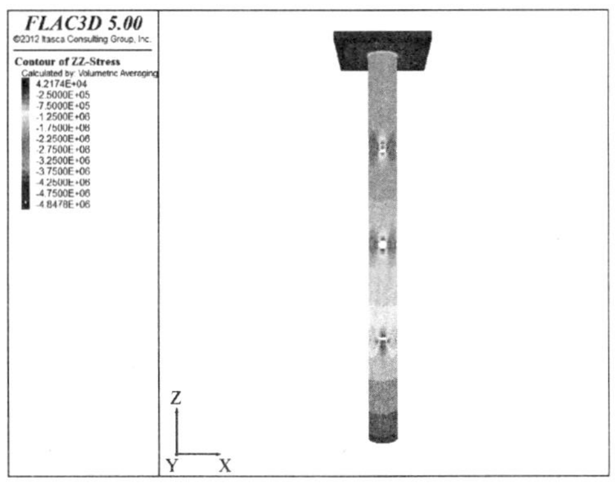

(*c*) 第三级应力加载(900N)

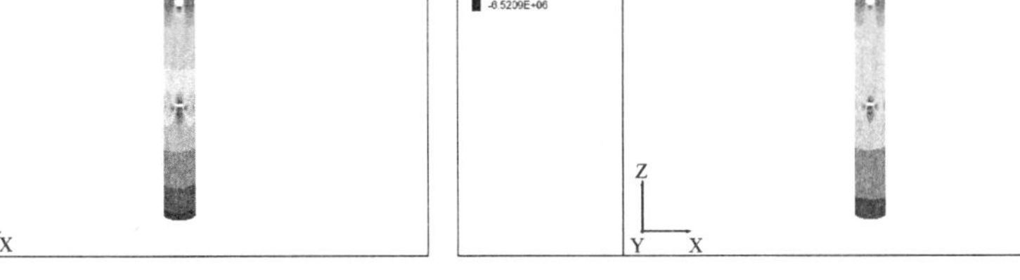

(*d*) 第四级应力加载(1200N)

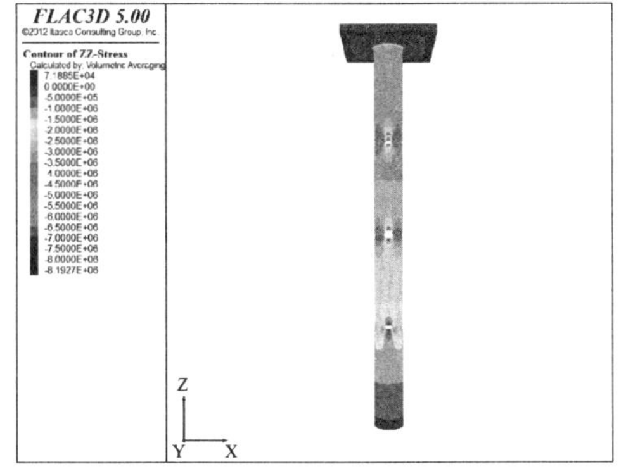

(*e*) 第五级应力加载(1500N)

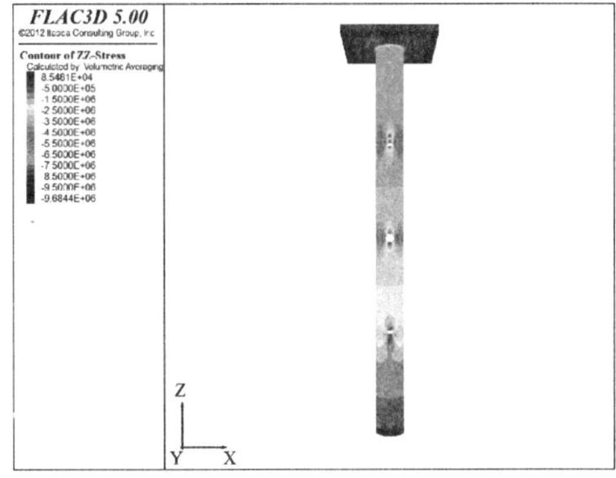

(*f*) 第六级应力加载(1800N)

图 6-12　各级应力作用下桩体 SZZ 应力云图（一）

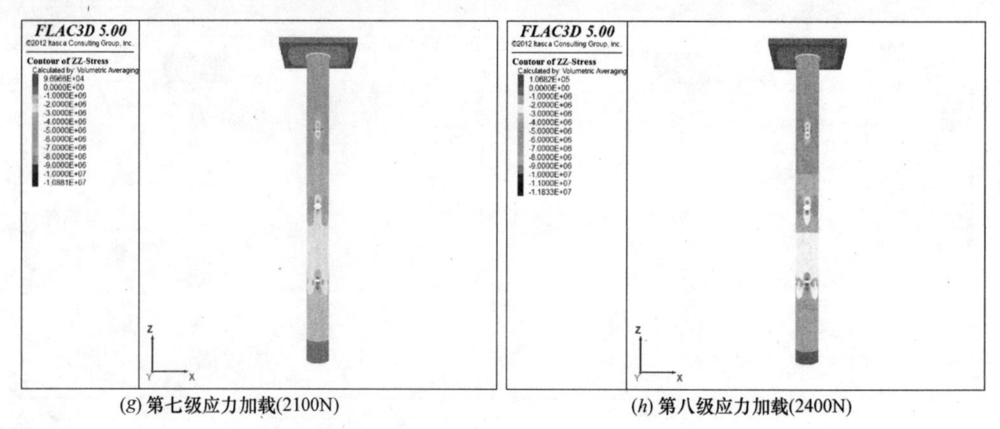

(*g*) 第七级应力加载(2100N) (*h*) 第八级应力加载(2400N)

图 6-12 各级应力作用下桩体 SZZ 应力云图（二）

6.4 数值模拟结果分析

根据数值模拟计算结果，通过提取每级竖向荷载下相应测点的计算数据进行处理汇总，并绘制相应曲线。分析了带帽无孔管桩复合地基和带帽有孔管桩复合地基的沉降、桩身受力、桩周土体压力、桩侧摩阻力以及桩土荷载分担比与桩土应力比的变化规律。

6.4.1 荷载沉降分析

模型计算完成后，分别提取每级荷载作用下垫层表面中心、桩帽顶部中心、桩间土体表面的 Z 方向位移数据，绘制出各桩型复合地基数值模拟 Q-s 曲线、各桩型复合地基数值模拟 s-lg$Q$ 曲线、各桩型复合地基数值模拟 Q-s 曲线对比，分别如图 6-13～图 6-15 所示。

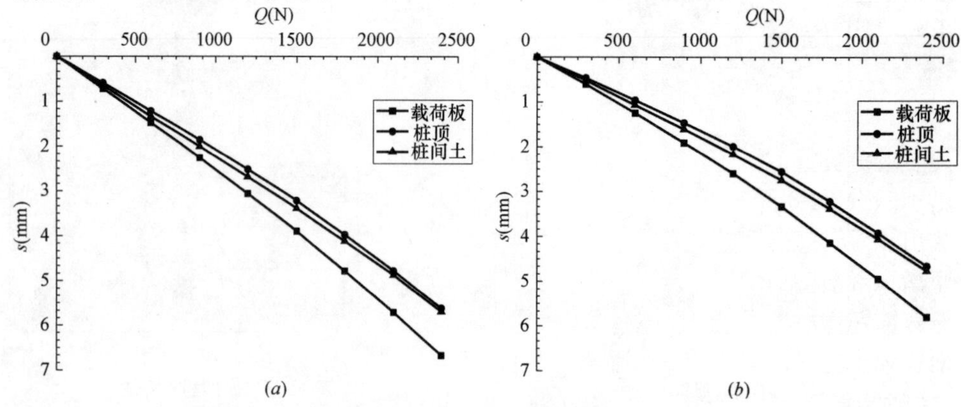

图 6-13 各桩型带帽单桩复合地基数值模拟 Q-s 曲线（一）

（*a*）无孔管桩；（*b*）星状孔管桩

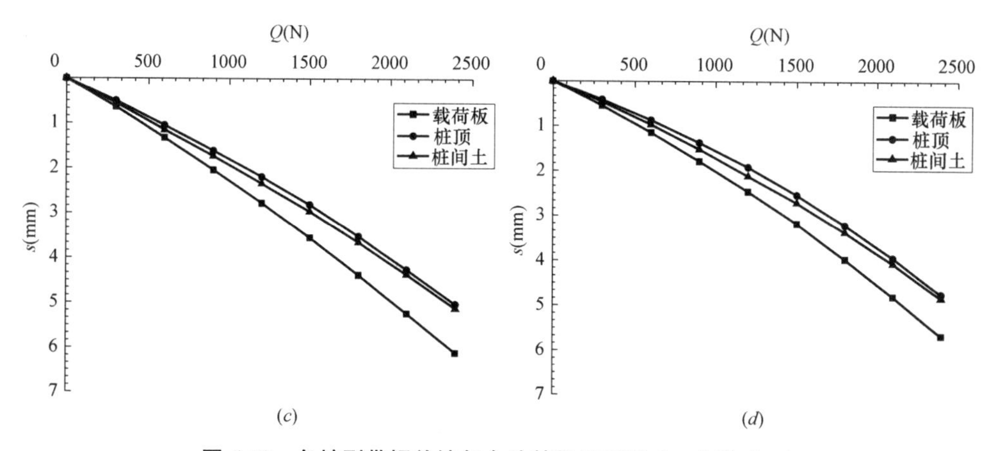

图 6-13　各桩型带帽单桩复合地基数值模拟 *Q-s* 曲线（二）

（*c*）单向对穿孔管桩；（*d*）双向对穿孔管桩

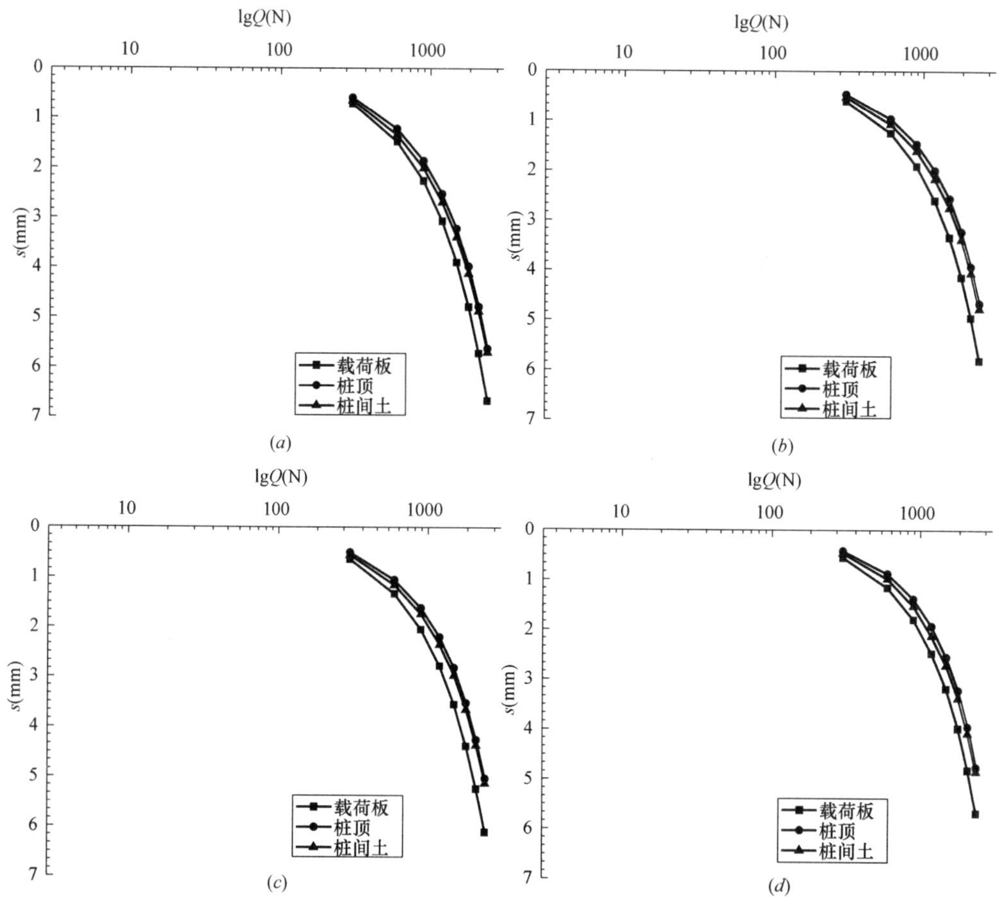

图 6-14　各桩型带帽单桩复合地基数值模拟 *S*-lg*Q* 曲线

（*a*）无孔管桩；（*b*）星状孔管桩；（*c*）单向对穿孔管桩；（*d*）双向对穿孔管桩

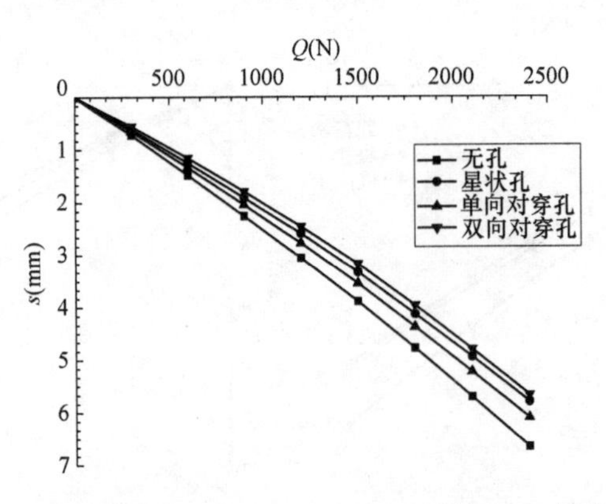

图 6-15　各桩型带帽单桩复合地基数值模拟 Q-s 曲线对比

从 Z 方向位移云图中可以看出，带帽管桩复合地基竖直方向的位移主要发生在桩体本身及桩身附近土体，且垫层在加载过程中会产生压缩。不同开孔方式桩型复合地基载荷板、桩顶、桩间土体表面的沉降曲线和 s-lg$Q$ 曲线分别如图 6-13、图 6-14 所示，从图 6-13 中可以看出各桩型复合地基的沉降随荷载等级增加而增大且增长较为平缓，沉降曲线没有明显陡降，这与室内模型试验所得的结果也是相似的。图中载荷板沉降与桩顶和桩间土体表面沉降存在一个较大差距，且随荷载等级增加差距逐渐增大，说明垫层在复合地基承受竖向荷载作用时会产生压缩，从而协调桩土共同承担荷载。图中桩间土体表面的沉降比桩顶的沉降要稍大，且这种差异存在先变大后变小的趋势，这是由于在荷载较小时桩体承载能力较强，沉降较小，而随着荷载增大，桩体逐渐达到承载极限，沉降变大。

图 6-15 中对比了四种不同开孔方式桩型的沉降曲线，从图中可以得到带帽无孔管桩复合地基、带帽星状有孔管桩复合地基、带帽单向对穿有孔管桩复合地基、带帽双向对穿有孔管桩复合地基的总沉降分别为 6.67mm、5.80mm、6.11mm、5.69mm，无孔桩型的总沉降相比其他三种有孔桩型要大，三种开孔桩型相对无孔桩型总沉降分别减小 13.04%、8.40%、14.69%，说明桩身开孔可以减小复合地基的沉降。三种不同开孔方式桩型的总沉降也存在差异，其中双向对穿孔桩型的总沉降最小，星状孔次之，这表明减小复合地基总沉降的效果与桩身开孔方式有关。

6.4.2　桩身轴力分析

各种桩型复合地基桩身轴力随深度变化曲线，分别如图 6-16 (a)～(d) 所示。不同荷载级别作用下各桩型桩身轴力随深度的变化对比曲线，分别如图 6-17 (a)～(h) 所示。

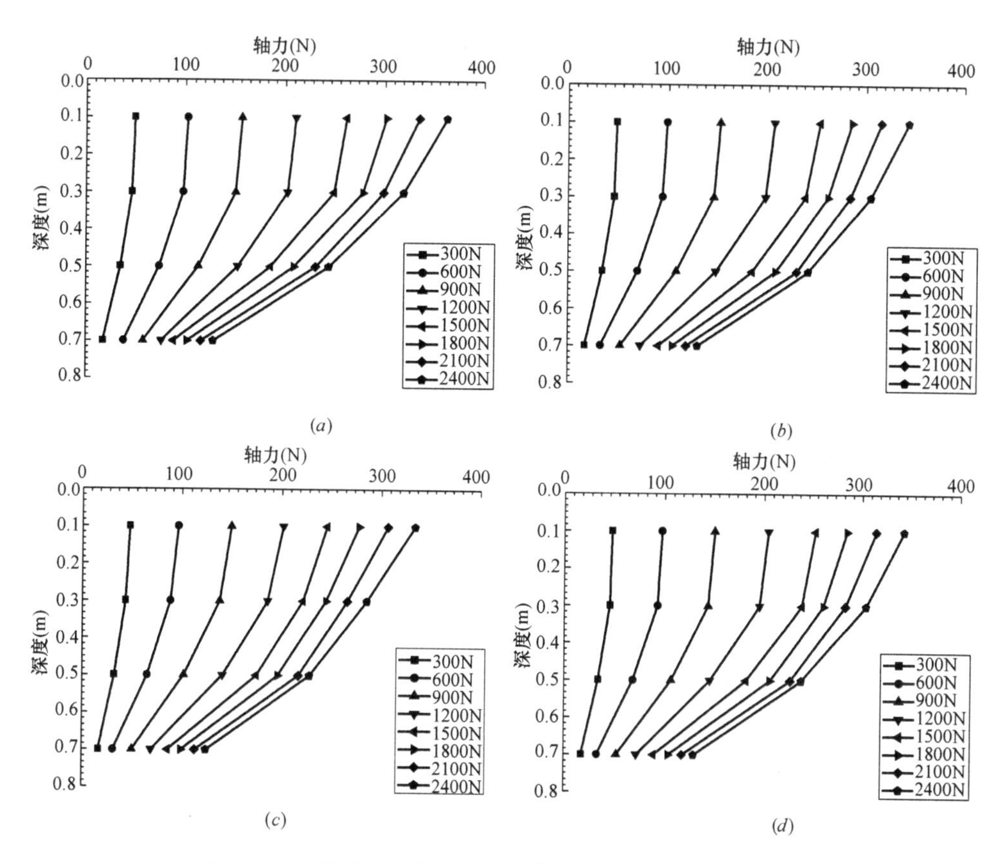

图 6-16　各桩型带帽单桩复合地基桩身轴力随深度变化曲线

(*a*) 无孔管桩；(*b*) 星状孔管桩；(*c*) 单向对穿孔管桩；(*d*) 双向对穿孔管桩

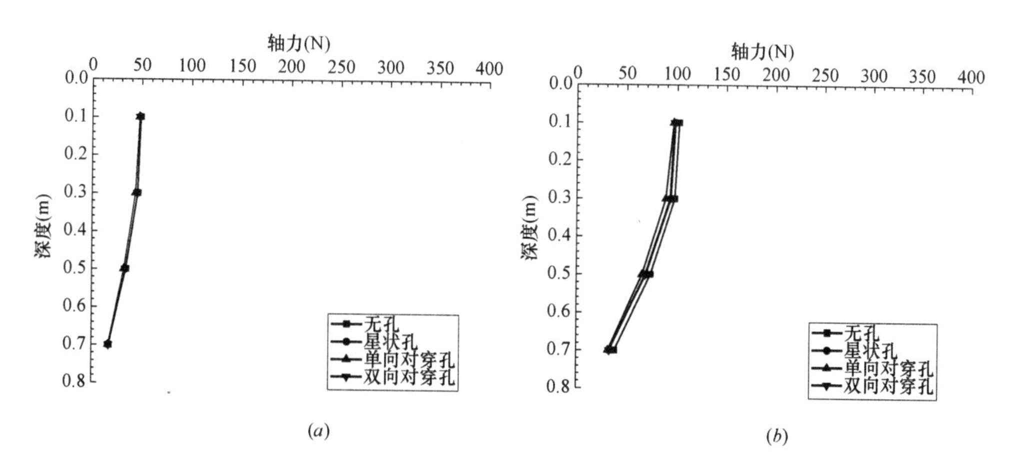

图 6-17　不同荷载作用下各桩型桩身轴力随深度的变化曲线对比（一）

(*a*) 第一级荷载（300N）；(*b*) 第二级荷载（600N）

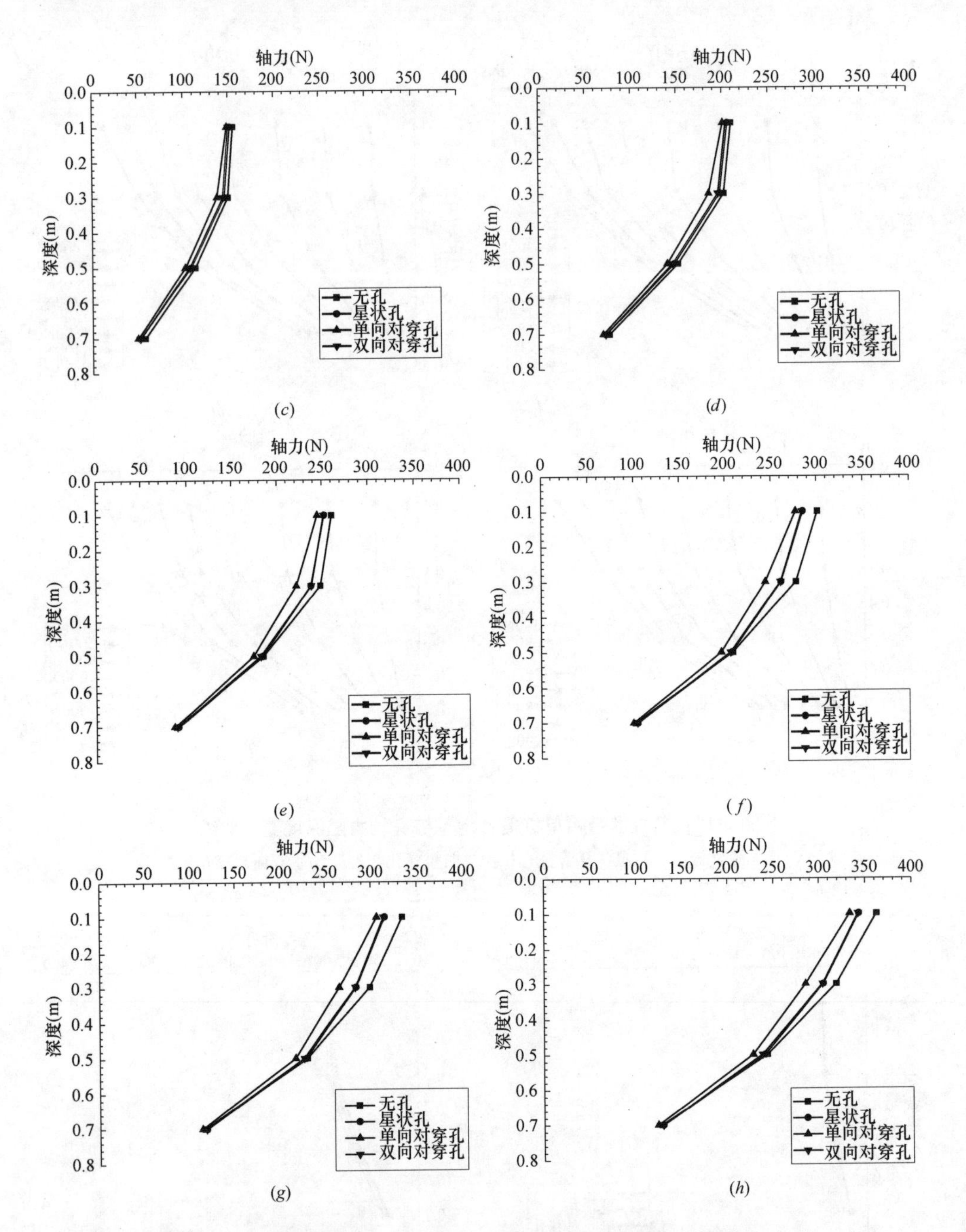

图 6-17 不同荷载作用下各桩型桩身轴力随深度的变化曲线对比（二）

(*c*) 第三级荷载（900N）；(*d*) 第四级荷载（1200N）；(*e*) 第五级荷载（1500N）；
(*f*) 第六级荷载（1800N）；(*g*) 第七级荷载（2100N）；(*h*) 第八级荷载（2400N）

本次数值模拟得到的各桩型复合地基的桩身轴力如图 6-16 所示。从图中可以看出，桩身最大轴力发生在桩体上部，沿着深度方向逐渐减小。曲线在前 5 级间距较大，随后随着加载等级增大逐渐变密集，说明桩身轴力在前 5 级发展较快，此时增加荷载主要由桩体承担，随后土体开始发挥承载作用，这与室内模型试验所测的结果相符合。

图 6-17 对不同荷载作用下各桩型桩身轴力随深度的变化曲线进行了对比，从图中可以看出，前 3 级荷载作用下四组桩型复合地基桩身轴力的发展基本相同，从第 4 级荷载开始各桩型复合地基桩身轴力的差异逐渐显现出来，其中无孔桩型桩身轴力的发展逐渐大于有孔桩型，这种变化主要发生在桩体上部和中部，桩体下部桩身轴力的发展基本相同，第 6 级至第 8 级四种桩型桩身轴力的差异不再发生变化，这说明对带帽管桩桩身开孔在一定荷载作用下能够减少复合地基中桩体的轴力，且轴力的减小主要发生在桩身上部和中部。对比图中三种有孔桩型桩身轴力的变化可以发现，从第 4 级荷载开始单向对穿孔桩型的桩身轴力逐渐小于其他两种有孔桩型，而星状孔桩型和双向对穿孔桩型的桩身轴力在整个加载阶段基本相同，究其原因，这可能跟单向对穿孔桩型仅能加速单向土体的固结，导致桩身在两个方向上受力不均，而星状孔桩型和双向对穿孔桩型各方向上受力比较均一，说明桩身开孔的对称性也对复合地基中桩体的受力有影响。由于室内模型试验条件的限制，这些差异在室内模型试验结果中很难发现，这也体现了数值模拟试验在数据方面有一定的优势。

6.4.3　桩周土压力分析

通过提取桩周土体不同位置的压应力，得到了桩帽间和桩帽下的土压力分布曲线如图 6-18～图 6-23 所示。

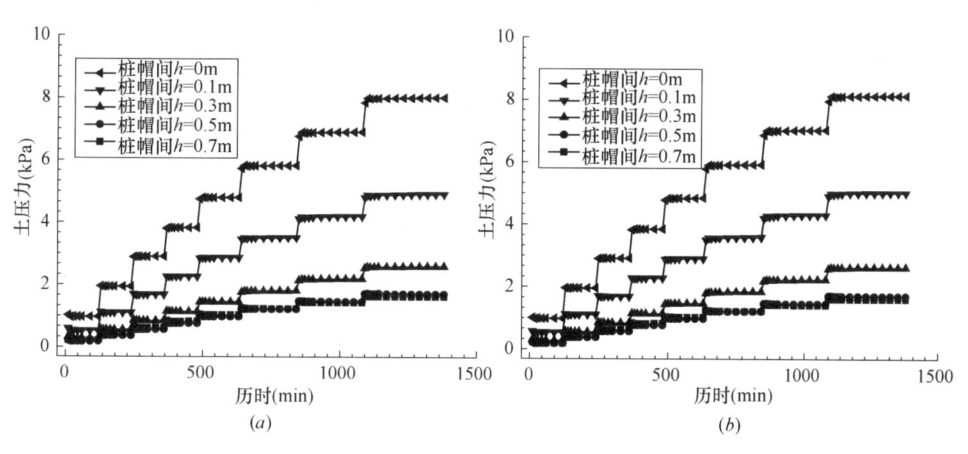

图 6-18　各桩型带帽单桩带帽单桩复合地基桩帽间深层土压力历时曲线（一）

(*a*) 无孔管桩；(*b*) 星状孔管桩

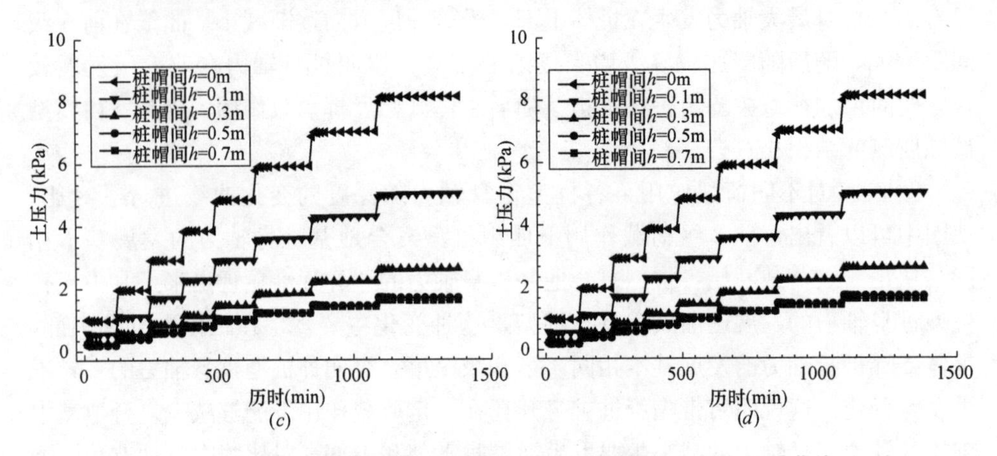

图 6-18 各桩型带帽单桩带帽单桩复合地基桩帽间深层土压力历时曲线（二）

（*c*）单向对穿孔管桩；（*d*）双向对穿孔管桩

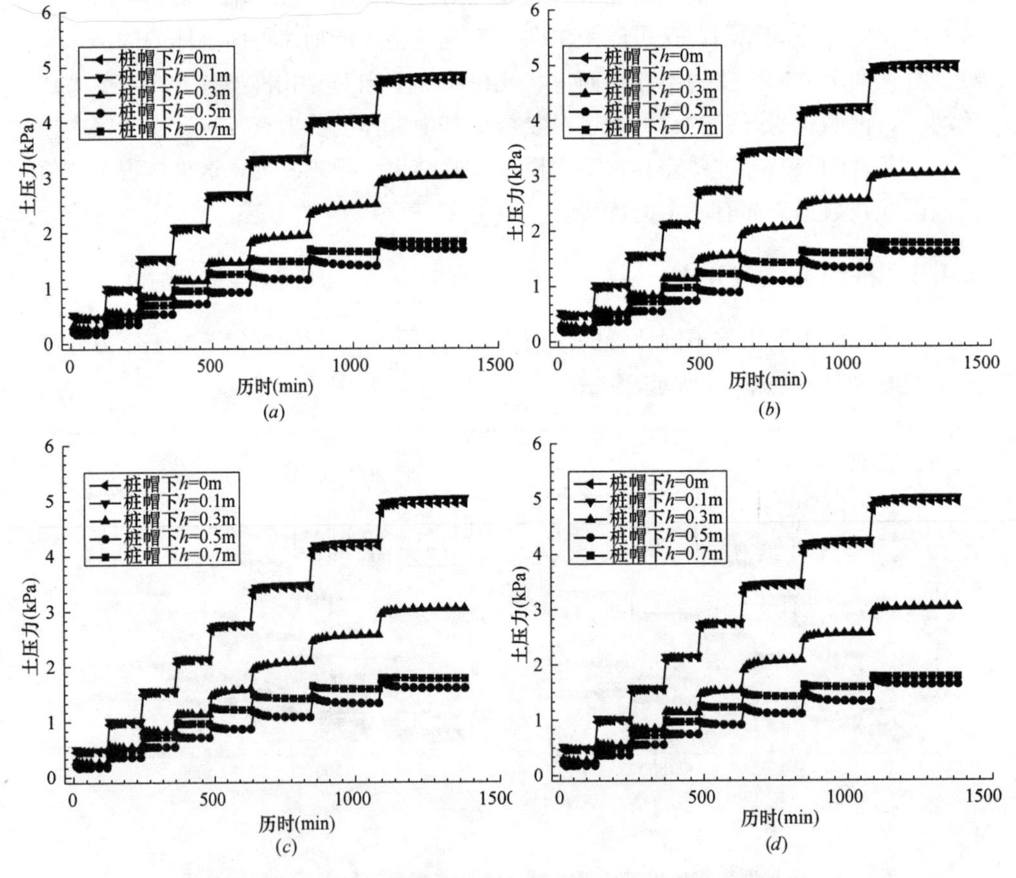

图 6-19 各桩型带帽单桩复合地基桩帽下深层土压力历时曲线

（*a*）无孔管桩；（*b*）星状孔管桩；（*c*）单向对穿孔管桩；（*d*）双向对穿孔管桩

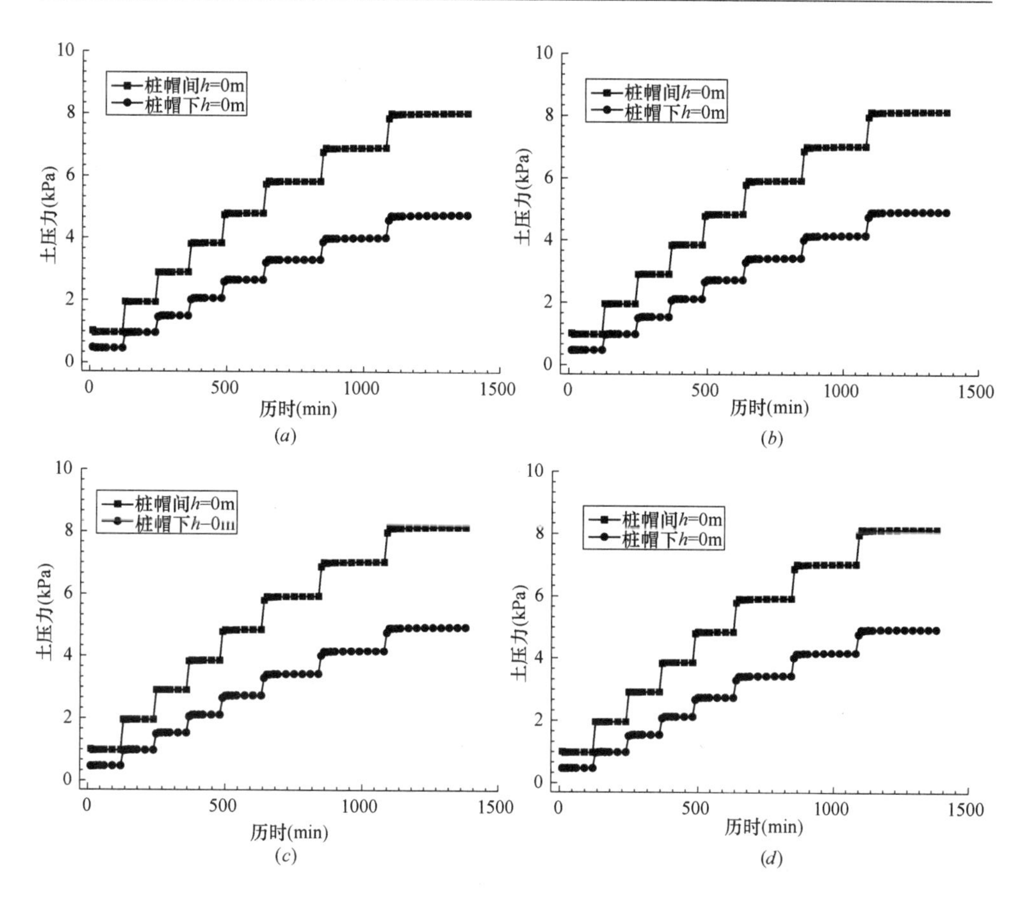

图 6-20　各桩型带帽单桩复合地基桩周地表土压力历时曲线

（a）无孔管桩；（b）星状孔管桩；（c）单向对穿孔管桩；（d）双向对穿孔管桩

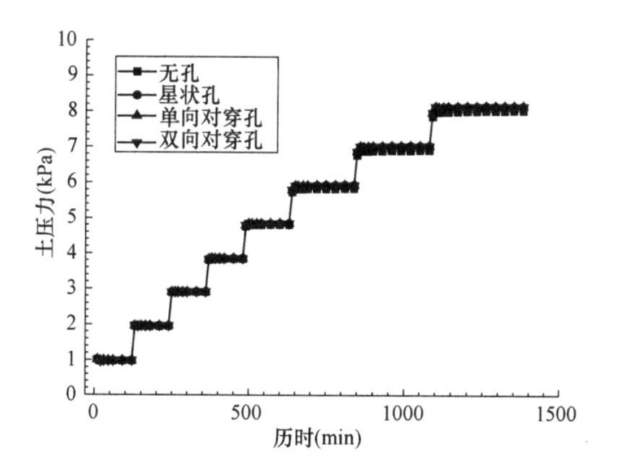

图 6-21　各桩型带帽单桩复合地基桩间土地表土压力历时曲线对比

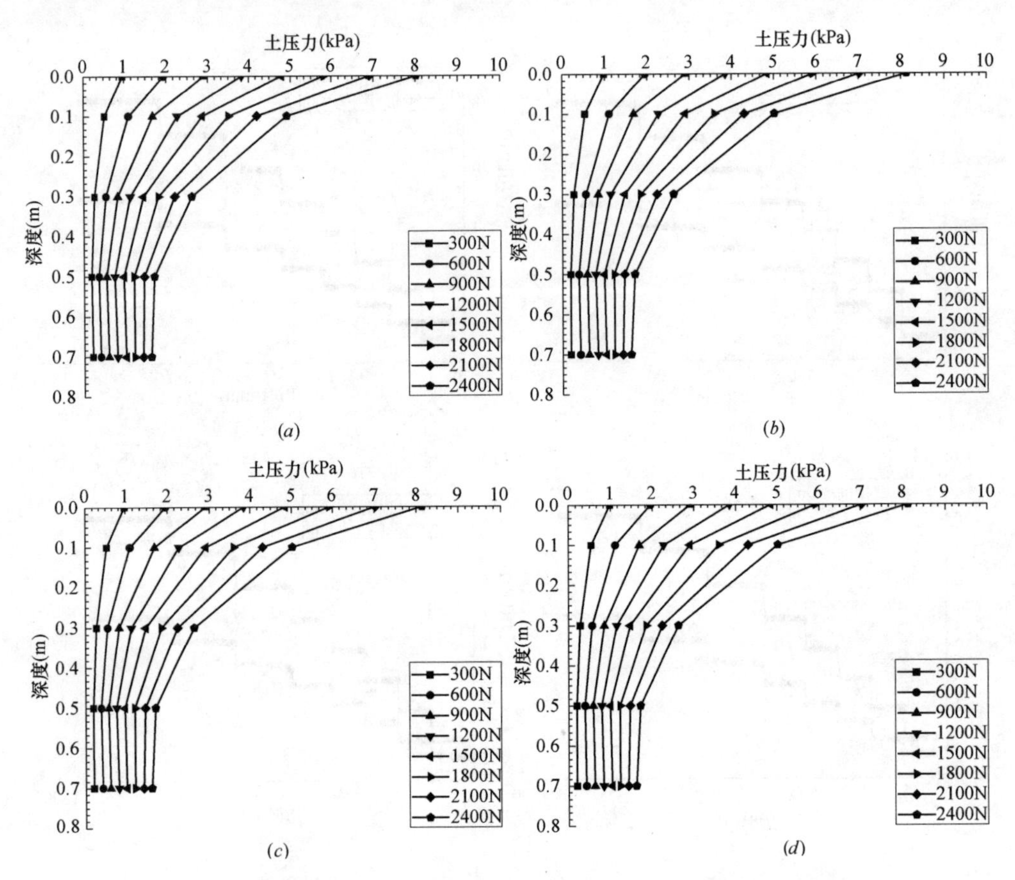

图 6-22 各桩型带帽单桩复合地基桩帽间土压力随深度的变化曲线

(*a*) 无孔管桩；(*b*) 星状孔管桩；(*c*) 单向对穿孔管桩；(*d*) 双向对穿孔管桩

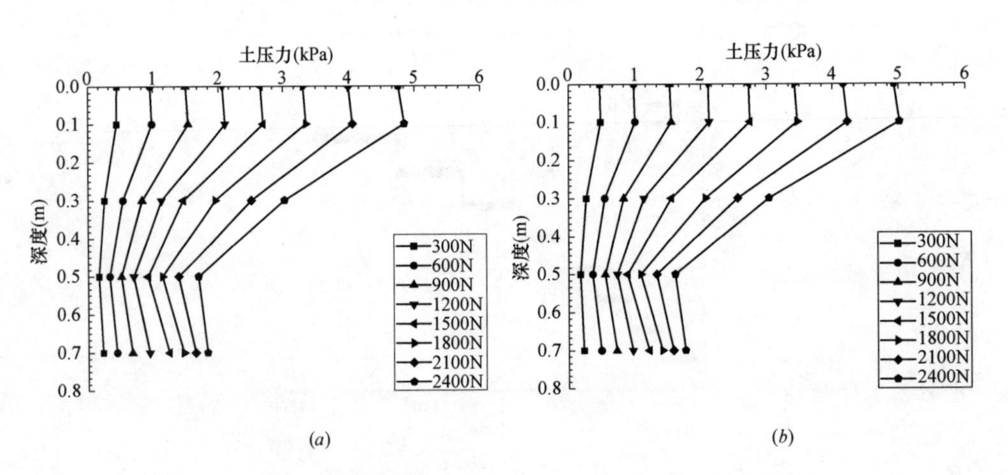

图 6-23 各桩型带帽单桩复合地基桩帽下土压力随深度的变化曲线（一）

(*a*) 无孔管桩；(*b*) 星状孔管桩

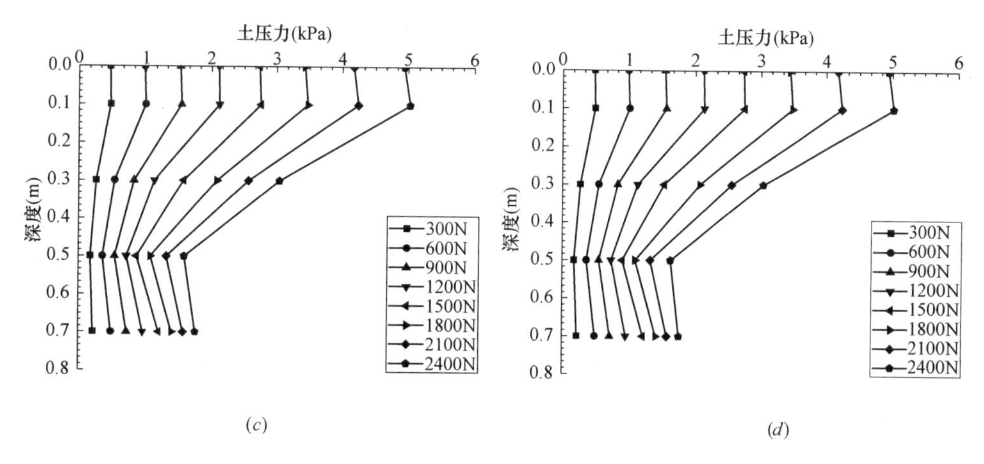

图 6-23　各桩型带帽单桩复合地基桩帽下土压力随深度的变化曲线（二）

（c）单向对穿孔管桩；（d）双向对穿孔管桩

由图 6-18～图 6-23 可知，带帽管桩复合地基桩周土体压力随着荷载等级增加而逐渐增大，每级荷载作用下桩间土体表面土压力增加最大，且随深度递减，但桩帽下土体土压力随荷载变化却不同，桩帽下土体表面土压力与桩帽下深度 $h=0.1$m 处的土压力变化曲线几乎重合，甚至偏小。

从图 6-19 中可以看出，桩帽下土体表面与桩帽间土体表面有着不同的变化规律，两者都随着荷载等级增大而增加，桩帽下土体表面压力增幅呈逐级变小的趋势，而桩帽间土体表面压力增幅逐级变大，且二者相差越来越大，这说明桩帽承担的荷载大部分通过桩身传递到土体中，只有少部分由桩帽下土体表面直接承担。

通过图 6-21 可知，四组桩型复合地基桩帽间土体表面土压力变化趋势一致，当加载荷载等级较小时，四者相差不大，从第 6 级荷载开始，各曲线之间逐渐出现差距，且差距逐级变大。前 4 级荷载下，四组桩型复合地基桩帽间土体表面土压力由大到小依次为：双向对穿孔桩型＞星状孔桩型＞单向对穿孔桩型＞无孔桩型。从第 5 级开始，单向对穿孔桩型复合地基桩帽间土体表面土压力开始逐渐超过星状孔桩型和双向对穿孔桩型，到第 8 级荷载下，四组桩型复合地基桩帽间土体表面土压力由大到小依次为：单向对穿孔桩型（8.14125kPa）＞双向对穿孔桩型（8.13807kPa）＞星状孔桩型（8.13764kPa）＞无孔桩型（8.01847kPa）。可见带帽无孔管桩复合地基桩帽间土体表面土压力较带帽有孔管桩复合地基明显要小，而三组有孔桩型之间相差不大，其中单向对穿孔桩型桩帽间土体表面土压力相对较大。这说明当荷载等级较小时，桩体起主要承载作用，因此四组桩型复合地基桩帽间土体表面土压力相差不大。但随着荷载等级增大，桩体逐渐达到承载极限，桩帽间土体开始发挥承载作用，承担大部分增加荷载，而有孔桩型桩周土体加载前期由于孔隙水压力消散较快，固结效果较无孔桩型好，因此，加载后期有孔桩型复合地基桩帽间土体承载效果较好。

6.4.4 桩侧摩阻力分析

各种桩型复合地基桩身轴力随深度变化曲线，分别如图 6-24 (*a*)～(*d*) 所示。不同荷载作用下各桩型桩身轴力随深度的变化对比曲线，分别如图 6-25 (*a*)～(*h*) 所示。

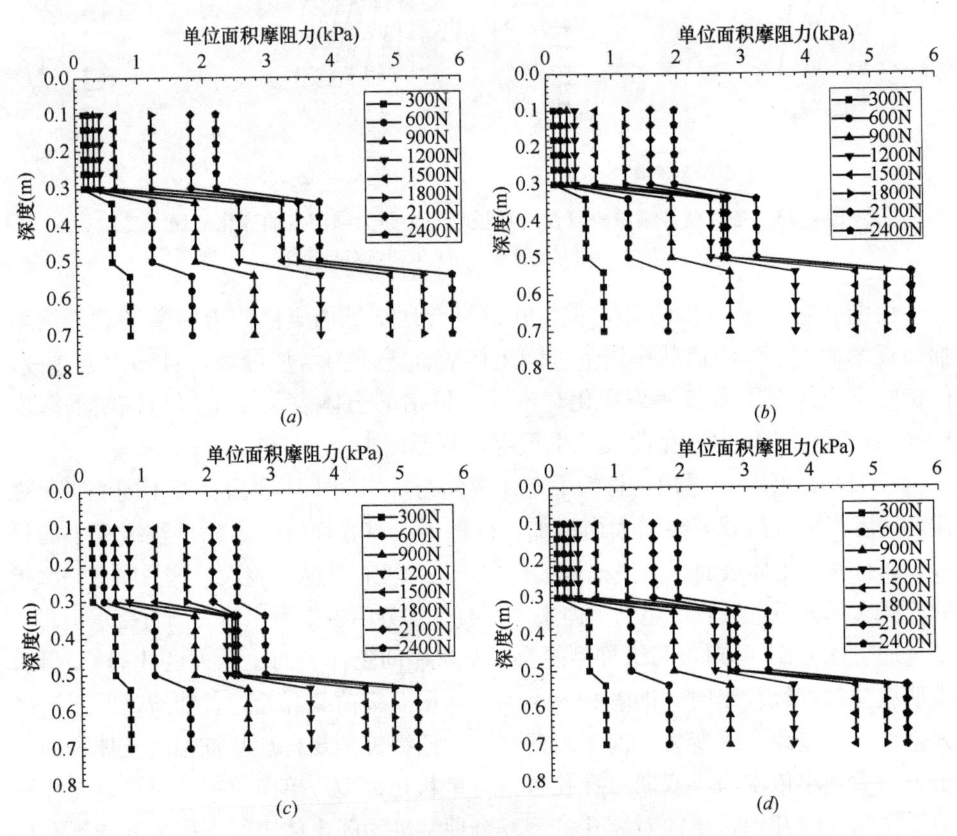

图 6-24 各桩型带帽单桩复合地基桩侧摩阻力随深度的变化曲线

(*a*) 无孔管桩；(*b*) 星状孔管桩；(*c*) 单向对穿孔管桩；(*d*) 双向对穿孔管桩

各桩型复合地基桩侧摩阻力的数值模拟结果如图 6-24 所示，由图可知，四组桩型复合地基的桩侧摩阻力沿桩身全长发挥且都为正。图中桩侧摩阻力随深度的变化曲线呈现出上小下大的“阶梯”型，说明桩身下部侧摩阻力的发挥比桩身上部好，通过图 6-10 中双向对穿孔复合地基数值模拟每级应力作用下 Z 方向的位移云图可以发现桩土相对位移较大的部位正好处于桩身下部，因此使得桩身下部侧摩阻力大于桩身上部。从图 6-24 中我们还可以发现，前 4 级荷载时，各桩型桩身上部侧摩阻力曲线分布较为集中，从第 5 级荷载开始，曲线分布较稀疏，而桩身中部和

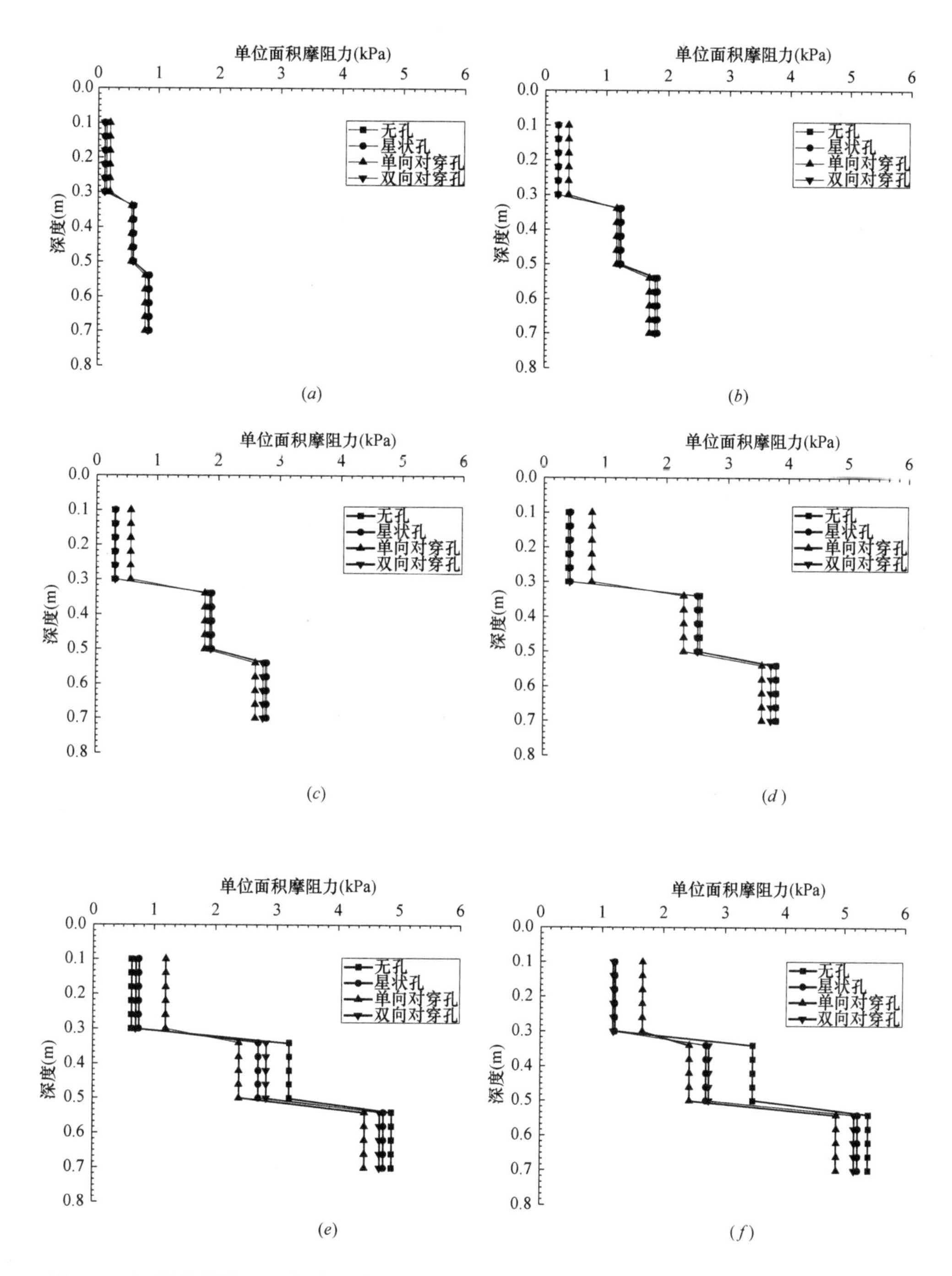

图 6-25　不同荷载作用下各桩型带帽单桩复合地基桩侧摩阻力随深度的变化曲线对比（一）

（*a*）第一级荷载（300N）；（*b*）第二级荷载（600N）；（*c*）第三级荷载（900N）；（*d*）第四级荷载（1200N）；（*e*）第五级荷载（1500N）；（*f*）第六级荷载（1800N）

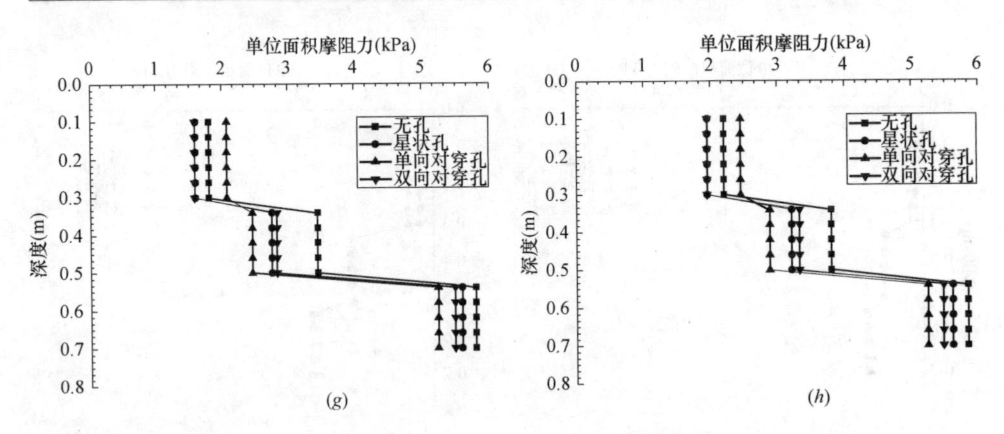

图 6-25　不同荷载作用下各桩型带帽单桩复合地基桩侧摩阻力随深度的变化曲线对比（二）

（*g*）第七级荷载（2100N）；（*h*）第八级荷载（2400N）

下部正好相反，当荷载达到 2100N 时，桩身下部侧摩阻力不再增加，这说明荷载较小时桩身中部和下部发挥主要侧摩阻作用，侧摩阻力发展较快，随着荷载增大，桩身中部和下部逐渐达到最大侧摩阻力，此时桩身上部侧摩阻力开始发挥。

图 6-25 对比了不同荷载作用下各桩型桩侧摩阻力随深度的变化曲线，从图中可以看出，前 4 级荷载下，四组桩型的侧摩阻力发展相差不大，从第 5 级荷载开始，各桩型侧摩阻力的发展开始呈现出差异性，无孔桩型的桩侧摩阻力开始大于有孔桩型，其中桩身中部相差最大，这也与无孔桩型和有孔桩型桩帽间土体表面土压力的变化是对应的。

6.4.5　桩土荷载分担比与桩土应力比分析

通过数值模拟得到的各桩型复合地基的桩土荷载分担比曲线和桩土应力比曲线，分别如图 6-26（*a*）～（*d*）和图 6-27 所示。

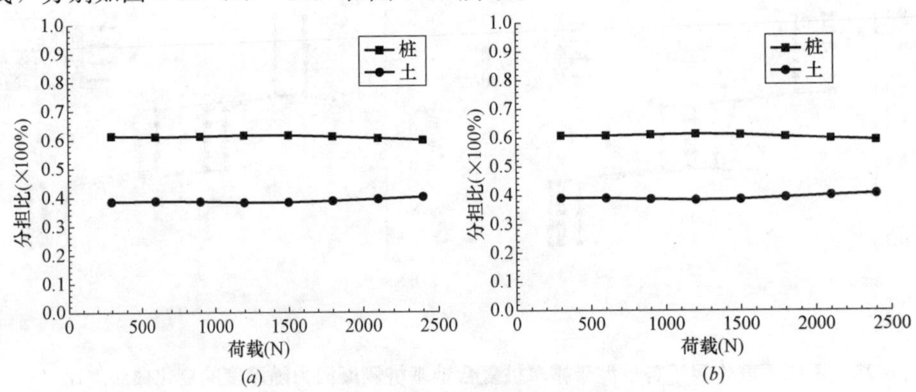

图 6-26　各桩型带帽单桩复合地基桩土荷载分担比曲线（一）

（*a*）无孔管桩；（*b*）星状孔管桩

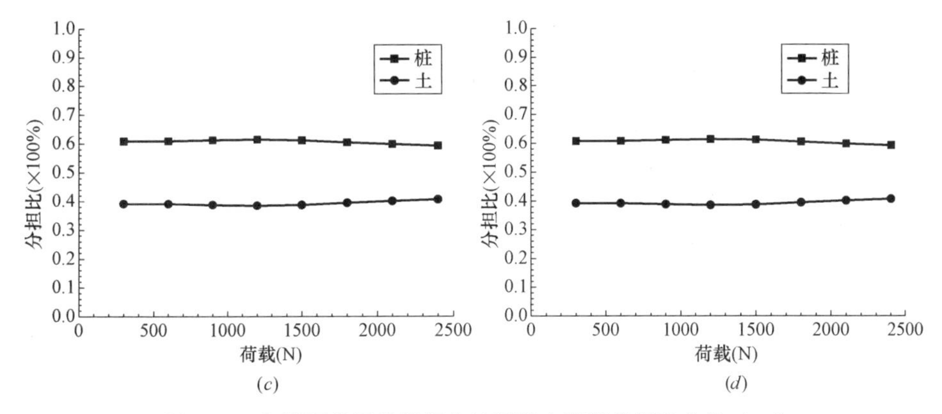

图 6-26 各桩型带帽单桩复合地基桩土荷载分担比曲线（二）

（c）单向对穿孔管桩；（d）双向对穿孔管桩

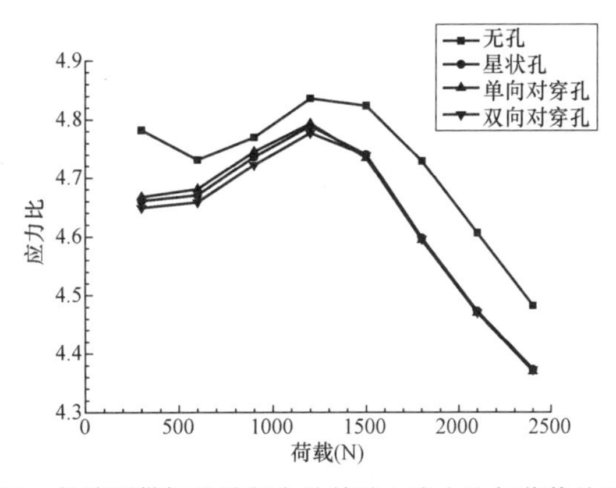

图 6-27 各桩型带帽单桩复合地基桩土应力比与荷载关系曲线

由图 6-26 可知，在竖向荷载作用下，各桩型复合地基的桩土荷载分担比随荷载水平而改变，但变化较小，近似于两条平行线，说明竖向荷载作用下带帽管桩复合地基桩体和桩帽间土体同步发挥承载作用。在前 4 级荷载下，桩土荷载分担比曲线平缓发展，从第 5 级荷载开始，桩土荷载分担比曲线开始出现相交之势，说明此时桩体承载能力减小，而桩帽间土体承载能力增大，为主要的承载对象，并承担大部分上部增加的荷载。

从图 6-27 中可以看出，带帽无孔管桩复合地基与带帽有孔管桩复合地基桩土应力比曲线的变化趋势基本一致，应力比曲线先缓慢上升然后从第 5 级荷载开始急剧下降，四种桩型复合地基最大桩土应力比发生出现在第 4 级荷载作用下，分别为 4.836、4.789、4.793、4.777，这是因为前期桩体发挥主要承载作用，桩土应力比随荷载增加缓慢上升，当桩体达到极限承载力后，桩体承担荷载不再增加，增加的荷载主要由桩帽间土体承担，桩帽间土体开始发挥主要承载作用，桩土应力比急剧减小。从图中可以发现，在整个加载期间，无孔桩型复合地基的桩土应力比都较有孔桩型复合地基大，说明桩身开孔能够降低复合地基桩土应力比，这主要是由于桩身开孔加快了桩周土体的固结，使得桩帽间土体承载作用增强。通过对比有孔桩型复合地基的桩土应力比曲线可以发现，前 4 级荷载下三组有孔桩型复合地基的桩土应力比不同，其中单向对穿孔桩型最大，星状孔桩型次之，双向对穿孔桩型最小，从第 5 级荷载开始三者曲线基本重合，这表明不同方式的桩身开孔对复合地基的影响主要发生在桩体未达到极限承载力之前，且影响效果与桩身开孔方式有关。究其原因，当桩体没有达到极限承载力时，由于加载前不同开孔方式有孔桩型桩周土体固结程度不同，导致桩土应力比不同；当桩体达到极限承载力桩帽间土体开始发挥主要承载作用后，土体受到挤压产生超孔隙水压力而失去固结效果。

6.5 模型试验结果与数值模拟结果对比

6.5.1 荷载沉降对比

各种桩型复合地基荷载沉降对比曲线，分别如图 6-28 (*a*)～(*d*) 所示，各桩型复合地基总沉降变化情况，分别如表 6-4、表 6-5 所示。

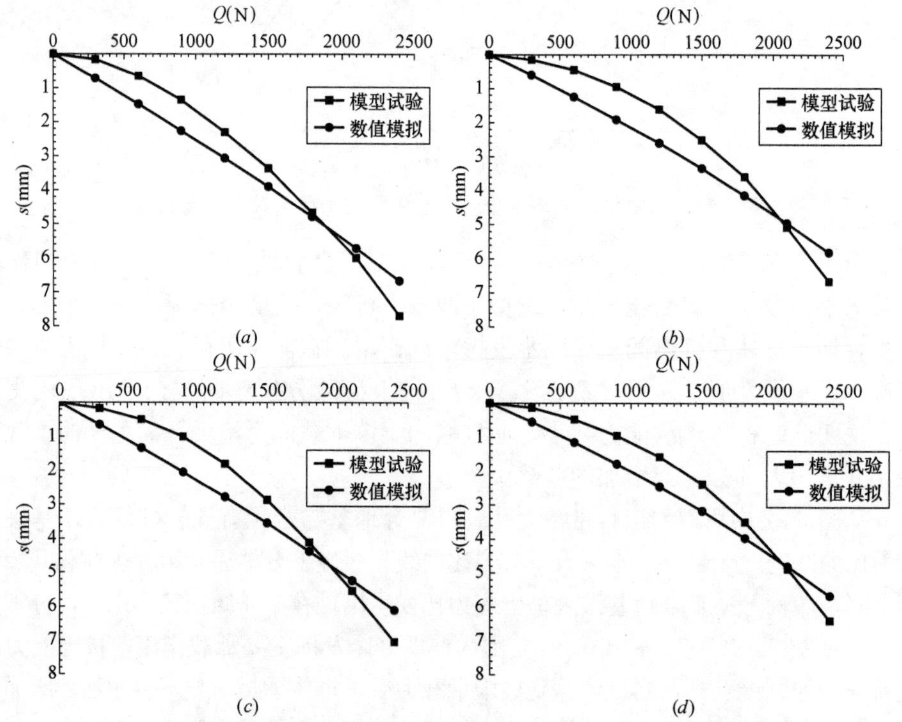

图 6-28 各桩型带帽单桩复合地基沉降曲线模型试验与数值模拟对比

(*a*) 无孔管桩；(*b*) 星状孔管桩；(*c*) 单向对穿孔管桩；(*d*) 双向对穿孔管桩

各桩型复合地基总沉降表（单位：mm）　　表 6-4

	无孔	星状孔	单向对穿孔	双向对穿孔
模型试验	7.69	6.63	7.05	6.41
数值模拟	6.67	5.80	6.11	5.69

有孔桩型相对无孔桩型总沉降减小率　　表 6-5

	星状孔	单向对穿孔	双向对穿孔
模型试验	13.78%	8.32%	16.64%
数值模拟	13.04%	8.40%	14.69%

各桩型复合地基沉降曲线对比如图 6-28 所示，从图中可以看出，与模型试验相比，数值模拟所得的荷载-沉降曲线更为平缓。在加载前期，模型试验荷载-沉降曲线的斜率较小，随着荷载的增加逐渐增大，而数值模拟荷载-沉降曲线斜率的变化不明显。由表 6 4 中可知，数值模拟和模型试验结果都显示：无孔桩型总沉降＞单向对穿孔桩型＞星状孔桩型＞双向对穿孔桩型，说明桩身开孔能够减小复合地基沉降，但数值模拟得到的各桩型复合地基总沉降比模型试验都偏小。对比表 6-5 中有孔桩型复合地基相对无孔桩型复合地基总沉降减小率可以发现，数值模拟和模型试验结果相同，都是双向对穿孔桩型相对无孔桩型总沉降减小率最大，星状孔桩型次之，单向对穿孔桩型最小。数值模拟得出的星状孔桩型和单向对穿孔桩型的总沉降减小率与模型试验的结果相差不大，而数值模拟得出的双向对穿孔桩型的总沉降减小率偏小。

6.5.2　桩身轴力对比

由于各桩型复合地基模型试验和数值模拟的加载等级较多，现仅选择第 4 级荷载（Q=1200N）和第 8 级荷载（Q=2400N）下各桩型复合地基的桩身轴力进行对比分析，其余数据不作重复赘述。各桩型复合地基第 4 级荷载和第 8 级荷载下桩身轴力模型试验与数值模拟对比如图 6-29 所示。

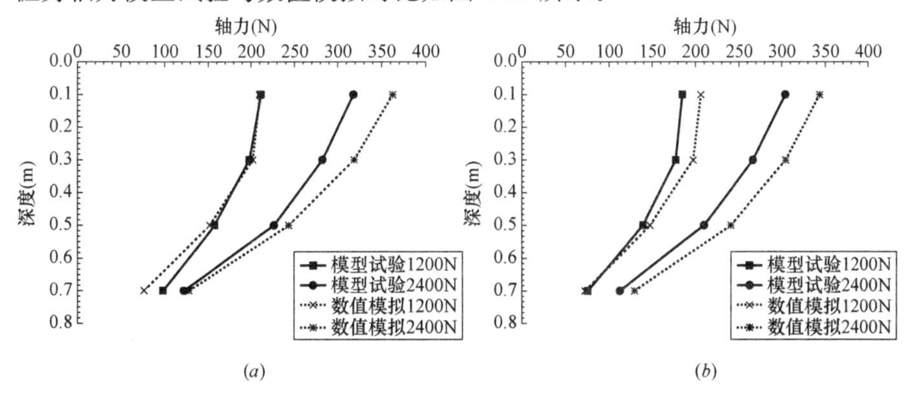

图 6-29　各桩型带帽单桩复合地基桩身轴力模型试验与数值模拟对比（一）

（a）无孔管桩；（b）星状孔管桩

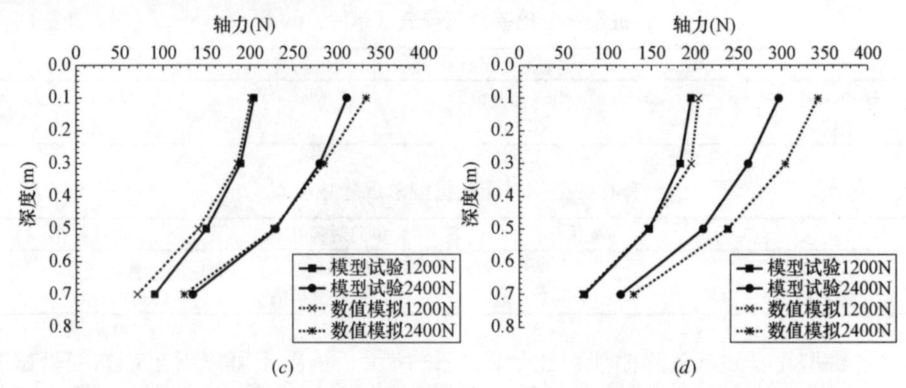

图 6-29 各桩型带帽单桩复合地基桩身轴力模型试验与数值模拟对比（二）

(*c*) 单向穿孔管桩；(*d*) 双向对穿孔管桩

从上述图中可以看出，数值模拟和模型试验所得到的各桩型复合地基桩身轴力随深度的变化曲线的趋势是一致的，都为上大下小。在第 4 级荷载（Q=1200N）下，数值模拟的桩身轴力曲线与模型试验的桩身轴力曲线非常接近，而第 8 级荷载（Q=2400N）下数值模拟所得到的结果比模型试验的结果偏大，且深度 h=0.1m 处相差最大。出现这种差异性，主要是因为模型试验中随着施加荷载的增大，土体的状态随之变化，且这种变化较为复杂，在数值模拟中难以准确反映。

6.5.3 桩周土体压力对比

在各桩型复合地基受竖向荷载作用时，桩周土体表面的土压力变化最为明显，且最能反映出桩土的受力分布。因此，只取第 4 级荷载（Q=1200N）和第 8 级荷载（Q=2400N）下模型试验和数值模拟的桩帽间土体表面土压力变化情况进行对比，如图 6-30 所示。

由图 6-30 中可以发现，数值模拟和模型试验所得到的各桩型复合地基桩帽间土体压力随深度的变化曲线的趋势是一致的，但相比模型试验，数值模拟所得到的桩帽间土体压力偏小，且在较大荷载等级下这种差异表现更明显。

6.5.4 桩土荷载分担比与桩土应力比对比

桩土荷载分担比和桩土应力比是反映复合地基工作状态的一组重要参数，反映了复合地基中桩和土的应力、荷载分担分布情况。图 6-31 和图 6-32 分别对模型试验和数值模拟的各桩型复合地基桩土荷载分担比和桩土应力比进行了对比。

从上图可以看出，数值模拟得到的各桩型复合地基桩体荷载分担比相对模型试验偏大，而土体荷载分担比相对模型试验则偏小，且这种差异在加载后期表现得更为明显，但两者的变化趋势是一致的。相应地，数值模拟得到的桩土应力比也比模型试验结果偏大，从图 6-32 中也可以看出，两者的应力比随荷载增大，曲线变化趋势都表现为先变大后变小的趋势。

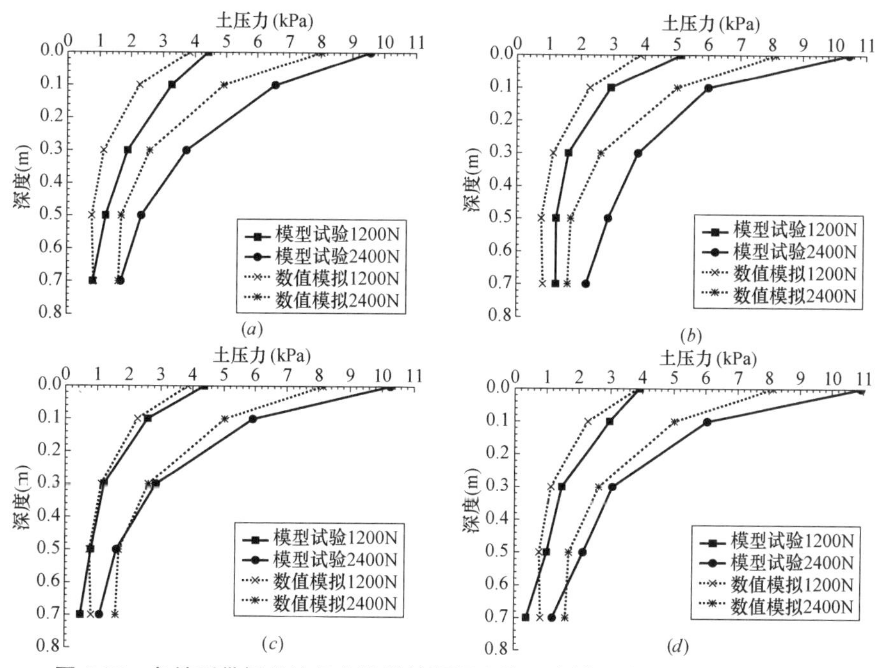

图 6-30　各桩型带帽单桩复合地基桩帽间土体压力模型试验与数值模拟对比

(a) 无孔管桩；(b) 星状孔管桩；(c) 单向对穿孔管桩；(d) 双向对穿孔管桩

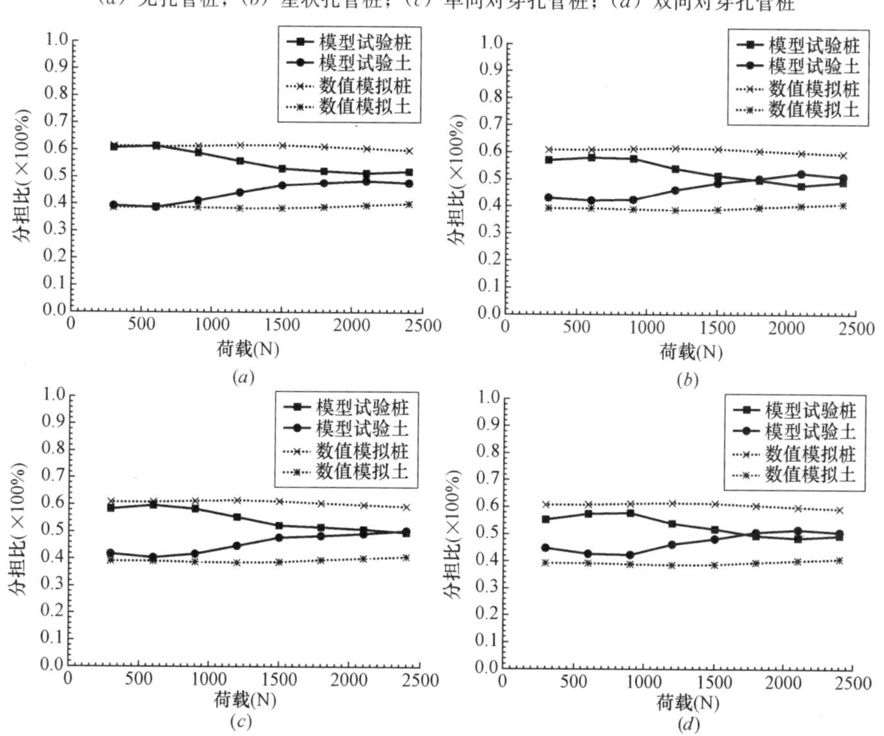

图 6-31　各桩型带帽单桩复合地基模型试验与数值模拟桩土荷载分担比对比

(a) 无孔管桩；(b) 星状孔管桩；(c) 单向对穿孔管桩；(d) 双向对穿孔管桩

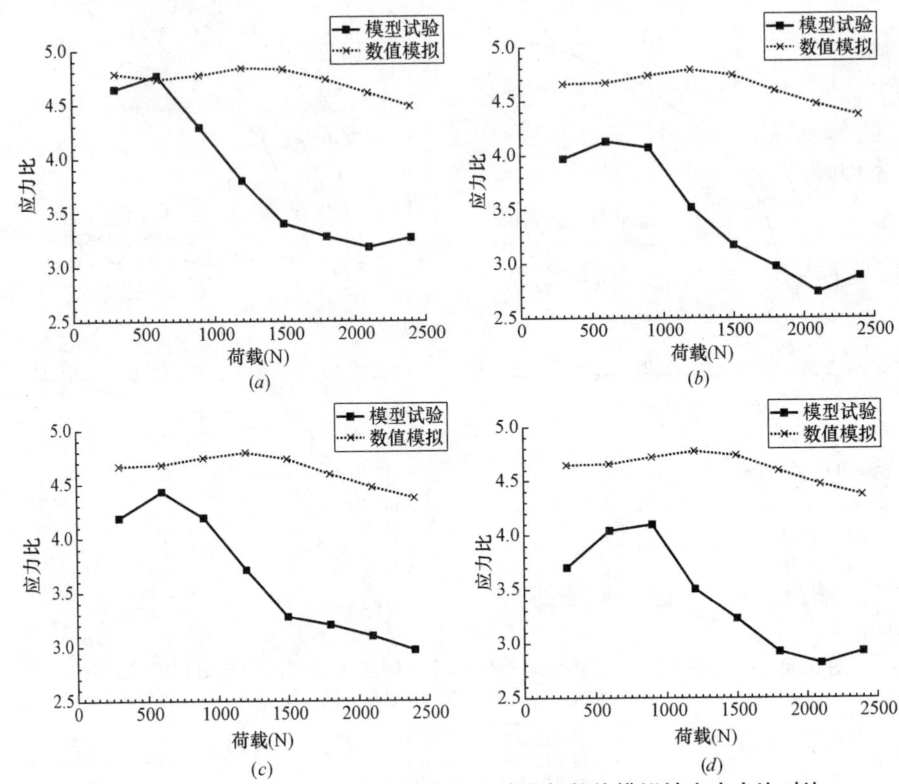

图 6-32　各桩型带帽单桩复合地基模型试验与数值模拟桩土应力比对比

(*a*) 无孔管桩；(*b*) 星状孔管桩；(*c*) 单向对穿孔管桩；(*d*) 双向对穿孔管桩

6.6　本章小结

本章是在第三章对带帽有孔管桩复合地基的室内模型试验的基础上，基于室内模型试验原型运用 FLAC3D 5.0 数值模拟软件建立三维数值模型进行数值模拟研究分析，根据数值模拟计算结果绘制了相应曲线，对带帽无孔管桩复合地基、带帽星状有孔管桩复合地基、带帽单向对穿有孔管桩复合地基、带帽双向对穿有孔管桩复合地基的沉降、桩身受力、桩周土体压力、桩侧摩阻力、桩土荷载分担比以及桩土应力比的变化规律进行了分析，得到了如下结果：

(1) 8 级荷载加载完成后，带帽无孔管桩复合地基、带帽星状有孔管桩复合地基、带帽单向对穿有孔管桩复合地基、带帽双向对穿有孔管桩复合地基的总沉降值分别为 6.67mm、5.80mm、6.11mm、5.69mm。开孔桩型复合地基相比无孔桩型复合地基总沉降分别减少 13.04%、8.40%、14.69%。可见，对带帽管桩桩身进行开孔能够降低复合地基的总沉降，且降低沉降效果与桩身开孔方式有关。

（2）四组桩型桩身轴力的分布规律与第三章室内模型试验结果类似，沿桩身长度从上到下依次递减，每级荷载作用下，无孔桩型各测点处轴力值都比有孔桩型大，说明对桩身开孔可以减少复合地基中桩身的轴力，且轴力的减小主要发生在桩身上部和中部。

（3）无论是带帽无孔管桩复合地基还是带帽有孔管桩复合地基，其桩周土体压力都随着荷载等级增加而逐渐增大。每级荷载作用下桩帽间土体表面土压力增加最大，且随深度递减。桩帽下土体表面土压力比桩帽间土体表面明显要小，桩帽下土体表面土压力与桩帽下深度 $h=0.1$m 处的土压力相近，甚至偏小。表明桩帽间土体表面与桩体共同承担上部竖向荷载，而桩帽下土体表面仅承担小部分桩帽传递的荷载。

（4）通过对比四组桩型复合地基的桩帽间土体表面土压力可以发现，四组桩型复合地基桩帽间土体表面土压力变化趋势一致，当加载荷载等级较小时，四者相差不大，从第6级荷载开始，各曲线之间逐渐出现差距，且差距逐级变大。带帽无孔管桩复合地基桩帽间土体表面土压力较带帽有孔管桩复合地基明显要小，而三组有孔桩型之间相差不大，荷载较小时双向对穿孔桩型较大，荷载较大时单向对穿孔桩型桩帽间土体表面土压力较大。说明对桩身开孔能够增强带帽管桩复合地基桩帽间土体的承载作用，且跟桩身开孔方式有关。

（5）四组带帽管桩复合地基桩侧摩阻力沿桩身全长发挥且都为正，桩侧摩阻力随深度的变化曲线呈现出上小下大的“阶梯”型，桩身下部侧摩阻力的发挥比桩身上部好。荷载较小时桩身中部和下部发挥主要侧摩阻作用，侧摩阻力发展较快，随着荷载增大，桩身中部和下部逐渐达到最大侧摩阻力，此时桩身上部侧摩阻力开始发挥。

（6）在竖向荷载作用下，各桩型复合地基的桩土荷载分担比随荷载等级而改变，其中桩荷载分担比约为60%，土荷载分担比约为40%，桩和土的承载作用发挥比较平稳，可见带帽管桩复合地基在发挥桩体作用的同时能够较好地发挥桩帽间土体的承载作用。

（7）四组桩型复合地基的桩土应力比随荷载的变化呈先缓慢增大后急剧减小的趋势，无孔桩型的桩土应力比明显大于有孔桩型，这主要是因为桩身开孔加快了桩周土体的固结，使得桩间土体承载力提高，桩间土体分担了更多的荷载，从而减小了桩体的受力，且这种作用与桩身开孔方式有关。

（8）从复合地基沉降、桩身轴力、桩周土体压力、桩土荷载分担比、桩土应力比等方面将数值模拟结果与模型试验结果进行了对比分析。分析结果显示数值模拟和模型试验所得到的数据虽然有一些差异，但是两者所得数据的规律性是一致的。由此说明模型试验与数值模拟两者结果相同，达到了相互验证的目的。

第 7 章　带帽有孔管桩群桩复合地基承载特性试验

7.1　室内模型试验

7.1.1　试验概况

本章通过室内模型试验，探究带帽有孔管桩群桩复合地基和带帽无孔管桩群桩复合地基在竖向荷载下地基沉降变形、桩土相互作用、荷载传递规律等方面的工作性状。设计出一套竖向荷载下带帽有孔管桩群桩复合地基静荷载试验方案。解决如何加载，如何埋设土压力盒，如何量测沉降位移、桩体应力、土体压力等物理量。并对带帽无孔管桩群桩复合地基和三种布孔方式的带帽有孔管桩群桩复合地基静荷载试验所得数据进行对比分析，获得了带帽有孔管桩群桩复合地基工作性状的变化规律。能为带帽有孔管桩群桩复合地基的工程应用提供试验基础和参考。

1. 试验目的

本试验的目的是探究竖向荷载下带帽有孔管桩群桩复合地基沉降变形、桩土相互作用、荷载传递规律等方面的工作性状，进一步验证桩身开孔是否有利于提高带帽有孔管桩群桩复合地基承载力。

2. 试验设计

本实验方案前期模型箱、土样和管桩模型的制备与有孔管桩群桩沉桩引起的超孔压模型试验方法相同。其中，在有孔管桩群桩沉桩引起的超孔压模型试验的模型管桩顶加一桩帽（200mm×200mm×15mm），即形成本试验的带帽有孔管桩模型，如图 7-1 所示。

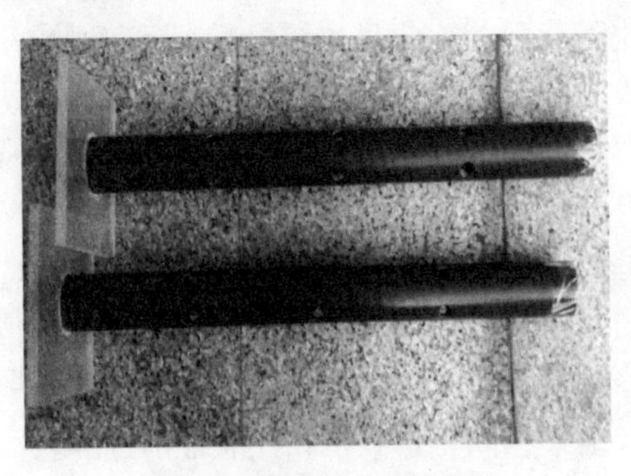

图 7-1　带帽有孔管桩模型

3. 测试仪器选择与埋设

(1) 应变片的选择及桩身应力的量测

为了分析在竖向荷载下带帽有孔管桩群桩复合地基桩体工作性状，需对桩体应力进行量测，桩体应力选用电阻应变片进行量测，应变片的布置在本章中主要考虑：

1）反映桩顶、桩身应力；

2）同一截面上至少对称布置两个电阻应变片。

本章试验所用应变片为 B×120-5AA 型电阻式应变片，其技术指标见表 7-1。可采用粘贴法布置应变片，具体布置形式如图 7-2 所示。粘贴法布置应变片的要点如下：

1）采用速干 502 胶水安装应变片。

2）模型管桩安装电阻应变片处需保持洁净且无氧化层，具体方法为：用细砂纸沿应变片丝栅一定角度打磨去除氧化层，再用无水乙醇洗净打磨处。

3）粘贴电阻式应变片的室内相对湿度不得超过 65%。

4）为使电阻应变片贴片粘贴平整，位置准确，应在贴应变片时用聚乙烯薄膜覆盖其上，再按压胶水使其均匀。

电阻应变片和静态电阻应变仪之间用导线相连接，应变片和导线用接线端子相连接，接线端子用 502 胶水粘贴于桩身，到其位置稳固干燥后，将电阻式应变片和连接静态电阻应变仪导线焊接在事先贴好的接线端子上，如图 7-3 所示。同时做好电阻式应变片的检查、编号和存档工作。为防止应变片和接线端子焊接处受潮，选用配合比为 1∶1.2 的聚酰胺树脂和环氧树脂的混合剂用作防潮处理，如图 7-4，图 7-5 所示。用相同方法制作 2 个温度补偿片埋于土中，如图 7-6 所示。

电阻应变片技术指标　表 7-1

型　　号	B×120-5AA
精度等级	A
电阻(Ω)	119.7±0.1
栅长×栅宽(mm)	5×3
灵敏系数	2.08±1%
热输出	μm/m℃$^{-1}$

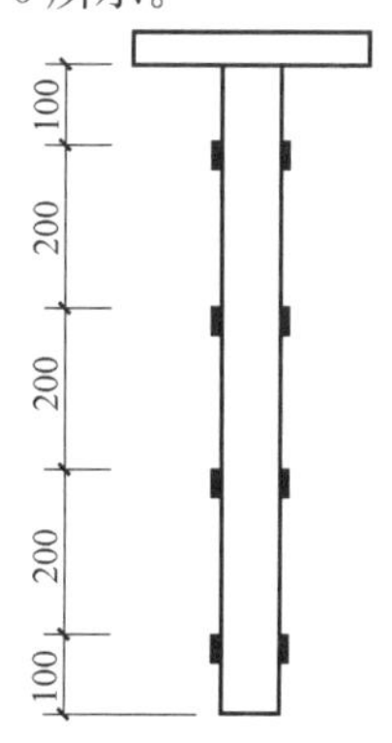

图 7-2　模型桩电阻应变片

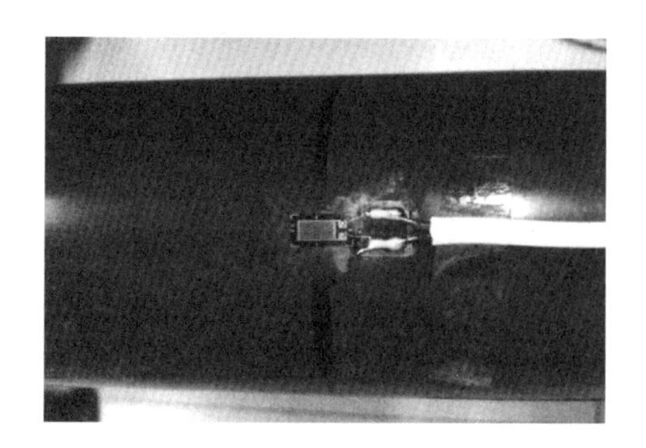

图 7-3　应变片焊接

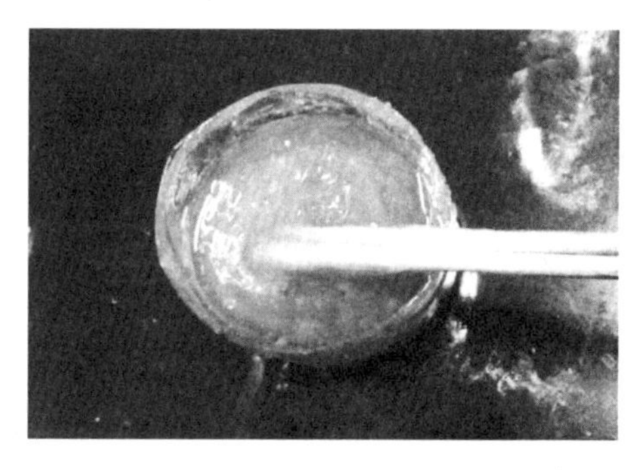

图 7-4　防潮剂

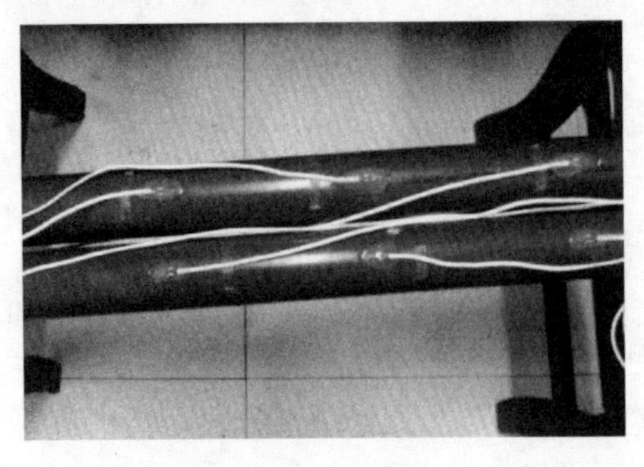

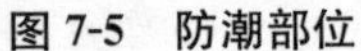

图 7-5　防潮部位

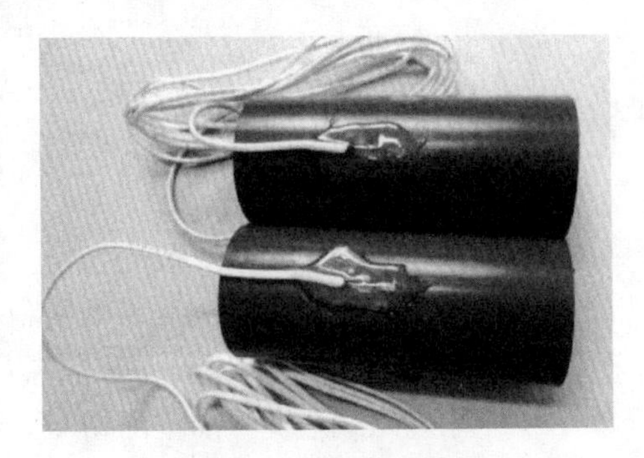

图 7-6　温度补偿片

(2) 土压力盒的选择及土压力量测

为使本试验所测数据准确，现选用 LY-350 型应变式微型土压力盒来监测土体压力，该土压力盒普遍适用于岩土工程当中，其主要技术参数如表 7-2 所示。

应变式微型土压力盒主要技术参数　　表 7-2

型　号	LY-350
测量范围(MPa)	0 ～0.2
分辨率(%F・S)	≤0.05
外形尺寸 ϕ(mm)	28×9
接线方式	输入→输出：AC→BD
阻抗(Ω)	350
绝缘电阻(MΩ)	≥50

土压力盒埋于土中需保持水平稳定，并与土体有很好的接触，其设计方案如图 7-7 所示。

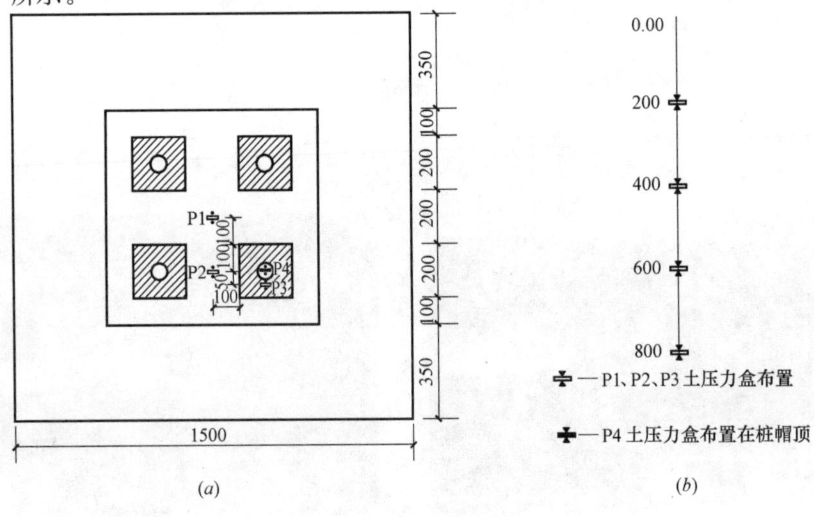

图 7-7　土压力盒布置

(a) 试桩区及土压力盒平面布置；(b) 土压力盒剖面布置

模型箱填土至既定深度处，按土压力盒布置方案埋设。为防止应力集中现象，须在土压力盒表面覆盖 2cm 标准细砂，土压力盒导线呈“S”形埋设于土体中，并沿壁引出模型箱外，再进行下一层埋设，如图 7-8 所示。

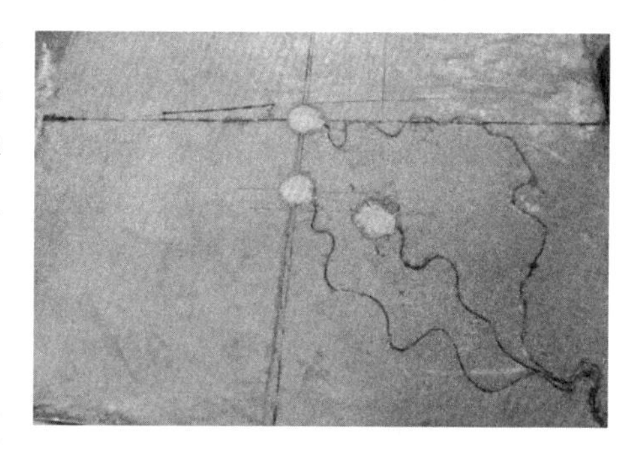

图 7-8　土压力盒的埋设

(3) 沉降的测量

本章选用试验室现有百分表来监测桩帽顶、桩间土和载荷板（800mm×800mm×10mm）的沉降；桩帽顶的沉降通过桩帽顶设置一根沉降标，通过预钻孔的加载板伸出表面，再采用百分表进行测量；采用百分表通过沉降标来监测桩帽间土体沉降；依据中华人民共和国国家标准《复合地基技术规范》GB/T 50783—2012[59]，在加载板两个方向对称安装 4 个百分表测量载荷板沉降，如图 7-9 所示。

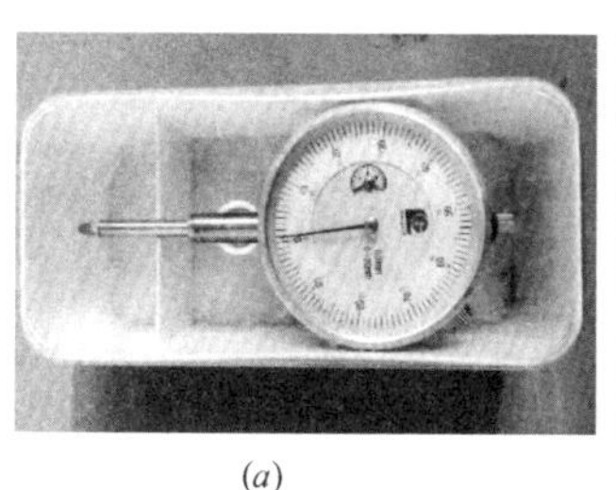

(a)

(b)

(c)

图 7-9　沉降测量

(a) 百分表；(b) 沉降标；(c) 载荷板

4. 试验方法

采用静压法进行群桩沉桩。沉桩结束后，在载荷板与复合地基之间设置一层砂垫层，采用中砂做为砂垫层材料，厚度取 150mm，分层静力压实，如图 7-10 所示。

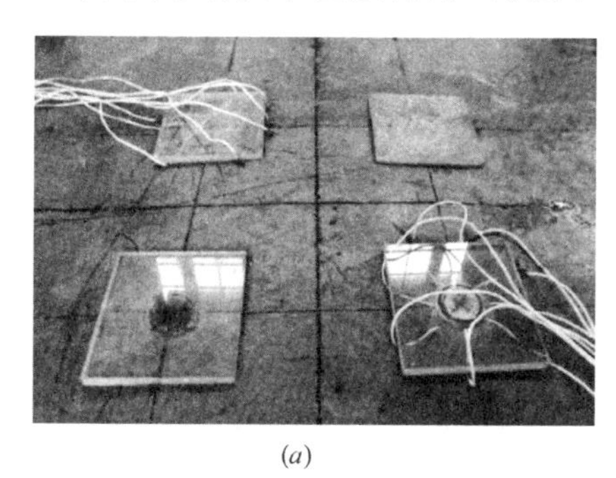

(a)

(b)

图 7-10　带帽有孔管桩群桩复合地基

(a) 群桩沉桩；(b) 砂垫层

按照中华人民共和国国家标准《复合地基技术规范》GB/T 50783—2012，本章带帽有孔管桩群桩复合地基静载荷室内模型试验主要分为7个过程，依次是：试验前预压卸载调零分级加载沉降观测终止加载卸载与卸载沉降观测计算分析与结果评价。

本试验加载法采用慢速维持荷载法，荷载采用堆载方案，堆载重物选用预先制作好的标准混凝土试块和实验室现有的标准砝码块，如图7-11所示。

(a)

(b)

图7-11 堆载物

(a) 标准试块；(b) 标准砝码

本试验方案的全过程，如图7-12所示，其步骤如下：

(1) 试验前预压：为使本试验装置全部可靠、进入正常工作状态，在正式试验加载前还应对试验进行预压，预压荷载为试验最大荷载值的5%～10%。

(2) 卸载调零：预压一段时间后，对预压荷载进行卸载调零，再进行正式的试验加载。

(3) 分级加载：本次静载试验加载共分为8级，每级荷载816N。

(4) 沉降观测：每级加荷完成后，宜按第1/6、1/3、1/2、3/4、1h读取百分表数据，以后每间隔0.5h读取百分表数据，当持续2h的沉降速率不大于0.1mm/h时，再施加下一级荷载。

(5) 终止加载：当群桩复合地基荷载加载至极限荷载，且沉降变形达到相对稳定后，终止加载，并仔细观察复合地基褥垫层周围土体的破坏形式。当有以下现象之一出现时，应停止加载：

1) 复合地基褥垫层四周土体隆起或出现破坏性裂缝；

2) 相对沉降大于或等于0.10；

3) 试验分级加载等级总体荷载已经达到实验前预定的最大荷载值；

4) 后级沉降变形量大于前级沉降变形量的5倍，*Q-s*曲线有陡降段，且总沉降量超过荷载板边长的4%；

(6) 分级卸载及卸载沉降观测：根据本试验特点分4级等量卸荷，中间每隔30min读取百分表读数记下回弹变形量，总荷载卸载完毕后应间隔3h读取百分表读数记下总回弹量。

(7) 数据分析与结果评价：数据的整理与分析，并采用 Origin 软件做出相应的曲线图，对成果进行对比分析。

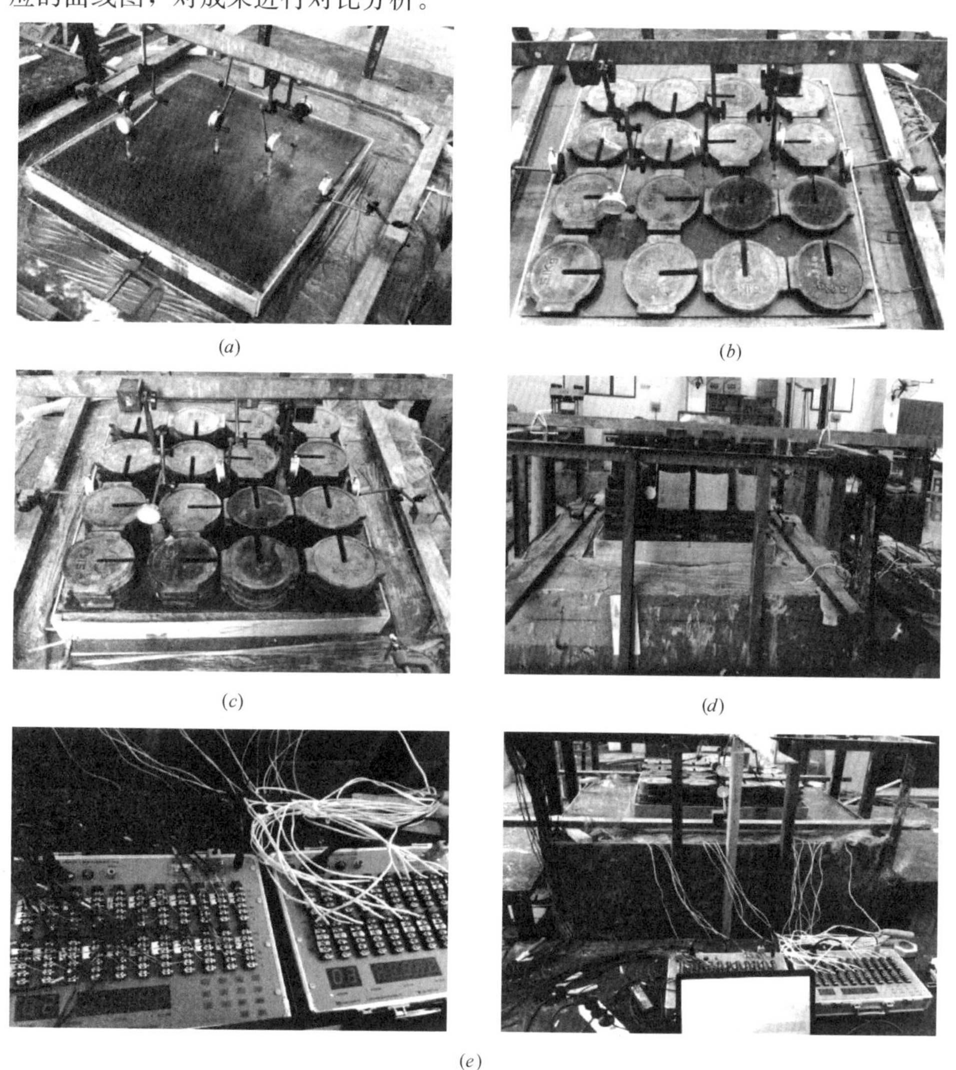

图 7-12　试验加载过程图

(*a*) 加载前；(*b*) 第一级荷载；(*c*) 第三级荷载；(*d*) 加载完；(*e*) 试验数据采集

7.1.2　试验结果分析

1. 荷载沉降规律分析

(1) 四种不同类型带帽管桩群桩复合地基静载试验沉降成果汇总见表 7-3～表 7-7 所示。其载荷板 Q-s 曲线，群桩桩顶 Q-s 曲线，群桩桩间土 Q-s 曲线，分别如图 7-13～图 7-15 所示。

各桩型静载试验载荷板沉降　　表 7-3

序号	荷载(N)	载荷板沉降(mm)							
		无孔		单向对穿孔		星状孔		双向对穿孔	
		本级	累计	本级	累计	本级	累计	本级	累计
0	0	0.00	0.00	0.00	0.00	0.00	0.00	0.00	0.00
1	816	1.22	1.22	0.93	0.93	0.78	0.78	0.49	0.49
2	1632	2.18	3.40	1.15	2.48	0.99	1.77	1.18	1.67
3	2448	3.12	6.52	3.01	5.09	2.88	4.65	2.05	3.72
4	3264	4.03	10.55	3.81	8.89	3.51	8.16	2.92	6.64
5	4080	5.15	15.70	4.82	13.71	4.20	12.36	3.67	10.31
6	4896	6.45	22.15	5.91	19.62	5.02	17.38	4.69	15.00
7	5712	7.16	29.31	6.83	26.45	5.93	23.31	5.41	20.41
8	6528	7.94	37.25	7.54	33.99	6.55	29.86	6.01	26.42
9	4896	−0.02	37.23	−0.09	33.90	−0.01	29.85	−0.03	26.39
10	3264	−0.23	37.00	−0.15	33.75	−0.15	29.70	−0.23	26.16
11	1632	−0.64	36.36	−0.43	33.32	−0.37	29.33	−0.45	25.71
12	0	−1.72	34.64	−1.47	31.85	−1.25	28.08	−0.86	24.85

各桩型静载试验群桩桩顶沉降　　表 7-4

序号	荷载(N)	群桩桩顶沉降(mm)							
		无孔		单向对穿孔		星状孔		双向对穿孔	
		本级	累计	本级	累计	本级	累计	本级	累计
0	0	0.00	0.00	0.00	0.00	0.00	0.00	0.00	0.00
1	816	0.56	0.56	0.52	0.52	0.49	0.49	0.40	0.40
2	1632	1.77	2.33	1.45	1.77	0.91	1.40	0.80	1.20
3	2448	2.60	4.93	2.32	4.09	2.10	3.50	1.86	3.06
4	3264	3.10	8.03	2.98	7.07	2.43	5.93	2.14	5.20
5	4080	3.54	11.57	3.11	10.18	2.59	8.52	2.39	7.59
6	4896	4.01	15.58	3.42	13.60	2.87	11.39	2.51	10.10
7	5712	4.71	20.29	3.99	17.59	3.36	14.75	3.20	13.30
8	6528	5.07	25.36	4.77	22.36	4.18	18.93	3.72	17.02
9	4896	−0.15	25.21	−0.09	22.27	−0.06	18.87	−0.49	16.53
10	3264	−0.44	24.77	−0.61	21.66	−0.76	18.11	−0.25	16.28
11	1632	−0.89	23.88	−0.63	21.03	−0.52	17.59	−0.45	15.83
12	0	−1.77	22.11	−1.41	19.62	−1.00	16.59	−0.82	15.01

各桩型静载试验桩间土沉降　　表 7-5

序号	荷载(N)	群桩桩间土沉降(mm)							
		无孔		单向对穿孔		星状孔		双向对穿孔	
		本级	累计	本级	累计	本级	累计	本级	累计
0	0	0.00	0.00	0.00	0.00	0.00	0.00	0.00	0.00
1	816	0.78	0.78	0.61	0.61	0.53	0.53	0.41	0.41
2	1632	1.81	2.59	1.22	1.83	1.01	1.54	0.99	1.40

续表

序号	荷载(N)	群桩桩间土沉降(mm)							
		无孔		单向对穿孔		星状孔		双向对穿孔	
		本级	累计	本级	累计	本级	累计	本级	累计
3	2448	2.75	5.34	2.61	4.44	1.94	3.48	1.89	3.29
4	3264	3.25	8.59	3.47	7.91	2.53	6.01	2.31	5.60
5	4080	4.45	13.04	3.98	11.89	3.13	9.14	2.92	8.52
6	4896	5.03	18.07	4.79	16.68	3.91	13.05	3.71	12.23
7	5712	6.12	24.19	5.67	22.35	4.68	17.73	4.51	16.74
8	6528	6.85	31.04	6.22	28.57	5.13	22.86	4.97	21.17
9	4896	−0.22	30.82	−0.15	28.42	−0.11	22.75	−0.11	21.06
10	3264	−0.49	30.33	−0.40	28.02	−0.31	22.44	−0.27	20.79
11	1632	−0.94	29.39	−0.73	27.29	−0.54	21.60	−0.47	20.32
12	0	−1.90	27.49	−1.51	25.78	−1.06	20.54	−0.88	19.44

分析图 7-13～图 7-15 可知，载荷板、群桩桩顶、桩间土的沉降量都随上部荷载的增加而不断增大，呈缓变型，但从第 5 级加荷开始沉降都有加快的趋势。

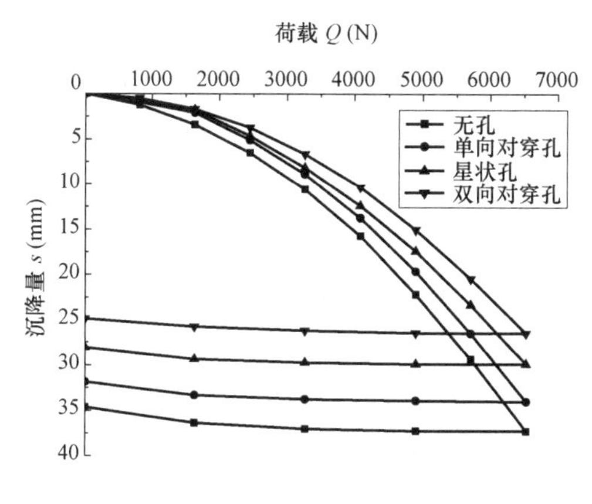

图 7-13　载荷板 Q-s 曲线

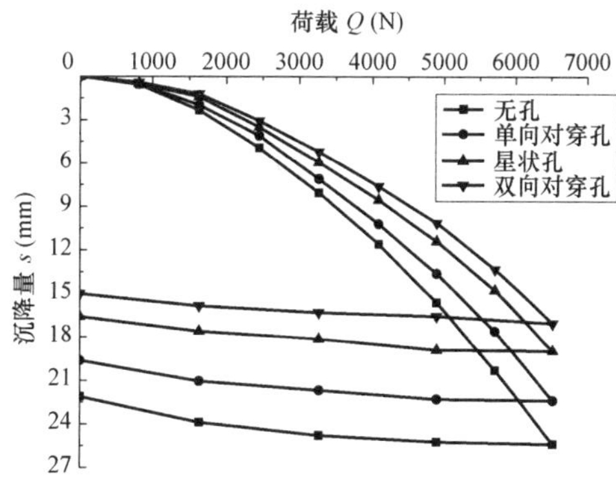

图 7-14　群桩桩顶 Q-s 曲线

另外，加荷结束后载荷板的总沉降量最大，桩间土总沉降量次之，群桩桩顶总沉降量最小。由此可知，载荷板与桩帽间的砂垫层发挥了一定的作用。再则，在同一级荷载作用下，带帽无孔管桩群桩复合地基沉降量大于带帽有孔管桩群桩复合地基沉降量，且对于带帽有孔管桩群桩复合地基，带帽单向对穿孔管桩群桩复合地基沉降量最大，带帽

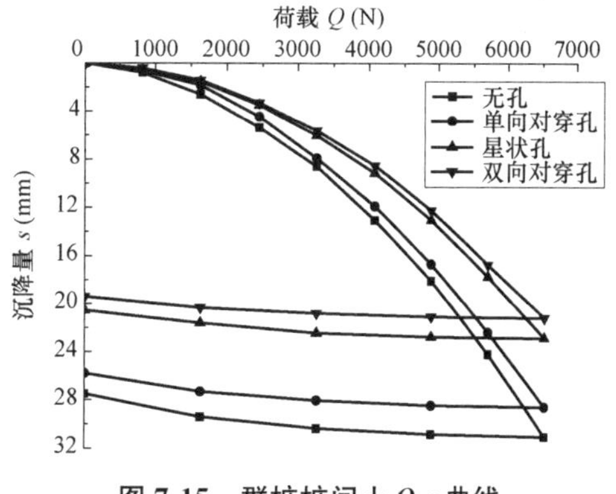

图 7-15　群桩桩间土 Q-s 曲线

星状孔管桩群桩复合地基沉降量次之，带帽双向对穿孔管桩群桩复合地基沉降量最小。由表 7-3 可知，三种带帽有孔管桩群桩复合地基载荷板总沉降分别为 31.8cm、28.08cm、24.85cm，比带帽无孔管桩群桩复合地基载荷板总沉降 34.64cm 分别减少了 8.20%、18.94%、28.20%。通过上述分析可知，与带帽无孔管桩群桩复合地基相比，带帽有孔管桩群桩复合地基的控沉能力更强，且控沉能力与布孔方式有关。

（2）四种不同类型的带帽管桩群桩复合地基静载试验载荷板与群桩桩顶沉降差成果见表 7-6，群桩桩顶与桩间土之间的沉降差与荷载关系曲线，如图 7-16 所示。四种不同类型的带帽管桩群桩复合地基中载荷板沉降与荷载、群桩桩顶沉降与荷载、群桩桩间土沉降与荷载之间的对数关系曲线分别如图 7-17、图 7-18、和图 7-18 所示。

各桩型载荷板与群桩桩顶沉降差 **表 7-6**

序号	荷载(N)	载荷板与群桩桩顶沉降差(mm)			
		无孔	单向对穿孔	星状孔	双向对穿孔
0	0	0.00	0.00	0.00	0.00
1	816	0.66	0.41	0.29	0.09
2	1632	1.07	0.71	0.37	0.47
3	2448	1.59	1.00	1.15	0.66
4	3264	2.52	1.82	2.23	1.44
5	4080	4.13	3.53	3.84	2.72
6	4896	6.57	6.02	5.99	4.90
7	5712	9.02	8.86	8.56	7.11
8	6528	11.89	11.63	10.93	9.40
9	4896	12.02	11.63	10.98	9.86
10	3264	12.23	12.09	11.69	9.88
11	1632	12.48	12.29	11.94	9.88
12	0	12.53	12.23	12.02	9.84

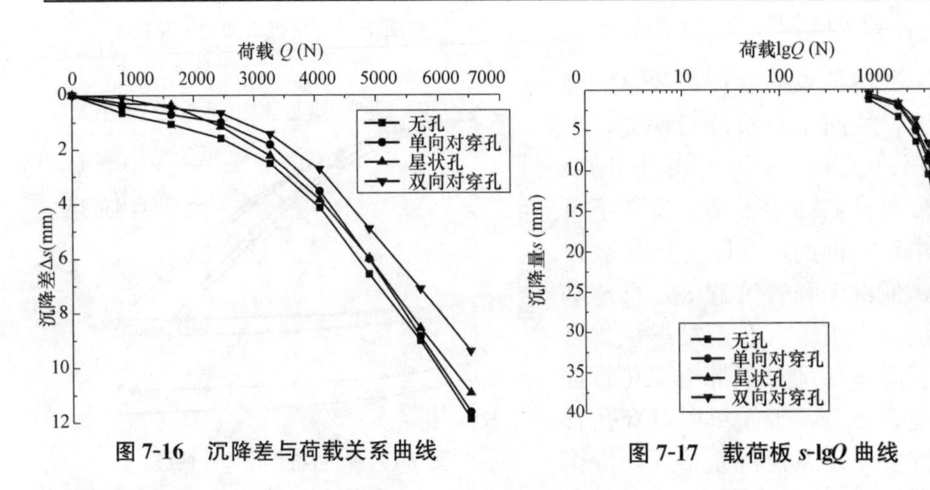

图 7-16 沉降差与荷载关系曲线

图 7-17 载荷板 s-lgQ 曲线

图 7-16 显示了四种不同类型的带帽管桩群桩复合地基在上部荷载作用下载荷板与群桩桩顶沉降差的关系。由图可知，载荷板与群桩桩顶沉降差均不为零，这表明两者间存在一定的位移差，且随荷载增大其值也不断加大。此外，从整个加荷过程来看，带帽无孔管桩群桩复合地基载荷板与群桩桩顶沉降差最大，同时由于桩帽能够消减桩顶应力集中的作用，避免桩体过多向上刺入土体，从而减少桩体和桩间土沉降差，更能发挥桩间土的作用。这说明带帽有孔管桩群桩能够使复合地基整体效应得到增强。

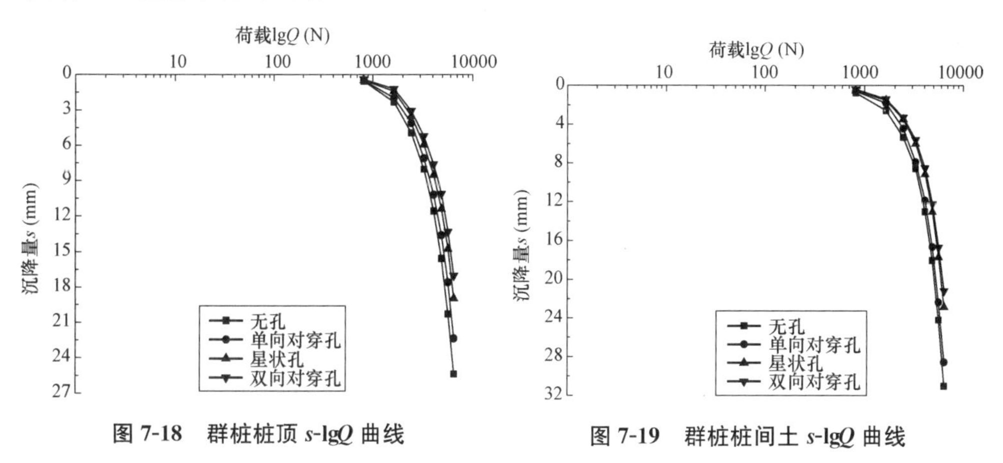

图 7-18　群桩桩顶 s-lg$Q$ 曲线　　**图 7-19　群桩桩间土 s-lg$Q$ 曲线**

由图 7-17、图 7-18 及图 7-19 均可知，带帽无孔管桩复合地基中，不管是载荷板沉降，还是群桩桩顶沉降、桩间土沉降，其数值上均比带帽有孔管桩复合地基中相应的沉降量要大。之所以会产生这种现象，除了桩帽的作用之外，还与桩身开孔加速消散了土中孔隙水有关。这也验证了在静压沉桩过程中，桩身开孔有利于提高土体的分担荷载的能力。

（3）四种不同类型的带帽管桩群桩复合地基静载试验载荷板回弹率成果，见表 7-7。

各桩型载荷板回弹率　　**表 7-7**

各桩型	无孔	单向对穿孔	星状孔	双向对穿孔
载荷板回弹率	7.01%	6.30%	5.96%	5.94%

分析表 7-7 可得，无孔载荷板回弹率大于有孔载荷板回弹率，且随着桩身布孔数增多，带帽有孔管桩群桩复合地基载荷板回弹率呈降低趋势。究其原因可能是：由于带帽有孔管桩群桩复合地基中土中水容易进入管桩内，使土的含水量得以降低，土的抗剪强度提高，使地基承载力增强，才会使得带帽有孔管桩群桩复合地基载荷板回弹率低于带帽无孔管桩群桩复合地基载荷板回弹率。且双向对穿孔管桩开孔数大于其他有孔管桩，这使得地基土中水更容易进入管桩腔内，使地基土的抗剪强度提高幅度明显大于其他有孔管桩群桩复合地基土体。

由图 7-20（a）～（d）可知，在某一分级加荷作用下，s-lg$t$ 曲线端部并未出现突然向下曲折，且 Q-s 曲线为缓变型。按照文献［101］所述，可采用相对沉降计算承载力特征值，且其值不宜超过最大试验荷载的 1/2。依据本实验要求取相对沉降为 0.01，则无孔、单向对穿孔、星状孔、双向对穿孔承载力特征值分别为 4.29kPa、4.80kPa、5.04kPa、5.57kPa，可以看出有孔承载力特征值比无孔大，且双向对穿孔承载力特征值最大，这表明桩身开孔对软土中管桩群桩复合地基的承载力是有利的。

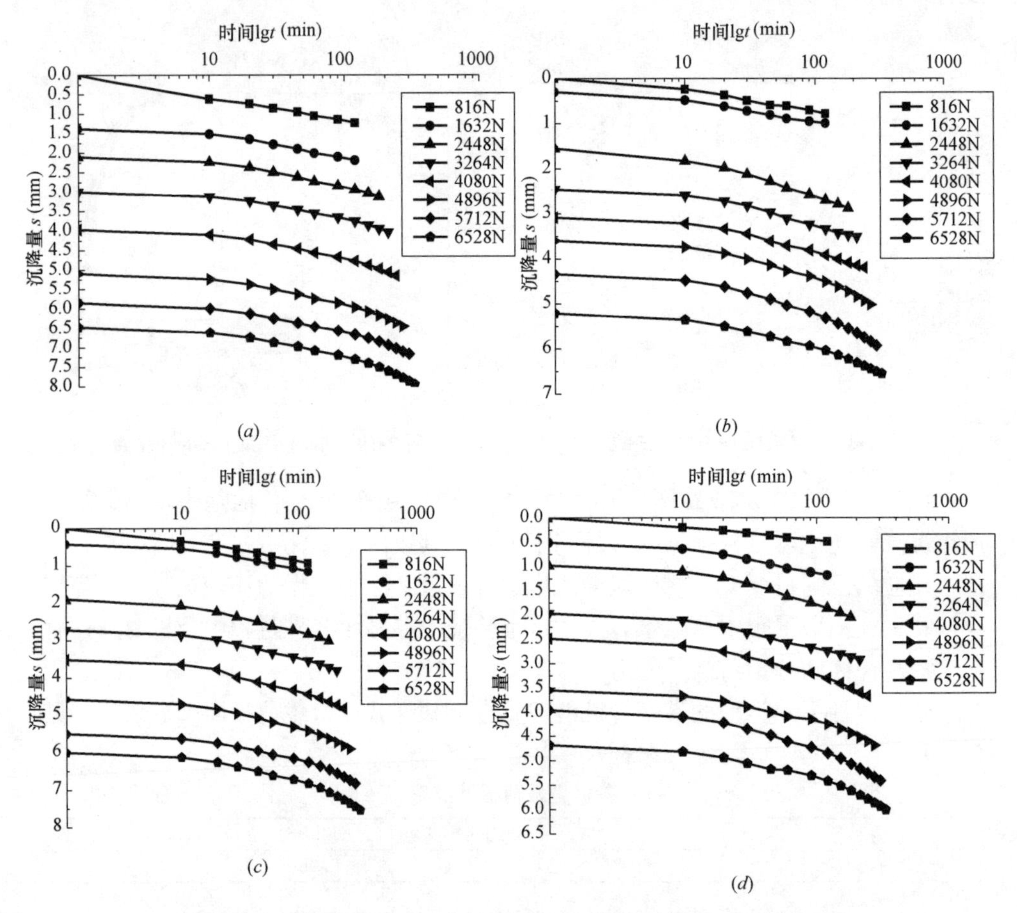

图 7-20　各桩型带帽有孔管桩群桩复合地基静载荷试验 s-lg$t$ 曲线

（a）无孔管桩；（b）星状孔管桩；（c）单向对穿孔管桩；（d）双向对穿孔管桩

2. 桩身轴力变化规律分析

依据测试元件所测量的数据进行处理得出桩身轴力。本试验桩身应力可由材料力学中应力-应变公式得出：

$$\sigma=\varepsilon\times E \tag{7-1}$$

式中：σ 桩身应力，kPa；ε 为桩身应变，$\mu\varepsilon$；E 为桩材料弹性模量，GPa。

则桩身轴力 P 为：

$$P=\sigma\times A \tag{7-2}$$

式中：A 桩身材料横截面面积，m^2。

由应变片测量数据计算，四种不同类型的带帽管桩群桩复合地基静载试验，分级加载下不同深度处桩身轴力成果，见表 7-8～表 7-11，桩身轴力与深度关系曲线，如图 7-21 (a)～(d) 所示。

带帽无孔管桩群桩复合地基静载试验分级加载下不同深度处轴力　表 7-8

序号	荷载(N)	不同深度处桩身轴力(N)			
		0.1m	0.3m	0.5m	0.7m
1	816	98.18	85.22	71.27	47.33
2	1632	103.35	89.95	74.83	50.33
3	2448	125.86	108.12	86.88	60.71
4	3264	183.95	159.10	131.97	100.96
5	4080	253.79	228.84	192.86	140.70
6	4896	280.29	253.28	213.08	153.97
7	5712	302.35	271.78	227.22	167.30
8	6528	345.37	312.30	262.39	200.94

带帽单向对穿孔管桩群桩复合地基静载试验分级加载下不同深度处轴力　表 7-9

序号	荷载(N)	不同深度处桩身轴力(N)			
		0.1m	0.3m	0.5m	0.7m
1	816	90.79	78.46	64.76	38.82
2	1632	101.89	89.13	74.31	58.04
3	2448	121.82	104.04	86.18	70.16
4	3264	168.18	147.20	123.80	94.95
5	4080	199.77	175.83	141.76	99.50
6	4896	221.18	196.46	158.90	132.36
7	5712	261.95	233.92	188.58	159.67
8	6528	306.81	275.14	225.25	179.17

带帽星状孔管桩群桩复合地基静载试验分级加载下不同深度处轴力　表 7-10

序号	荷载(N)	不同深度处桩身轴力(N)			
		0.1m	0.3m	0.5m	0.7m
1	816	85.44	72.88	54.59	34.44
2	1632	99.24	85.33	66.70	42.64
3	2448	117.21	101.90	81.54	55.64
4	3264	126.39	109.20	86.28	58.93
5	4080	172.25	150.99	125.97	94.67
6	4896	218.68	194.00	161.29	113.27
7	5712	257.4	229.41	193.44	141.92
8	6528	300.3	265.47	221.29	163.69

带帽双向对穿孔管桩群桩复合地基静载试验分级加载下不同深度处轴力

表 7-11

序号	荷载(N)	不同深度处桩身轴力(N)			
		0.1m	0.3m	0.5m	0.7m
1	816	81.29	69.25	54.01	34.13
2	1632	92.67	79.20	63.75	39.78
3	2448	108.93	94.26	77.92	52.59
4	3264	124.07	107.03	86.77	59.45
5	4080	165.53	144.80	120.61	90.25
6	4896	205.15	180.64	148.00	103.69
7	5712	232.1	204.26	169.14	117.82
8	6528	283.68	252.04	208.54	152.26

由图 7-21 (a)～(d) 可知，群桩桩身轴力随深度的增加而减少，且随上部荷载的增加，轴力减少的速率加快。当上部荷载达到 4080N，4896N，5712N，

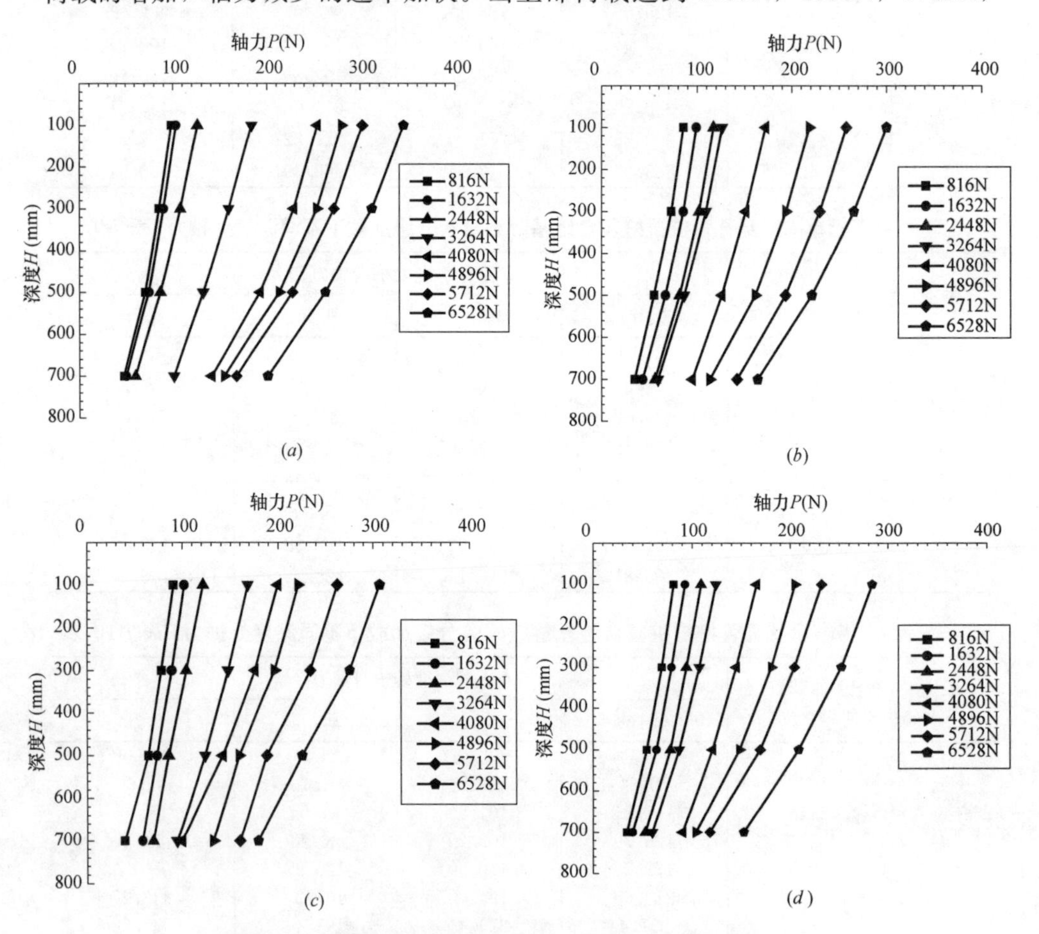

图 7-21 各桩型带帽群桩复合地基桩身轴力与深度的关系

(a) 无孔管桩；(b) 星状孔管桩；(c) 单向对穿孔管桩；(d) 双向对穿孔管桩

6528N 后，桩身轴力增加趋缓，此时群桩桩间土逐渐发挥承担荷载的能力。此外，对比四种不同类型的管桩群桩可知，同一深度处的桩身轴力最大值，带帽无孔管桩群桩大于带帽有孔管桩群桩，且与桩身开孔数有关。

3. 桩侧摩阻力变化规律分析

桩侧摩阻力依据桩身轴力及相关物理参数进行计算。由桩身轴力和静力平衡原理可得：

$$p_f = \frac{P_2 - P_1}{L_0 \times D \times \pi} \tag{7-3}$$

式中：p_f 为桩侧摩阻力，kPa；L_0 为桩身单元的长度，m；D 为桩径，m；

P_1、P_2 为桩身受力单元上下面的轴力，kN。

四种不同类型的带帽管桩群桩复合地基静载试验分级加载下不同深度处桩侧摩阻力与深度关系曲线，如图 7-22（*a*）～（*d*）所示。

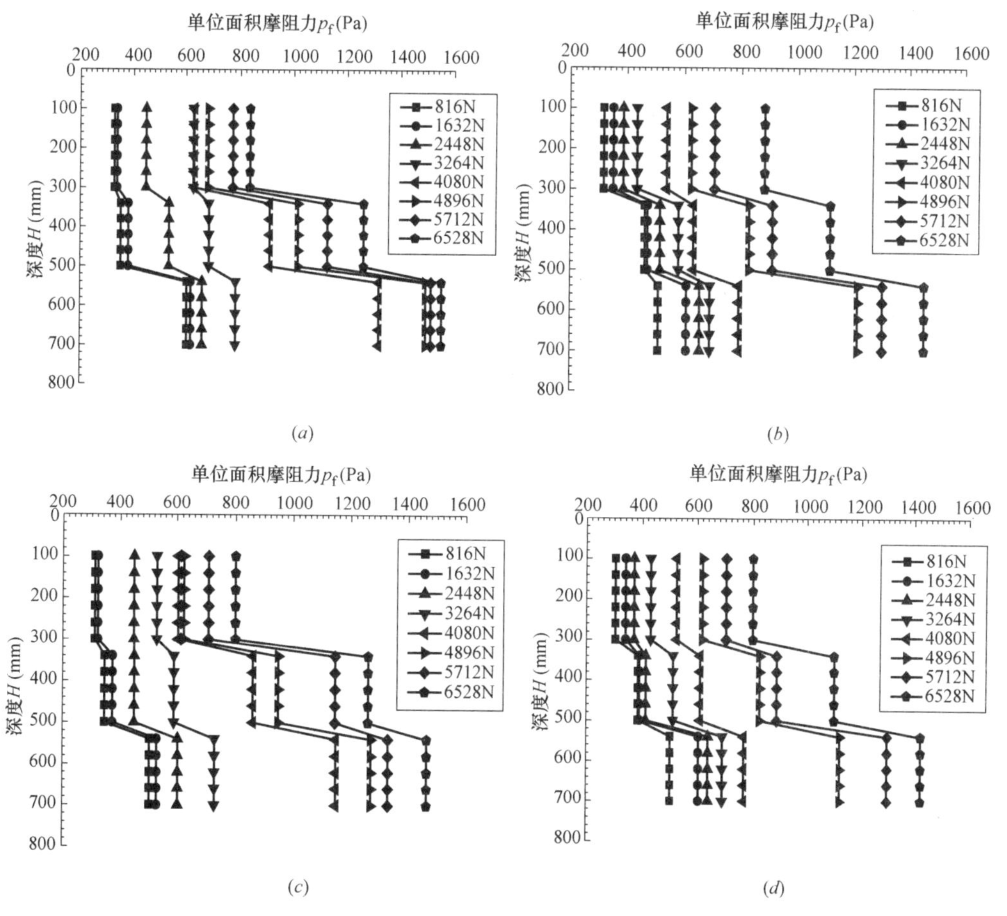

图 7-22　各桩型带帽群桩复合地基侧摩阻力与深度的关系

（*a*）无孔管桩；（*b*）星状孔管桩；（*c*）单向对穿孔管桩；（*d*）双向对穿孔管桩

由图 7-22（a）~（d）可知，群桩桩侧摩阻力随上部荷载的增加而增大，且在桩身范围内，桩侧摩阻力得到充分的发挥。正是由于砂垫层变形协调的作用，使得复合地基上部桩土相对位移小于下部桩土位移，因此下部桩侧摩阻力发挥得更好，土体有效的承担了荷载，使地基承载能力增强。

4. 桩周土压力分析

（1）四种不同类型的带帽管桩群桩复合地基在竖向荷载下桩周地表土压力随时间变化曲线，如图 7-23（a）~（d）所示。

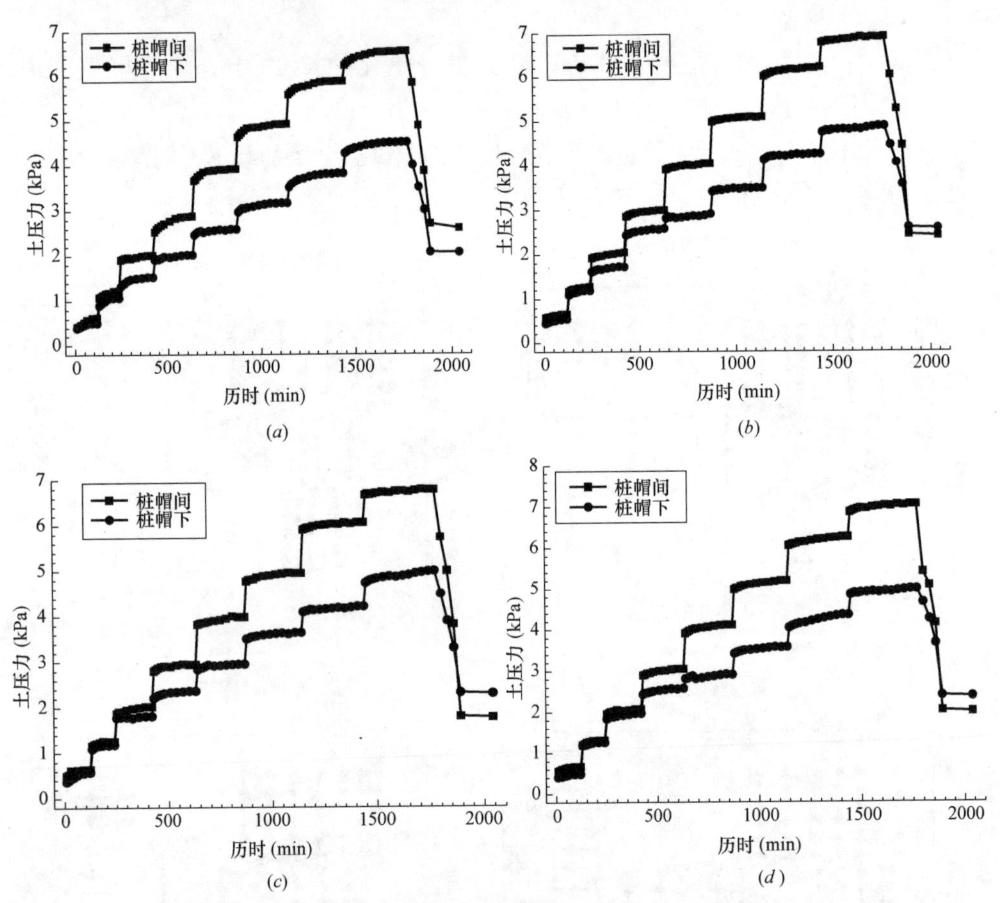

图 7-23　各桩型带帽群桩复合地基地表土压力历时曲线

（a）无孔管桩；（b）星状孔管桩；（c）单向对穿孔管桩；（d）双向对穿孔管桩

由图 7-23（a）~（d）可知，桩帽间土体表面承担荷载要大于桩帽下土体表面承担荷载，且从第四级荷载开始这种差异越来越明显。这说明，由于砂垫层的作用，上部荷载先是传递给桩间土和桩帽，再经桩帽把部分荷载传给桩帽下土体和桩体，且加荷前期主要是桩体在承担荷载，后期土体才逐渐显现出承担荷载的能力。

（2）四种不同类型的带帽管桩群桩复合地基在竖向荷载作用下桩帽间深层土

压力随时间变化曲线，如图7-24（a）～（d）所示。

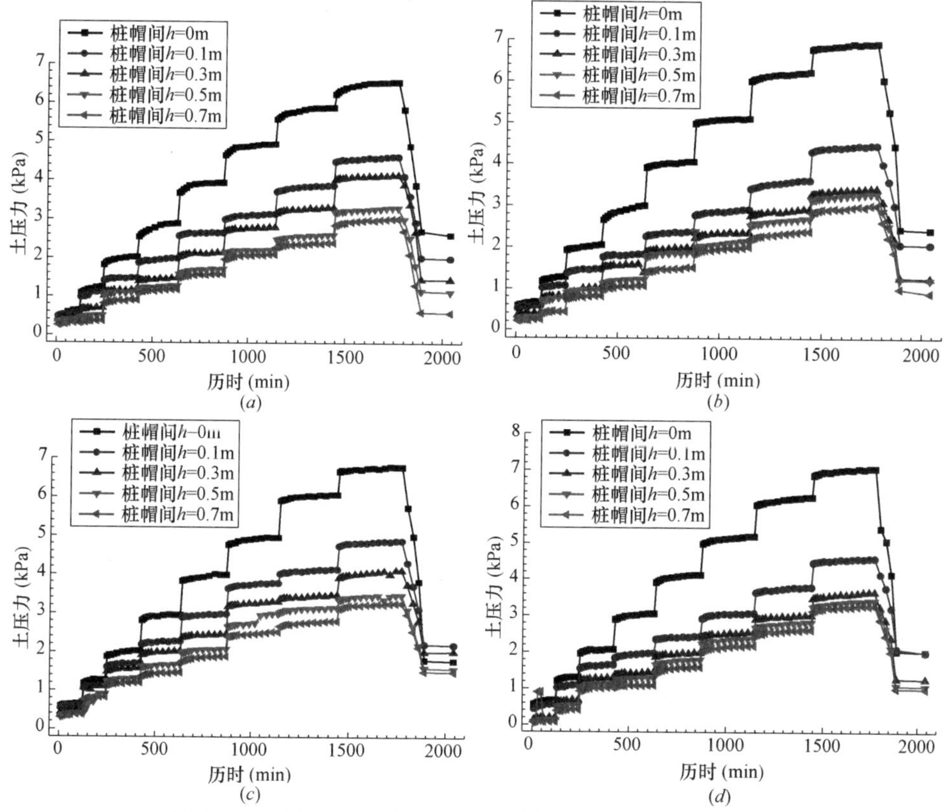

图7-24　各桩型带帽群桩复合地基桩帽间深层土压力历时曲线

（a）无孔管桩；（b）星状孔管桩；（c）单向对穿孔管桩；（d）双向对穿孔管桩

（3）四种不同类型的带帽管桩群桩复合地基在竖向荷载作用下桩帽下深层土压力随时间变化曲线，如图7-25（a）～（d）所示。

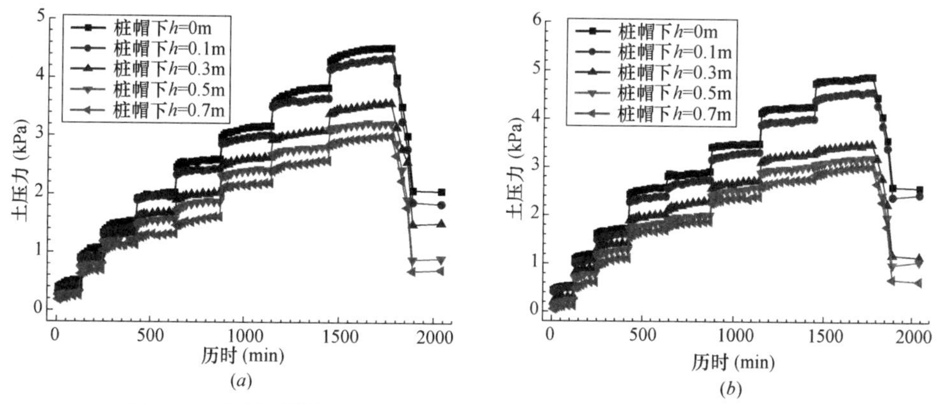

图7-25　各桩型带帽群桩复合地基桩帽下深层土压力历时曲线（一）

（a）无孔管桩；（b）星状孔管桩

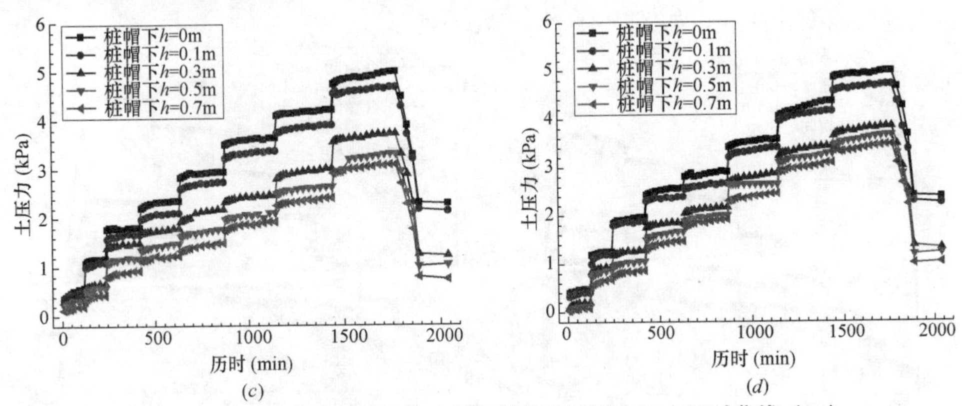

图 7-25　各桩型带帽群桩复合地基桩帽下深层土压力历时曲线（二）

(*c*) 单向对穿孔管桩；(*d*) 双向对穿孔管桩

图 7-23～图 7-25 显示了四种不同类型的带帽管桩群桩复合地基在上部荷载下桩周深层土压力与时间的关系。由图可知不同加荷时对应的桩周深层土压力值不同，随荷载的增加而增大，且每加一级荷载都会出现一个加荷稳定过程。

(4) 四种不同类型的带帽管桩群桩复合地基在竖向荷载下桩周土压力随深度变化曲线，如图 7-26 (*a*)～(*d*) 所示。

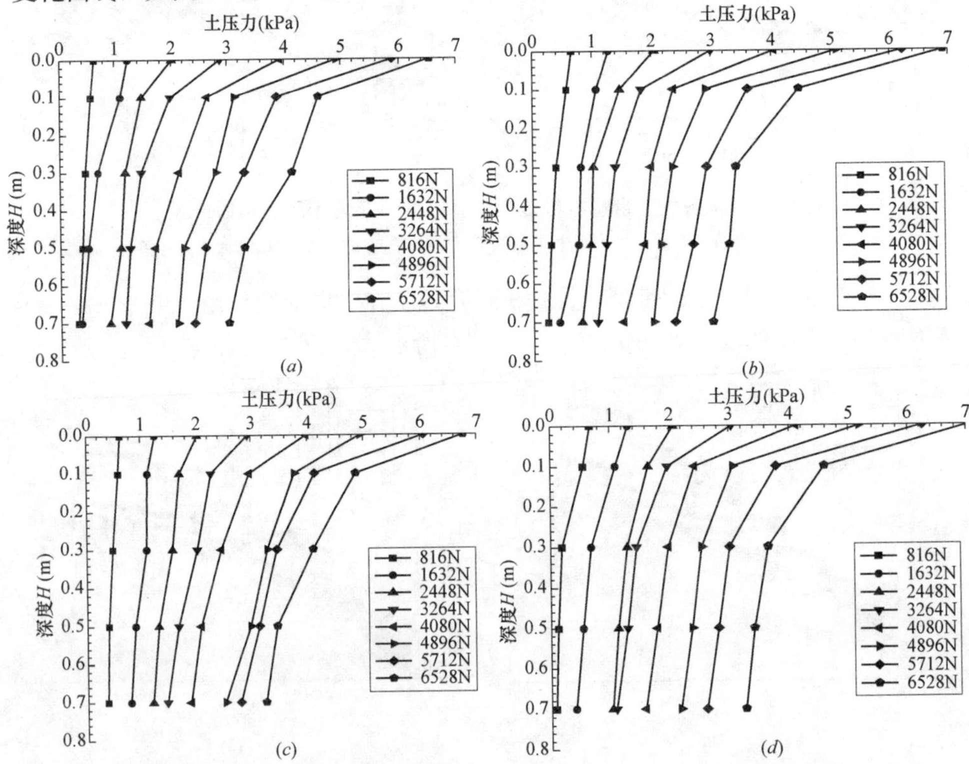

图 7-26　各桩型带帽群桩复合地基桩帽间深层土压力与荷载关系曲线

(*a*) 无孔管桩；(*b*) 星状孔管桩；(*c*) 单向对穿孔管桩；(*d*) 双向对穿孔管桩

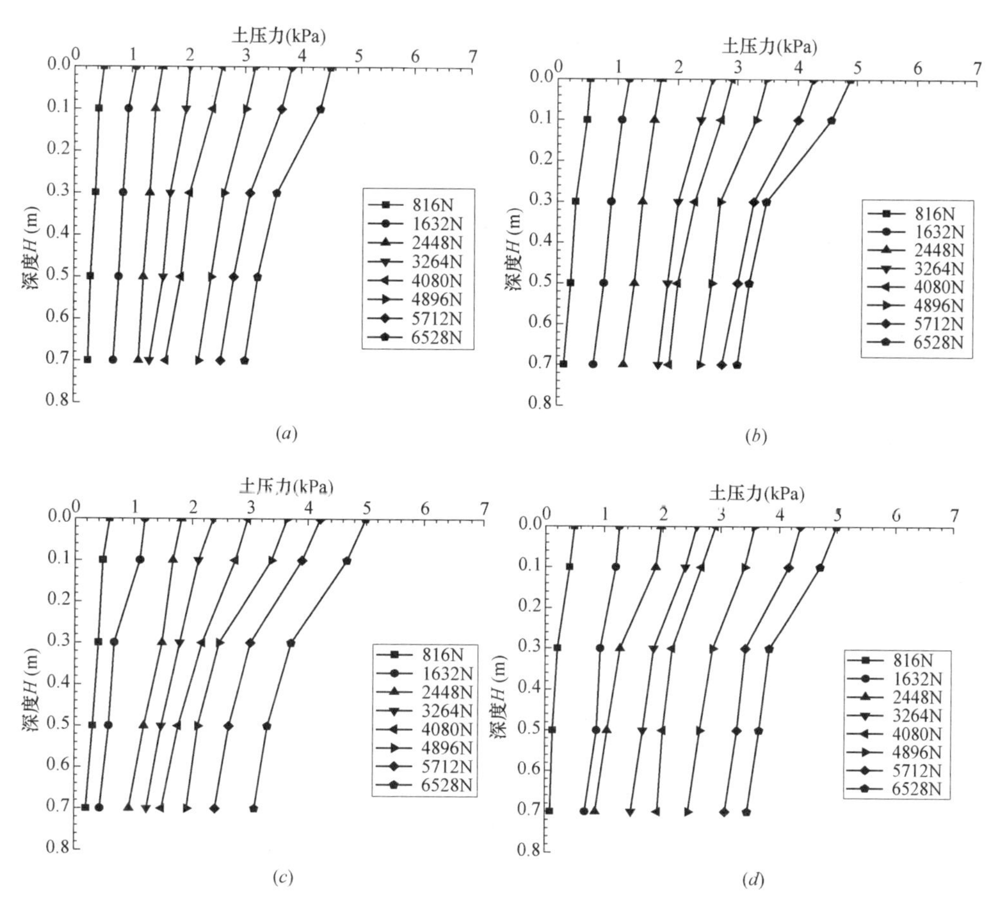

图 7-27 各桩型带帽群桩复合地基桩帽下深层土压力与荷载关系曲线

(*a*) 无孔管桩；(*b*) 星状孔管桩；(*c*) 单向对穿孔管桩；(*d*) 双向对穿孔管桩

由图 7-26，图 7-27 可知，在同级荷载作用下随深度增加，桩帽间土体压力大于桩帽下土体压力，且随深度增加桩周土压力大体呈“上大下小”型分布。即桩周土压力随深度的增大而减少，上部土压力变化较大，且在桩长范围内，桩周土体并不是都受土压力作用。

(5) 四种不同类型的带帽管桩群桩复合地基在上部荷载下桩间土压力最大值与荷载关系曲线，如图 7-28 所示。

图 7-28 显示了四种不同类型的带帽管桩群桩复合地基在上部荷载作用下桩间土压力最大值与荷载的关系，由图可知，桩间土分担荷载接近线性变化，对数据进行处理得出桩体和土体共同承担荷载作用，正是由于砂垫层变形协调作用，使得桩体和桩间土协同承担荷载，同时可以调整分配桩体与桩间土的荷载分担比，亦可以减小应力集中。此外，对比图中四组群桩桩间土压力最大值随荷载变化曲线，可知，带帽有孔管桩群桩复合地基桩间土承担荷载比无孔要大，这说明

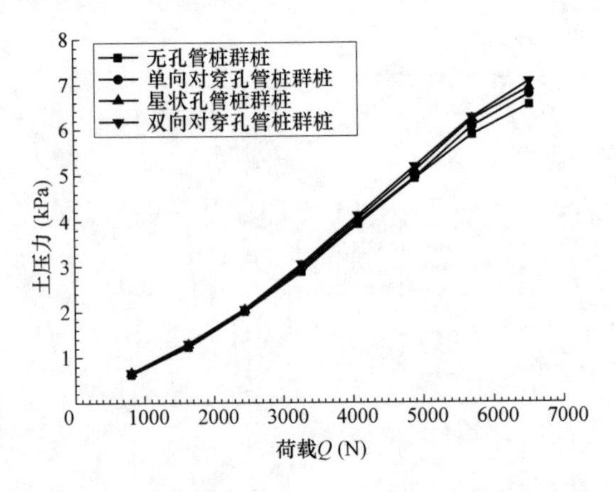

图 7-28 四组群桩桩间土压力最大值与荷载关系曲线

带帽有孔管桩群桩复合地基能充分发挥土体承担荷载能力，增强地基承载力。

5. 桩土荷载分担比与桩土应力比分析

四种不同类型的带帽管桩群桩复合地基静载试验桩土荷载分担比、桩土应力比结果统计，见表 7-12～表 7-15 所示。桩土荷载分担比曲线，如图 7-29（*a*）～（*d*）所示。

带帽无孔管桩群桩复合地基静载试验结果统计 表 7-12

总荷载 Q(N)	沉降 s(mm)	土承载荷载 P_s(N)	四桩承担荷载 P_p (N)	地表土应力 σ_s(kPa)	桩顶应力 σ_p(kPa)	土荷载分担比 δ_s	桩荷载分担比 δ_p	桩土应力比 n
816	1.22	302.80	513.20	0.63	3.21	37.11%	62.89%	5.08
1632	3.40	592.00	1040.00	1.23	6.50	36.27%	63.73%	5.27
2448	6.52	964.80	1483.20	2.01	9.27	39.41%	60.59%	4.61
3264	10.55	1382.40	1881.60	2.88	11.76	42.35%	57.65%	4.08
4080	15.70	1886.40	2193.60	3.93	13.71	46.24%	53.76%	3.49
4896	22.15	2368.00	2528.00	4.93	15.80	48.37%	51.63%	3.20
5712	29.31	2822.40	2889.60	5.88	18.06	49.41%	50.59%	3.07
6528	37.25	3140.00	3388.00	6.54	21.18	48.10%	51.90%	3.24

带帽单向对穿孔管桩群桩复合地基静载试验结果统计 表 7-13

总荷载 Q(N)	沉降 s(mm)	土承载荷载 P_s(N)	四桩承担荷载 P_p (N)	地表土应力 σ_s(kPa)	桩顶应力 σ_p(kPa)	土荷载分担比 δ_s	桩荷载分担比 δ_p	桩土应力比 n
816	0.93	305.40	510.60	0.64	3.19	37.43%	62.57%	5.02
1632	2.08	605.90	1026.10	1.26	6.41	37.13%	62.87%	5.08
2448	5.09	970.00	1478.00	2.02	9.24	39.62%	60.38%	4.57
3264	8.89	1410.00	1854.00	2.94	11.59	43.20%	56.80%	3.94
4080	13.71	1908.60	2171.40	3.98	13.57	46.78%	53.22%	3.41
4896	19.62	2377.80	2518.20	4.95	15.74	48.57%	51.43%	3.18
5712	26.45	2906.50	2805.50	6.06	17.53	50.88%	49.12%	2.90
6528	33.99	3251.00	3277.00	6.77	20.48	49.80%	50.20%	3.02

带帽星状孔管桩群桩复合地基静载试验结果统计　　表 7-14

总荷载 Q(N)	沉降 s(mm)	土承载荷载 P_s(N)	四桩承担荷载 P_p (N)	地表土应力 σ_s(kPa)	桩顶应力 σ_p(kPa)	土荷载分担比 δ_s	桩荷载分担比 δ_p	桩土应力比 n
816	0.78	315.60	500.40	0.66	3.13	38.68%	61.32%	4.76
1632	1.77	616.00	1016.00	1.28	6.35	37.75%	62.25%	4.95
2448	4.65	985.60	1462.40	2.05	9.14	40.26%	59.74%	4.45
3264	8.16	1438.00	1826.00	3.00	11.41	44.06%	55.94%	3.81
4080	12.36	1946.20	2133.80	4.05	13.34	47.70%	52.30%	3.29
4896	17.38	2447.90	2448.10	5.10	15.30	50.00%	50.00%	3.00
5712	23.31	2986.00	2726.00	6.22	17.04	52.28%	47.72%	2.74
6528	29.86	3316.40	3211.60	6.91	20.07	50.80%	49.20%	2.91

带帽双向对穿孔管桩群桩复合地基静载试验结果统计　　表 7-15

总荷载 Q(N)	沉降 s(mm)	土承载荷载 P_s(N)	四桩承担荷载 P_p (N)	地表土应力 σ_s(kPa)	桩顶应力 σ_p(kPa)	土荷载分担比 δ_s	桩荷载分担比 δ_p	桩土应力比 n
816	0.49	320.40	495.60	0.67	3.10	39.26%	60.74%	4.64
1632	1.67	628.40	1003.60	1.31	6.27	38.50%	61.50%	4.79
2448	3.72	994.40	1453.60	2.07	9.09	40.62%	59.38%	4.39
3264	6.64	1461.60	1802.40	3.05	11.27	44.78%	55.22%	3.70
4080	10.31	1975.20	2104.80	4.12	13.16	48.41%	51.59%	3.20
4896	15.00	2489.40	2406.60	5.19	15.04	50.85%	49.15%	2.90
5712	20.41	3002.40	2709.60	6.26	16.94	52.56%	47.44%	2.71
6528	26.42	3382.00	3146.00	7.05	19.66	51.81%	48.19%	2.79

(1) 四种不同类型的带帽管桩群桩复合地基在竖向荷载下桩土荷载分担比曲线，如图 7-29 (*a*)～(*d*) 所示。

由图 7-29 (*a*)～(*d*) 可知，上部荷载由桩土共同承担。在加荷初始阶段，分担比曲线近似于两条平行线，桩体与土体荷载分担比分别大致为 62%、38%。这表明两者承载荷载几乎是同时进行的；随着加荷级数越多，桩体荷载分担比曲线平缓下降，土体荷载分担比曲线平缓上升。分析原因可能是，当荷载等级较大时，桩土相互作用加强，桩土相对位移增大，砂垫层及群桩相对于土体会产生向下位移，导致土体承担荷载能力增大，群桩荷载分担比逐渐减小。另外，随加荷等级增大，带帽有孔管桩群桩复合地基桩土荷载分担比两条曲线最后呈相交之势，土荷载分担比超过桩荷载分担比。说明在加荷范围最后阶段，桩体承担荷载能力小于土体承担荷载能力，有效体现了土体承担荷载的作用。

(2) 四种不同类型的带帽管桩群桩复合地基在竖向荷载下桩荷载分担比曲线，如图 7-30 所示。土荷载分担比曲线，如图 7-31 所示。

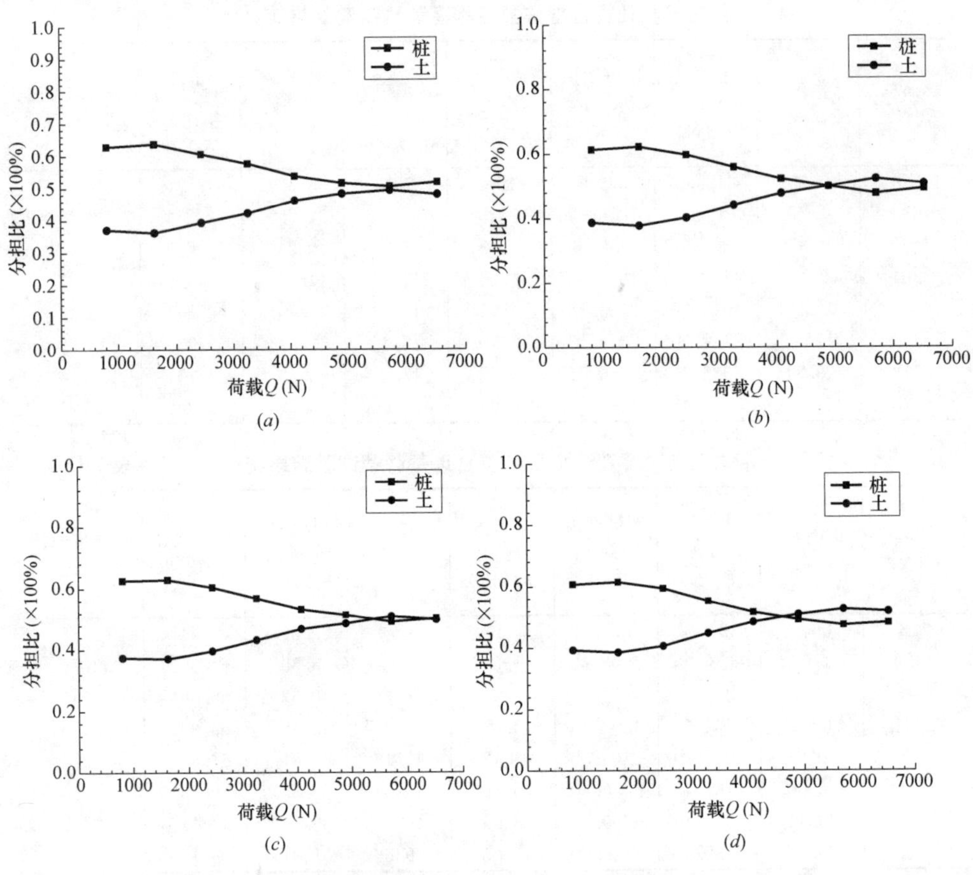

图 7-29　各桩型带帽群桩复合地基桩土荷载分担比曲线

（a）无孔管桩；（b）星状孔管桩；（c）单向对穿孔管桩；（d）双向对穿孔管桩

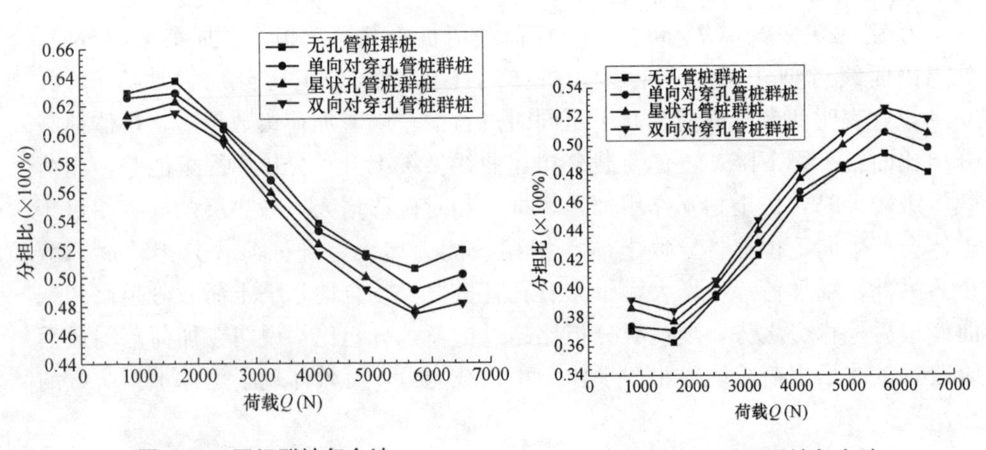

图 7-30　四组群桩复合地基桩荷载分担比曲线

图 7-31　四组群桩复合地基土荷载分担比曲线

由图 7-30 可知，随荷载增加带帽有孔管桩群桩复合地基桩承担荷载比整体上小于带帽无孔管桩群桩复合地基桩承担荷载比。这可能是由于桩身开孔的原因对桩体产生了影响，使其承载荷载能力降低，造成桩体承载力的折减；由图7-31 可知，随荷载增大带帽有孔管桩群桩复合地基土体承担荷载比整体上大于带帽无孔管桩群桩复合地基土体承担荷载比。这说明，桩上开孔能增强群桩复合地基土体承载能力，分析原因是由于桩身开孔，地基土中水容易进入管桩内，使土中含水得以下降，土的抗剪强度增大，地基承载力提高。

（3）四种不同类型的带帽管桩群桩复合地基在上部荷载下桩土应力比曲线，如图 7-32 所示。

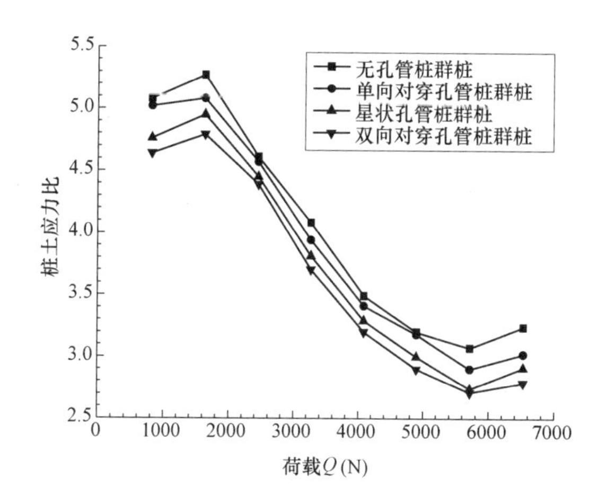

图 7-32　四组试桩群桩复合地基桩土应力比曲线

由图 7-32 可知，四组群桩桩土应力比是一变量，它随加载等级而变，数值在 5.5～2.5 之间，随荷载不断增大，应力比开始有一小幅增加的过程，而后不断减小，最后比值趋于 3 左右，说明在加载初期，桩体承担大部分荷载，桩土应力比值有小幅增大，在随后的加荷中，比值大幅下降，荷载由桩土共同承担，这种情况说明桩土应力比增减是桩土相互协调的结果，最后趋于稳定状态。另外，对比四组试桩群桩桩土应力比曲线，可知：随加荷等级增大，带帽有孔管桩群桩复合地基桩土应力比始终小于带帽无孔管桩群桩复合地基桩土应力比，这进一步说明了桩上开孔能增强带帽管桩群桩复合地基土体承载力。

另外，分析试验所测数据得知，四组不同类型带帽管桩群桩复合地基桩土应力比较大，这与砂垫层厚度、桩长、桩径及土体压缩模量等因素有关。因为试验所用的砂垫层厚度、桩长、桩径均较小，在人工加荷过程时容易使桩顶产生应力集中，且试验所用土体压缩模量较小，其分担的荷载也就较小，但桩体承担的荷载相对较大，因而试验所测桩土应力比值较大。

7.2 数值模拟试验

7.2.1 模型的建立及求解

本章基于 ABAQUS 有限元软件，用三维有限元法研究带帽有孔管桩群桩复合地基工作性状。

(1) 创建部件。分别创建载荷板、砂垫层、桩帽、管桩以及地基土部件形成实体单元，部件尺寸参考试验部分，见表 7-16。本数值模拟中的载荷板、砂垫层、带帽管桩采取线弹性本构模型，地基土体采用摩尔-库仑本构模型，并假设材料都是均匀的。

各构件尺寸（单位：mm） 表 7-16

类别	载荷板	砂垫层厚	桩帽	桩长	桩径	桩壁厚	竖向孔距	孔径
尺寸	800×800×10	150	200×200×15	800	63	3	200	20

(2) 设置材料及截面性质。载荷板、砂垫层、带帽桩以及地基土各个部件材料参数，如表 7-17 所示。

材料参数 表 7-17

材料类别	密度(kg/m³)	弹性模(MPa)	泊松比	内摩擦角	黏聚力(kPa)
载荷板	7.85×10^3	2.1×10^5	0.28	—	—
砂垫层	1.66×10^3	15	0.3	38°	0
带帽桩	1.38×10^3	3.75×10^3	0.39	—	—
基地土	1.82×10^3	3	0.35	16°	35

(3) 装配部件。对每个部件进行装配，建立带帽管桩群桩复合地基三维模型，如图 7-33 所示。

(4) 创建分析步。在所有分析步之前，自动建立初始分析步（Initial）；建立地应力计算分析步（Geostatic），使复合地基土体达到地应力平衡；建立土体固结分析步（Soils）；建立分析步（Static，General），给模型施加静力荷载。

(5) 接触面的设置。接触对采用 Surface-to-surfacecontact，将载荷板和砂垫层，砂垫层和桩帽，砂垫层和地基土之间接触面上的法向力学模型设置为硬接触。在两者紧压无缝隙时方能传递法向压力，反之则不能传递法向压力，但可以传递切向应力，因此切向量模型选为罚函数（Penalty），其摩擦系数选为 0.2。一般选刚度大的为主控面，由于各部件之间的刚度关系为：载荷板＞桩帽＞砂垫层＞地基土。因此，对载荷板－砂垫层接触面，载荷板底面为主控面，砂垫层顶

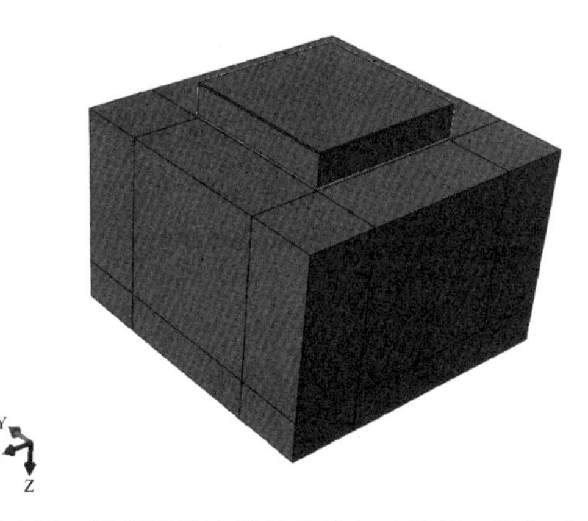

图 7-33　带帽星状孔管桩群桩复合地基三维模型

面为从属面；对于砂垫层-地基土接触面来说，砂垫层底面为主控面，地基土顶面为从属面；对于砂垫层-群桩桩帽接触面来说，群桩桩帽顶面为主控面，砂垫层底面为从属面。本群桩复合地基管桩选择梁单元，土体为实体单元，对于桩-土之间的约束可以选择 Embedded region，在地基土形成的实体单元中定位梁单元的管桩，并将管桩嵌入到地基土当中，桩帽与桩模型之间采用“tie”接触连接。

（6）定义荷载与边界条件。在 Geostatic 分析步中整个地基土区域设置重力(Gravity)（0，0，－9.8），以此来模拟土的该荷载；在 Static，General 分析步中定义外部荷载。假设构件的自重和加载以均布荷载的形式竖向作用在载荷板顶面，共分级加载 8 级，每级 816N。模型边界条件为：限定砂垫层模型四个侧面的水平位移（U1＝0，U2＝0）及地基土模型四个侧面的水平位移（U1＝0，U2＝0）和模型底部的竖向位移（U3＝0），在管桩的中心线上也设置水平方向的约束（U1＝0，U2＝0）。模型如图 7-34 所示。

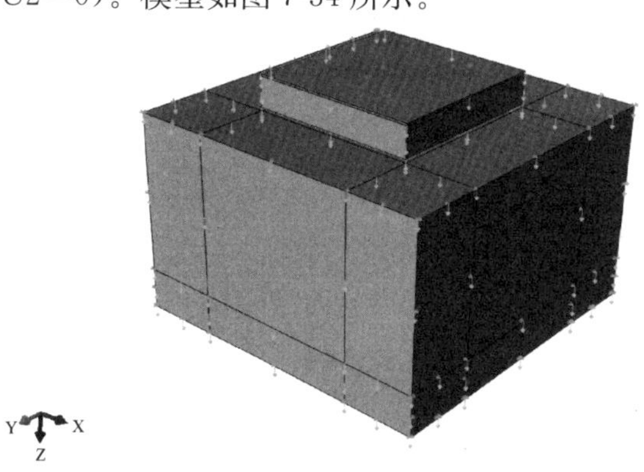

图 7-34　施加荷载与边界条件的三维模型

（7）划分网格。对所建部件进行网格划分，载荷板、砂垫层和土体采用structured法进行网格划分，形状为Hex，属性为C3D8R，带帽有孔管桩网格划分采用Free法，对于三维结构，只能使用该技术划分四面体单元，因此形状为Tet，属性为C3D10，模型的网格划分如图7-35所示。

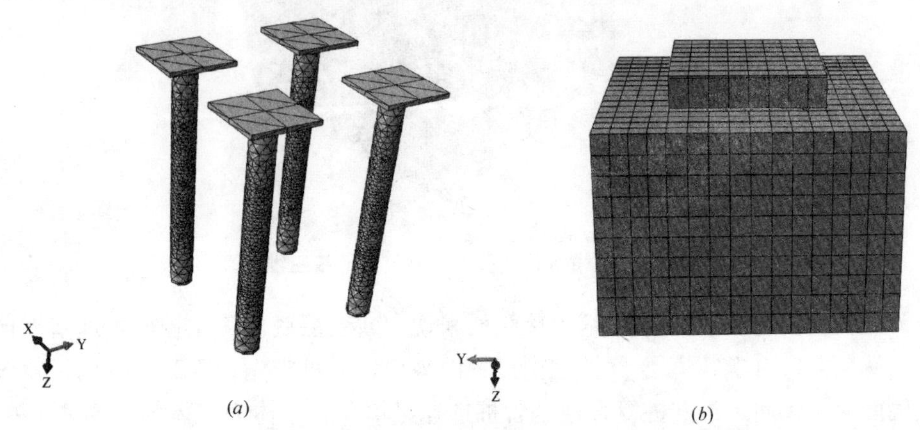

(*a*)　　(*b*)

图7-35　带帽有孔管桩群桩复合地基网格划分三维模型

（*a*）带帽星状孔群桩网格划分三维模型；（*b*）网格划分三维模型

（8）修改输入文件。执行Model / Edit Keyword命令，在第一个分析步关键字行语句（及 * Geostatic 语句）之前输入以下语句。 * initial conditions, type＝stress，geostatic。

（9）建立任务Job，提交计算。

7.2.2　模拟试验数据后处理

需要得出载荷板、桩间土、桩顶沉降以及地基土压力和桩体的应力等数据，这些都数据都可以由可视化后处理模块进行数据输出。主要操作方法如下：

（1）提交任务（job）之前，在step模块中定义输出场变量（output filed），其中U代表位移，E代表应变，S代表应力，SF代表轴力；

（2）定义路径（path）。有限元分析将模型简化为单元和节点，载荷板、桩帽顶及桩间土体表面节点的位移可直接提取，但土体应力及桩体应力则须先定义路径。沿着桩帽间土体和桩帽下土体竖直向下方向定义路径，分别拾取5个节点，四群桩都沿着桩身方向定义路径，在桩长范围内分别拾取4个节点 。

（3）在可视化模块（Visualization）中，定义输出所需数据。

7.2.3　数值模拟结果分析

以带帽星状孔管桩群桩复合地基为例，分析带帽有孔管桩群桩复合地基在竖向荷载下的沉降、桩身轴力、土压力、桩土应力比的变化规律。

1. 荷载沉降分析

第八级竖向荷载作用下群桩复合地基载荷板沉降云图、群桩桩顶沉降云图、群桩桩间土沉降云图，如图 7-36～图 7-38 所示。

由图 7-36～图 7-38 沉降云图可知，在竖向荷载作用下复合地基沉降主要发生在浅层地基，这符合复合地基土的附加应力随着深度的增加而减小的特性。

从数值模拟结果输出四种不同类型的带帽有孔管桩群桩复合地基荷载-沉降数据进行分析，利用 Origin 作图软件得到 Q-s 曲线，如图 7-39～图 7-41 所示。

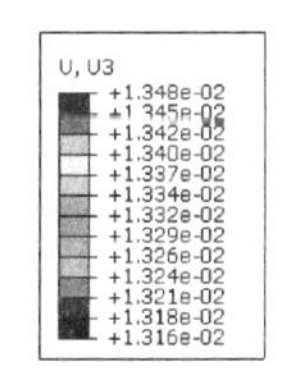

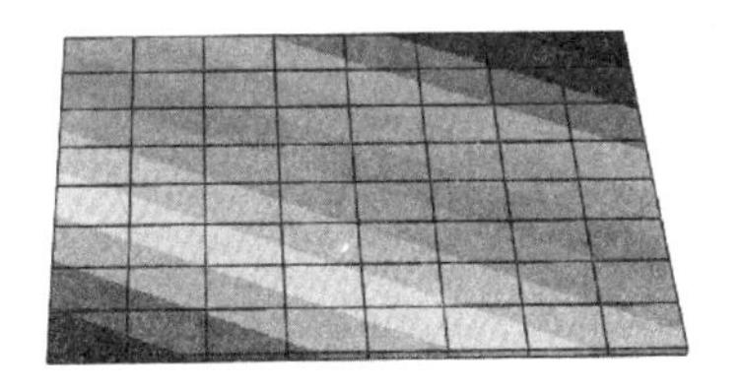

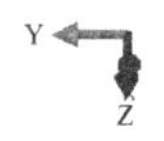

图 7-36　载荷板沉降云图

由图 7-39～图 7-41 可知，在竖向荷载作用下载荷板、桩顶、桩间土的沉降量都随着荷载的加大而逐渐增大，加载后期沉降都有加快的趋势。加载结束后，由于褥垫层的作用载荷板的总沉降量最大，桩顶总沉降量最小；分别分析图 7-39、图 7-40、图 7-41 可知，随荷载等级的增加，带帽无孔管桩群桩复合地基沉降速度和沉降量都大于带帽有孔管桩群桩复合地基沉降速度和沉降量，且随桩壁开孔数量的不同，带帽有孔管桩群桩复合地基沉降速度和沉降量也有所不同。因此，桩壁开孔有利于减少地基的沉降，增强地基承载力，且随着桩壁开孔数量的不同，复合基地控沉能力也不同。

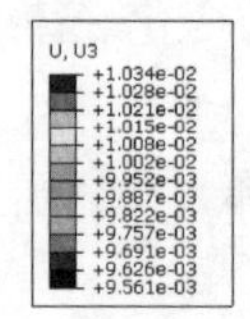

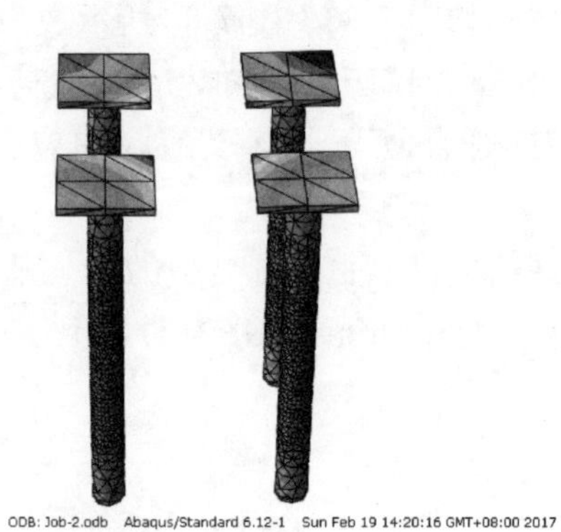

图 7-37　群桩桩顶沉降云图

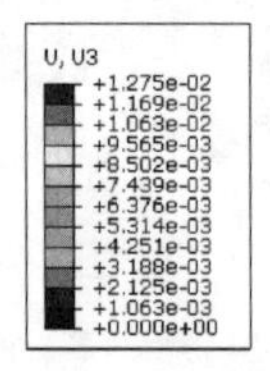

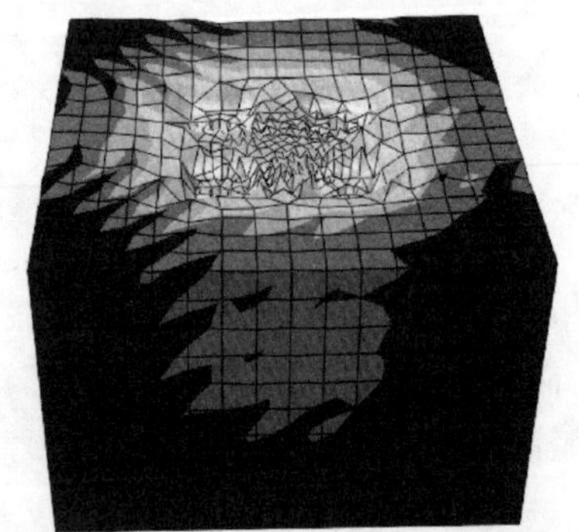

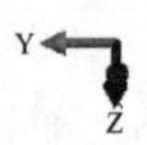

图 7-38　群桩桩间土沉降云图

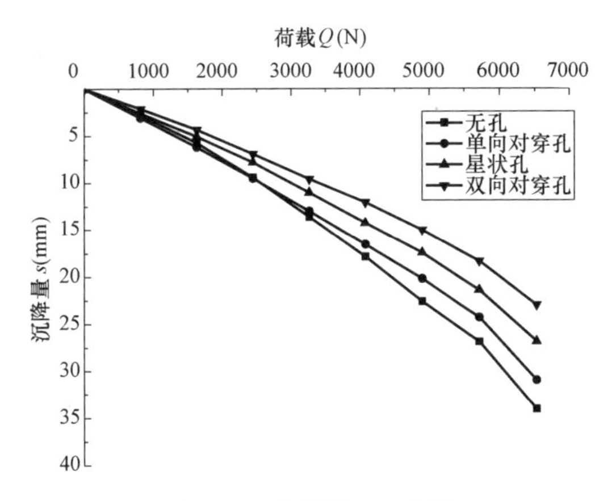

图 7-39 荷载板 *Q-s* 曲线

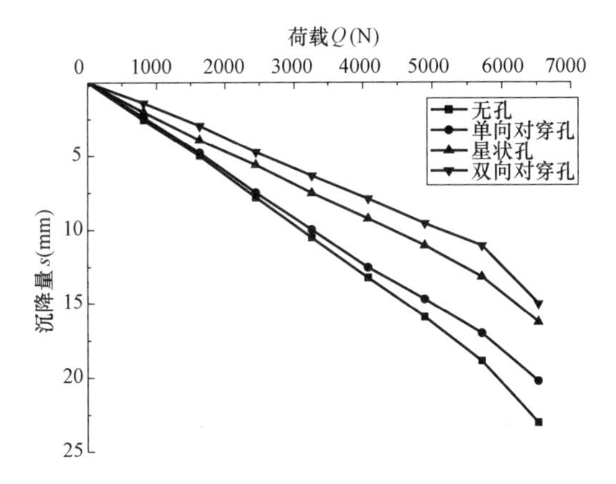

图 7-40 群桩桩顶 *Q-s* 曲线

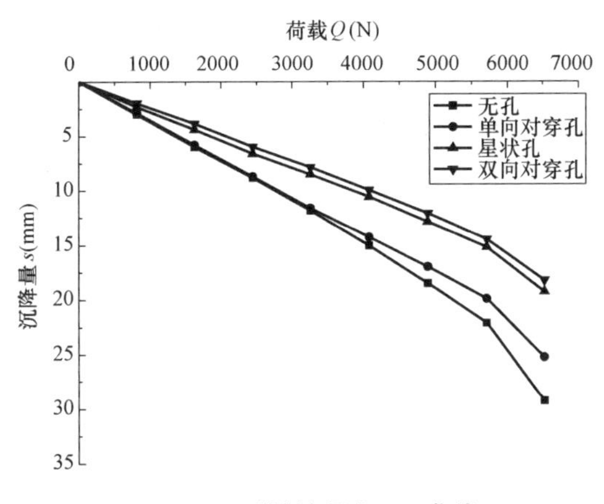

图 7-41 群桩桩间土 *Q-s* 曲线

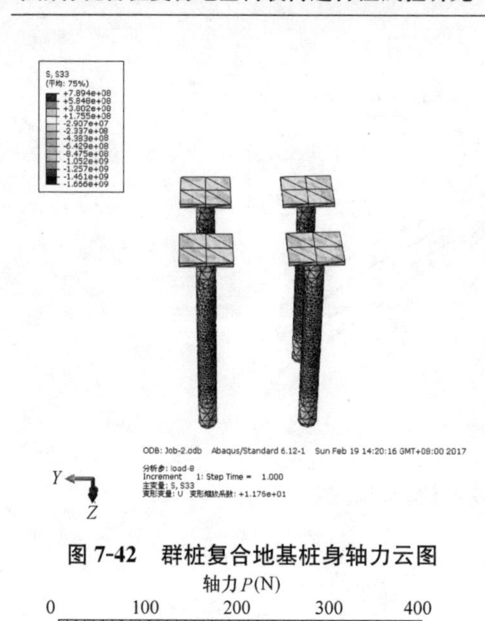

图 7-42　群桩复合地基桩身轴力云图

2. 桩身轴力变化规律分析

第八级竖向荷载下群桩复合地基桩身轴力云图，如图 7-42 所示。

由图 7-42 桩身轴力云图可知，在竖向荷载作用下复合地基桩体上部轴力明显要大于桩体下部轴力，沿深度方向桩体轴力减少，符合一般的群桩复合地基桩身应力与深度的关系。

从数值模拟结果输出四种不同类型的带帽有孔管桩群桩复合地基桩体轴力数据进行分析。利用 Origin 作图软件得到桩身轴力随深度变化曲线，如图 7-43（*a*）～（*d*）所示。

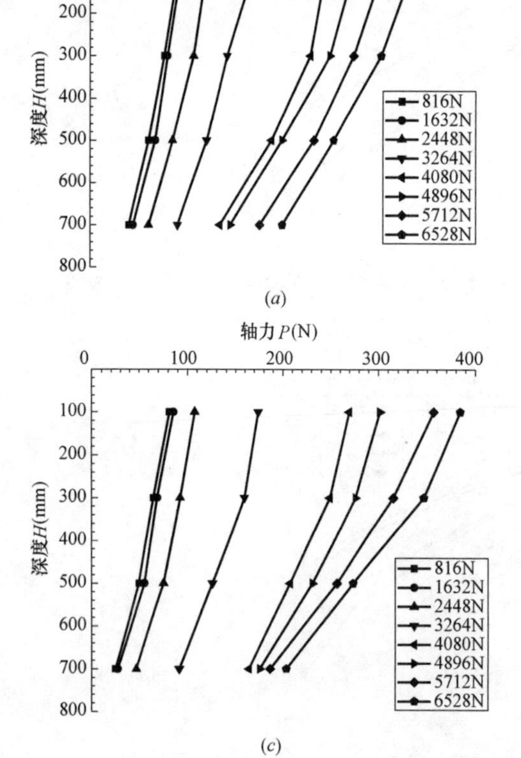

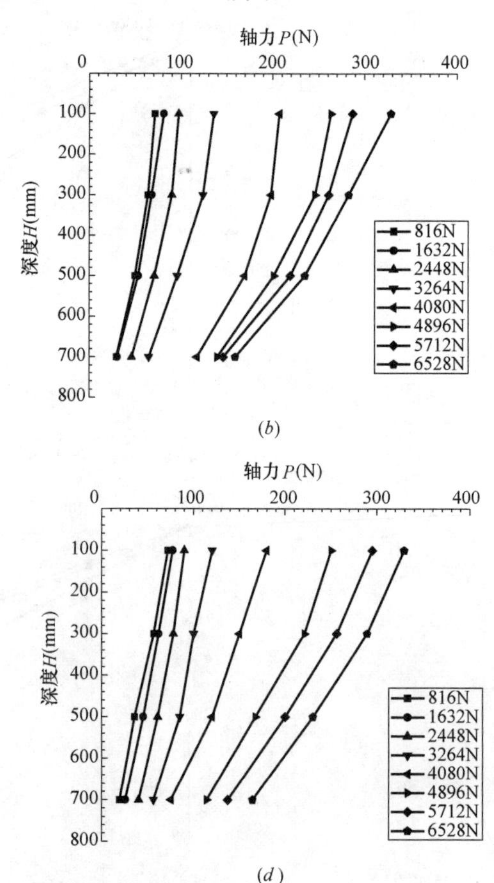

图 7-43　各桩型带帽群桩复合地基桩身轴力分布曲线

（*a*）无孔管桩；（*b*）星状孔管桩；（*c*）单向对穿孔管桩；（*d*）双向对穿孔管桩

由图7-43（a）～（d）可知，带帽管桩群桩桩身轴力随深度的加大而减少，随荷载的增大而增加，桩顶轴力远大于桩身下部轴力；加载后期，加荷增大，但桩身轴力变化缓慢，此时桩间土开始发挥其承担荷载的作用；在相同荷载作用下同一深度处，带帽无孔管桩群桩轴力大于带帽有孔管桩群桩轴力，说明带帽有孔管桩群桩复合地基桩间土分担了更多的荷载，其桩间土承担荷载能力更强。

3. 桩周土压力分析

第八级竖向加荷下群桩复合地基桩周土压力云图，如图7-44所示。

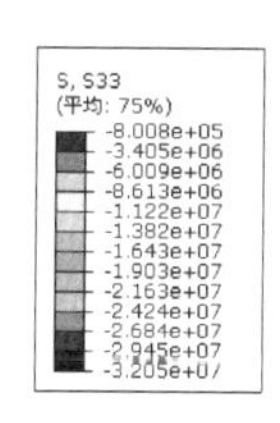

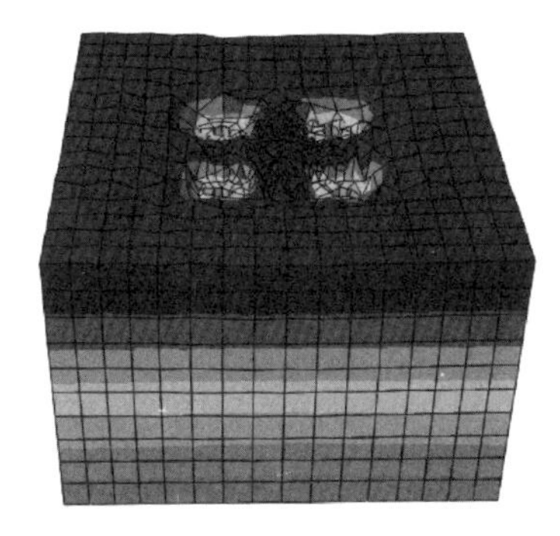

图7-44　群桩复合地基桩周土压力云图

由图7-44桩周土压力云图可知，在竖向荷载作用下浅层复合地基桩周土压力明显要大于深层桩周土压力，桩间土比桩帽下土体压力大，这与室内模型试验结果一致。

从数值模拟结果输出四种不同类型的带帽有孔管桩群桩复合地基土体数据进行分析。利用Origin作图软件得到桩间土压力随深度变化曲线，如图7-45（a）～（d）所示。

由图7-45（a）～（d）可知，相同荷载下随深度的增大群桩桩间土压力逐渐减小，同一深度处随荷载等级的增加而逐渐增大；相同荷载等级同一深度处，带帽无孔管桩群桩复合地基桩帽间土压力小于带帽有孔管桩群桩复合地基桩帽间土压力，且不同布孔方式的带帽有孔管桩群桩复合地基桩帽间土压力也不同。由此说明，桩身开孔有利于土体超孔隙水压力的消散，加速土体固结，增强地基承

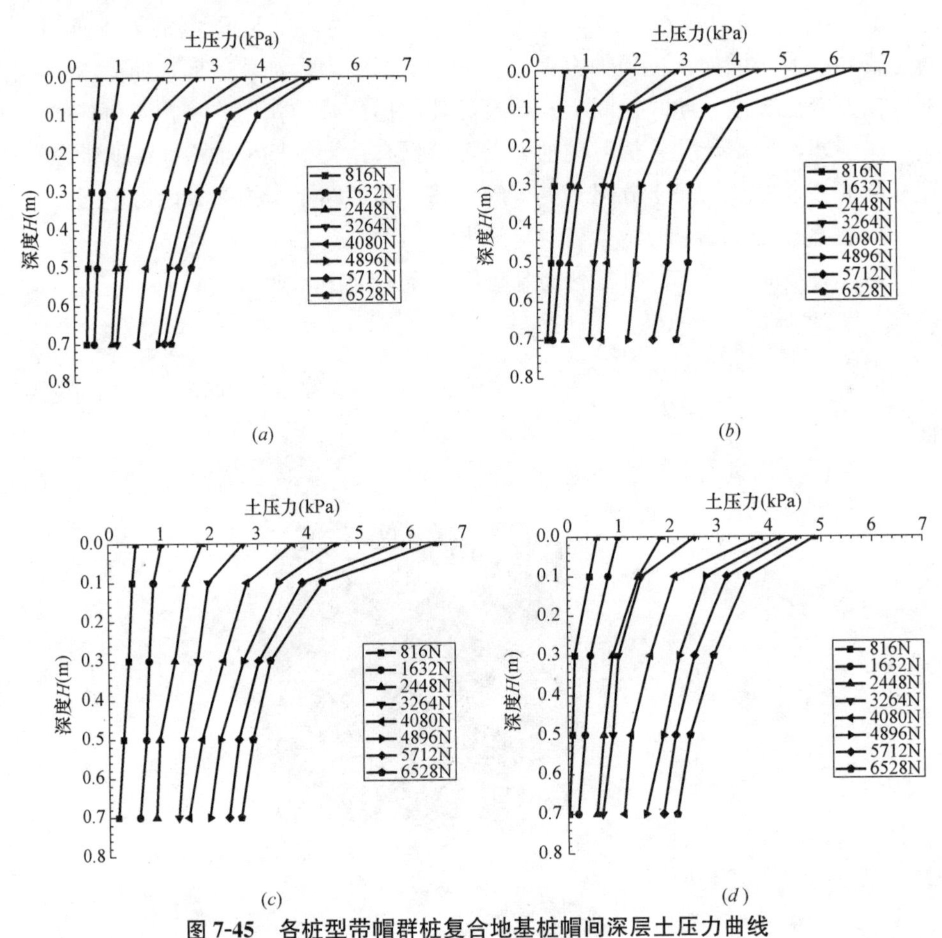

图 7-45　各桩型带帽群桩复合地基桩帽间深层土压力曲线

(*a*) 无孔管桩；(*b*) 星状孔管桩；(*c*) 单向对穿孔管桩；(*d*) 双向对穿孔管桩

载力。

4. 桩土应力比分析

由数据分析得出，四种不同类型的带帽管桩群桩复合地基桩土应力比曲线，如图 7-46 所示。

由图 7-46 可知，无孔管桩和有孔管桩桩土应力比变化趋势大致相同，随荷载等级增大，应力比先缓慢上升后急剧下降的趋势。由此说明在加载初期，荷载大部分由桩体分担，桩土应力比值有增大趋势，在随后的加载中，比值大幅下降，荷载由桩土共同承担。这种情况反映了桩土应力比增减是桩土相互协调的结果，最后趋于稳定状态；分析荷载一应力比曲线可知，随荷载等级增大有孔管桩桩土应力比曲线始终在无孔管桩桩土应力比曲线下方。这说明有孔管桩桩土应力比小于无孔管桩桩土应力比，桩上开孔能增强管桩群桩复合地基土体承载力。

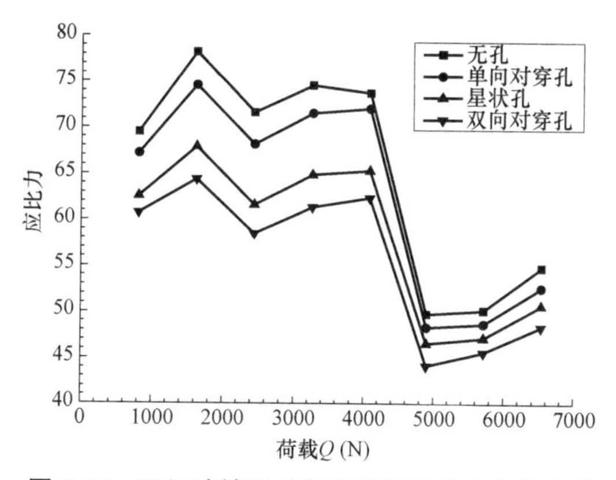

图 7-46　四组试桩群桩复合地基桩土应力比曲线

7.3　室内模型试验与数值模拟成果对比分析

7.3.1　荷载沉降对比

四组不同类型的带帽管桩群桩复合地基室内模型实验和数值模拟载荷板沉降对比曲线，如图 7-47（a）～（d）所示。

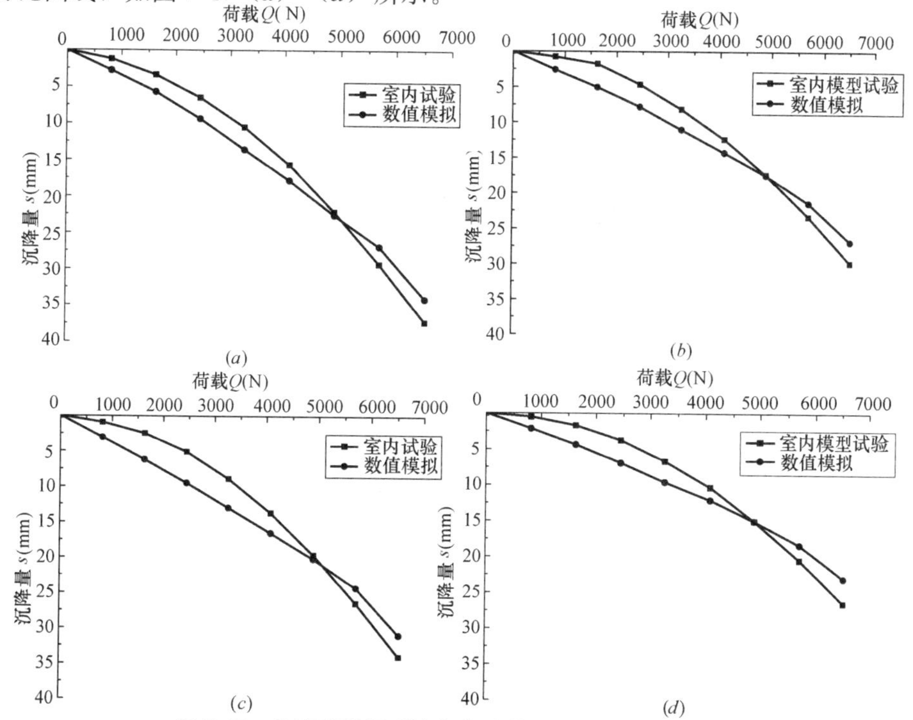

图 7-47　各桩型带帽群桩复合地基载荷板沉降对比曲线

（a）无孔管桩；（b）星状孔管桩；（c）单向对穿孔管桩；（d）双向对穿孔管桩

由图可知，室内模型试验和数值模拟得出的载荷板 Q-s 关系曲线的整体变化趋势大体相似，都是随荷载等级增大先缓变增大后陡变增大的过程，且前五级加载过程室内模型试验载荷板沉降量小于数值模拟载荷板沉降量，室内模型试验载荷板总沉降量大于数值模拟载荷板总沉降量。这主要是因为室内模型试验和数值模拟两者试验环境不一致。对于室内试验而言，模拟环境复杂，敏感因数较多，比如模型箱的边界效应，室内环境温度，测量仪器的设置、读数等都会对试验数据产生一定的影响；而对于数值模拟而言，模拟环境单一，不能精确模拟复杂的实际工程。对比四组不同类型带帽管桩群桩复合地基载荷板沉降，可知无论是室内模型试验还是数值模拟都表明，无孔载荷板沉降大于有孔载荷板沉降，且不同布孔方式的有孔载荷板沉降量也不同。综上可得，室内模型试验和数值模拟得出的载荷板 Q-s 关系曲线整体相符。

7.3.2 桩身轴力对比

取第一、四、八荷载等级下，四组不同类型带帽管桩群桩复合地基室内模型试验和数值模拟群桩桩身轴力曲线进行对比分析，如图 7-48（*a*）～（*d*）所示。

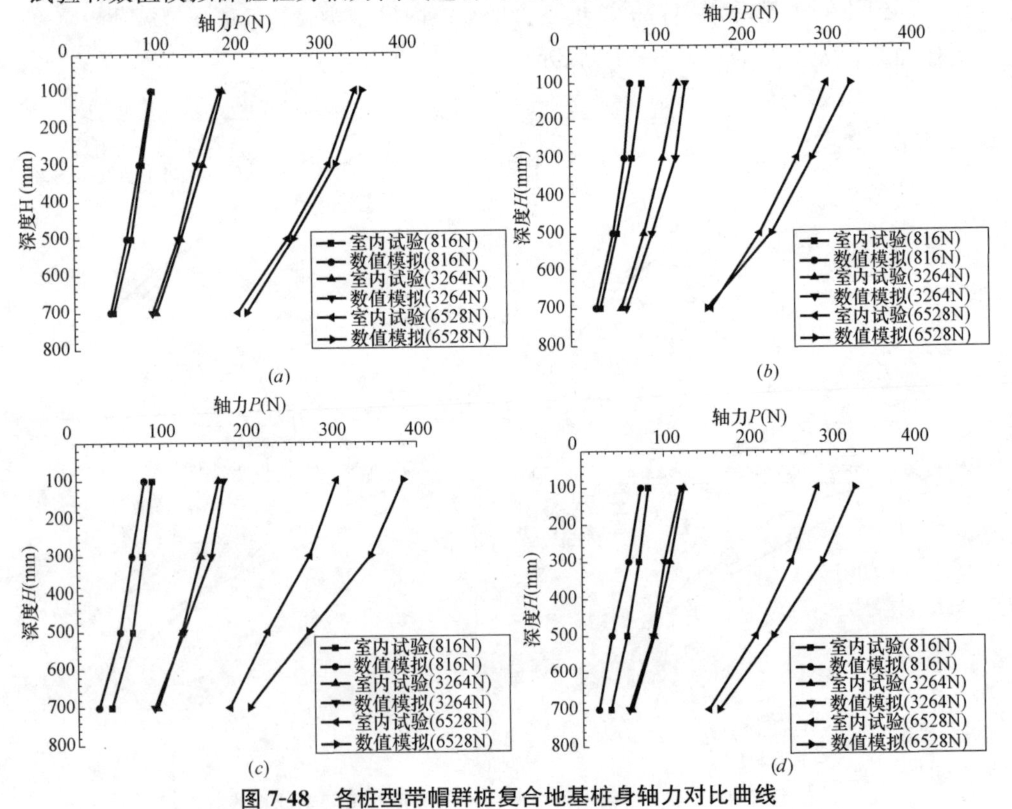

图 7-48　各桩型带帽群桩复合地基桩身轴力对比曲线

（*a*）无孔管桩；（*b*）星状孔管桩；（*c*）单向对穿孔管桩；（*d*）双向对穿孔管桩

由图可知，两者的轴力-深度关系曲线基本一致。在加载前期，室内模型试验曲线与数值模拟曲线较紧密，两者相差不大；而在加载后期，两者曲线相差较大。这主要是因为随荷载等级的加大，模型箱土体环境会发生较大变化，但是在数值模拟中这种变化不能很好地反映。

7.3.3　桩帽间土压力对比

取第一、四、八荷载等级下，四组不同类型带帽管桩群桩复合地基室内模型试验和数值模拟桩帽间土压力曲线进行对比分析，如图 7-49（a）～(d) 所示。

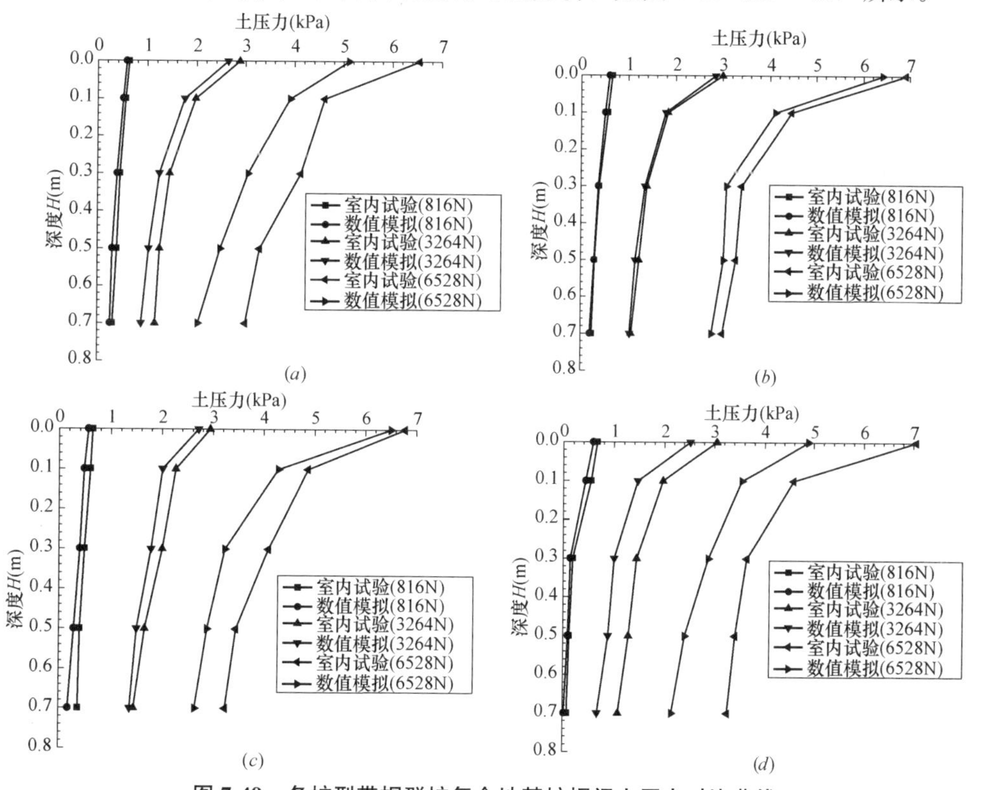

图 7-49　各桩型带帽群桩复合地基桩帽间土压力对比曲线

(a) 无孔管桩；(b) 星状孔管桩；(c) 单向对穿孔管桩；(d) 双向对穿孔管桩

由图可以看出，两者的桩帽间土压力-深度关系变化曲线大体相似，这表明室内模型实验和数值模拟可以相互验证结果的正确性。

7.3.4　桩土应力比对比

四组不同类型带帽管桩群桩复合地基室内模型实验和数值模拟桩土应力比对比曲线，如图 7-50（a）～(d) 所示。

由图可以看出，桩土应力比曲线都是先小幅上升后下降再小幅上升的趋势，

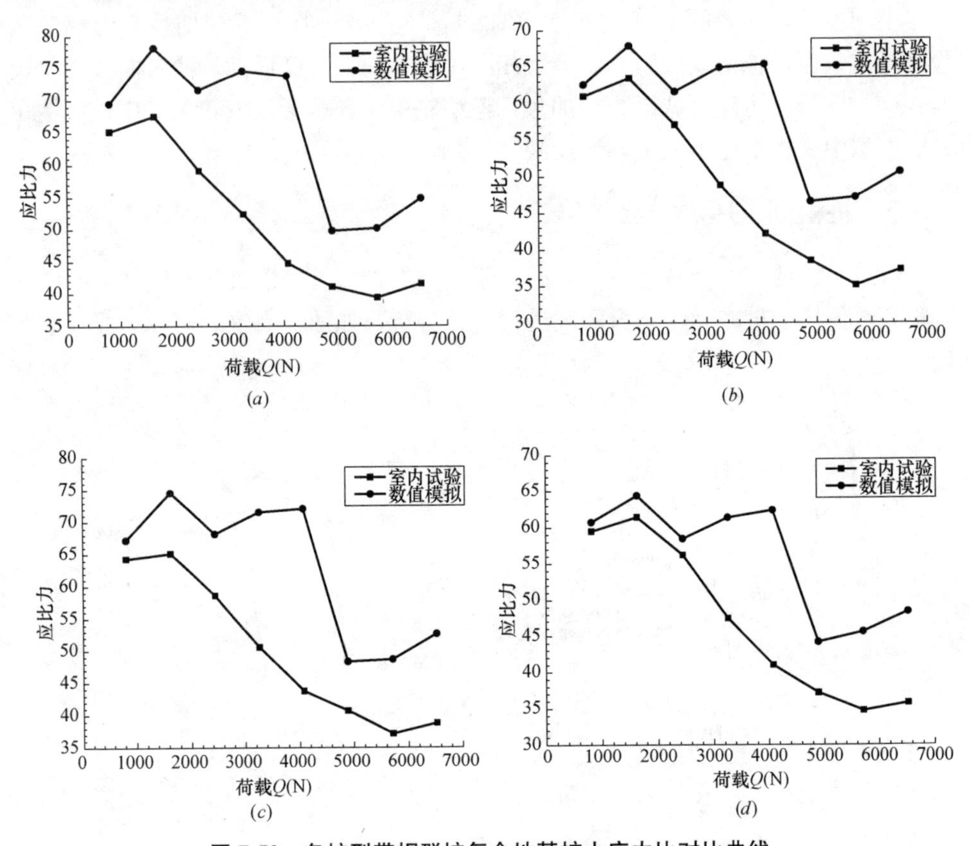

图 7-50　各桩型带帽群桩复合地基桩土应力比对比曲线

(*a*) 无孔管桩；(*b*) 星状孔管桩；(*c*) 单向对穿孔管桩；(*d*) 双向对穿孔管桩

但室内模型试验曲线始终在数值模拟曲线下方，尤其在加载后期，曲线相离得越远，体现了数值模拟和室内模型试验的差异性。

7.4　本章小结

基于室内模型试验和数值模拟，对带帽无孔管桩群桩复合地基和三种布孔方式的带帽有孔管桩群桩复合地基静载试验进行了监测，分析了四组不同类型管桩群桩复合地基沉降变形、桩身轴力、桩侧摩阻力、桩周土压力、桩土荷载分担比和桩土应力比的试验数据，可以得到以下结论：

(1) 带帽有孔管桩群桩复合地基的控沉能力比带帽无孔管桩群桩复合地基的控沉能力强，且控沉能力与桩身布孔方式紧密相关。桩壁开孔有利于减少带帽有孔管桩群桩复合地基沉降，增强复合地基土体承载力，且随着桩壁开孔数量的不同，复合基地控沉能力也不同。

（2）四种不同类型的带帽管桩群桩复合地基，桩身轴力随深度增大而减少，且随荷载增大，轴力减少的速率加快。此外，同一深度处的桩身轴力最大值，带帽无孔管桩群桩大于带帽有孔管桩群桩，且其桩身轴力与桩身开孔数有关。相同荷载作用下同一深度处，带帽无孔管桩群桩轴力大于带帽有孔管桩群桩轴力，说明带帽有孔管桩群桩复合地基桩间土分担了更多的荷载，其桩间土承担荷载能力更强。

（3）群桩桩侧摩阻力随上部荷载的增加而增大，且在桩身范围内，桩侧摩阻力得到充分的发挥，正是由于砂垫层变形协调的作用，使得复合地基上部桩土相对位移小于下部桩土位移，因此下部桩侧摩阻力发挥得更好，土体有效地承担了荷载，使地基承载力增强。

（4）随深度增加桩周土压力大体呈“上大下小”型分布，即桩周土压力随深度的增大而减少，上部土压力变化较大，且在桩长范围内，桩周土体并不是都受土压力作用。此外，对比四组试桩桩间土压力最大值与荷载关系曲线可知，带帽有孔管桩群桩复合地基桩间土承担荷载比带帽无孔管桩群桩复合地基桩间土承担荷载大，这说明带帽有孔管桩群桩复合地基能充分发挥土体承担荷载能力。

（5）随着荷载增加，带帽有孔管桩群桩复合地基土体承担荷载比整体上大于带帽无孔管桩群桩复合地基土体承担荷载比，有效提高了其土体承担荷载的能力。

（6）桩土应力比是一变量，它依荷载而变，随荷载不断增大，应力比开始有一小幅增加的过程，而后不断减小。说明在加载初期，荷载主要由桩体承担，桩土应力比值有增大趋势，在随后的加载中比值大幅下降，荷载由桩土共同承担，这种情况说明桩土应力比增减是桩土相互协调的结果，最后趋于稳定状态。另外，对比四组试桩群桩桩土应力比曲线，可知：随加荷等级增大，带帽有孔管桩群桩复合地基桩土应力比始终小于带帽无孔管桩群桩复合地基桩土应力比，这进一步说明了桩上开孔能增强带帽管桩群桩复合地基土体承载力。相同荷载等级同一深度处，带帽无孔管桩群桩复合地基桩帽间土压力小于带帽有孔管桩群桩复合地基桩帽间土压力，且不同布孔方式的带帽有孔管桩群桩复合地基桩帽间土压力也不同。由此说明，桩身开孔有利于加速土体超孔隙水压力的消散，加快土体固结，增强地基承载力。带帽有孔管桩群桩复合地基桩土应力比小于带帽无孔管桩群桩复合地基桩土应力比，桩上开孔能增强土体承载能力。

（7）室内模型试验和数值模拟结论基本一致，达到了两者相互验证的目的。

参考文献

[1] Jones C J, Lawson C R, Ayres D J. Geotextile reinforced Piled embanklnellts [J]. Proc. 4th Int. Conf. on Georextiles: Geomembranes and related Products, Den Hoedted, Rotterdam: Balkema, 1990, 155-160.

[2] Han J, Gabr M A. Numerical analysis of Geosynthetic-reinforced and Pile-supported earth Platforms over soft soil [J]. J of Geotechnical and Geoenvironmental Engineering, ASCE. 2002, 128 (l): 44-53.

[3] Han J, Akins K. Use of geogrid-reinforced and Pile-supported earth structures [J]. Proceedings of International Deep Foundation Congress, ASCE, 2002, 668-679.

[4] American Association of State Highway and Transportation Officials (AASHTO), Innovative Technology for accelerated construction bridge and embankment foundations. AASHTO Preliminary Summary Report, 2002, 1-11.

[5] 桂炎德，徐立新．沪杭甬高速公路（红垦至沽诸段）拓宽工程设计方法 [J]. 华东公路，2001，133 (6): 3-6.

[6] 谢家全，吴赞平，钱永祥．沪宁高速公路扩建工程综述 [J]. 高速公路扩建工程技术研讨会论文集．南京．2004. 10: 1-10.

[7] 芮瑞，夏元友．桩承式路堤荷载传递计算方法研究 [J]. 武汉理工大学学报，2009，31 (13): 73-77

[8] 雷金波，陈从新．带帽刚性桩复合地基现场足尺试验研究 [J]. 岩石力学与工程学报，2010，29 (8): 1713-1720

[9] Terzaghi, K. Theorectical Soil Mechanies [M]. John Wiley & Sons, New York, USA, 1943.

[10] Hewlett W J, Randolph M F. Analysis of piled embankment [J]. Ground Engineering, 1988, 21 (3): 12-18.

[11] 陈云敏，贾宁，陈仁朋．桩承式路堤土拱效应分析 [J]. 中国公路学报，2004，17 (4): 1-6.

[12] Chen Y M, Cao W P, Chen, R P. An experimental investigation of soil arching within basal reinforced and unreinforced piled embankments [J]. Geotextiles and Geomembranes, 2008, 26 (2): 164-174

[13] Vega-Meyer R, Shao Y. Geogrid-reinforce and pile-supported roadway embankment [J]. Contemporary Issues in Foundation Engineering (GSP131), 2005, (156): 26-38.

[14] 夏元友，芮瑞．刚性桩加固软土路堤竖向土拱效应的试验研究 [J]. 岩土工程学报，2006，28 (3): 327-331.

[15] 丁桂伶，王连俊，刘升传．柔性基础下褥垫层厚度对带帽 CFG 桩复合地基特性分析 [J]. 岩土工程学报，2009，31 (7): 997-1001.

[16] 高成雷，凌建明，杜浩，邱欣，杨戈．拓宽路堤下带帽刚性疏桩复合地基应力特性现场试验研究 [J]. 岩石力学与工程学报，2008，27 (2)：354-361.

[17] 何良德，陈志芳，徐泽中．带帽 PTC 单桩和复合地基承载特性试验研究 [J]. 岩土力学，2006，27 (3)：436-444.

[18] 雷金波，张少钦，雷呈凤等．带帽刚性疏桩复合地基荷载传递特性研究 [J]. 岩土力学，2006，27 (8)：1322-1326.

[19] 雷金波，徐泽中，姜弘道等. PTC 型控沉疏桩复合地基试验研究 [J]. 岩土工程学报，2005，27 (6)：652-656

[20] 雷金波，陈从新．带帽刚性疏桩复合地基现场足尺试验研究 [J]. 岩石力学与工程学报，2010，29 (8)：1713-1720.

[21] 赵阳．岸边软土区带帽刚性疏桩复合地基模型试验与理论研究 [D]. 硕士学位论文，湖南大学，2015.

[22] 吴燕泉．带桩帽刚性桩复合地基承载力设计计算方法研究 [D]. 硕士学位论文，湖南大学，2013.

[23] 余闯. 路堤荷载下刚性桩复合地基理论与应用研究 [D]. 硕士学位论文，东南大学，2006.

[24] 高成雷，凌建明，杜浩. 拓宽路堤下带帽刚性疏桩复合地基应力特性现场试验研究 [J]. 岩石力学与工程学报，2008，27 (2)：354-360.

[25] 王虎妹．褥垫层厚度对带帽刚性桩性状的研究 [J]. 武汉大学学报（工学版），2011，44 (6)：753-756.

[26] 黄生根．柔性荷载下带帽 CFG 桩复合地基承载性状的试验研究 [J]. 岩土工程学报，2013，35 (增刊 2)：565-568.

[27] 万年华．预应力管桩复合地基在公路工程软土地基中的应用 [J]. 中外公路，2013，33 (4)：49-53.

[28] 谭儒蛟，张建根，徐鹏逍．带帽 PTC 桩在高速拓宽软土路基处理中的试验监测分析 [J]. 工程勘察，2015，1：26-31.

[29] 段晓沛，曾伟，苑红凯等．管桩复合地基桩土荷载分担比现场试验研究 [J]. 市政技术，2015，34 (5)：357-361.

[30] 王想勤，李建国．路堤荷载下刚性桩复合地基桩帽效应分析 [J]. 成都大学学报（自然科学版），2013，32 (2)：298～302.

[31] 刘苏弦，罗忠涛．路堤荷载下刚性桩复合地基沉降计算研究 [J]. 交通科学与工程，2012，28 (1)：29～34.

[32] 陈昌富，米汪，赵湘龙. 考虑高路堤土拱效应层状地基中带帽刚性疏桩复合地基的承载特性 [J]. 中国公路学报，2016，29 (7)：1-9.

[33] 陈仁朋，许峰，陈云敏，贾宁．软土地基上刚性桩—路堤共同作用分析 [J]. 中国公路学报，2005，18 (3)：565-568.

[34] 赵明华，胡增，张玲，陈炳初．考虑土拱效应的高路堤桩土复合地基受力分析 [J]. 中南大学学报（自然科学版），2013，44 (5)：2048-2052.

[35] 吕伟华，邵光辉．刚性桩网加固拓宽路堤性状数值分析 [J]. 林业工程学报，2016，1

(2)：117-123.

[36] 陈富强．群桩复合地基承载变形特性的数值模拟研究 [D]. 硕士学位论文，华南理工大学，2010.

[37] 朱筱嘉．带帽刚性疏桩复合地基数值分析和优化设计研究 [D]. 硕士学位论文，河海大学，2007.

[38] 杨德健，王铁成．刚性桩复合地基沉降机理与影响因素研究 [J]. 工程力学，2010，27 (S1)：150-153.

[39] 郑俊杰，马强，韦永美等. 复合地基沉降计算与数值模拟分析 [J]. 华中科技大学学报 (自然科学版)，2010，38 (8)：95-98.

[40] 吴慧明．不同刚度基础下复合地基性状研究 [D]. 杭州：浙江大学博士学位论文，2000.

[41] 龚晓南，褚航．基础刚度对复合地基性状的影响 [J]. 工程力学，2003，20 (4)：67-73.

[42] 冯瑞玲，谢永利，方磊. 柔性基础下复合地基的数值分析 [J]. 中国公路学报，2003，16 (1)：40-42.

[43] 张忠坤，侯学渊，殷宗泽等．路堤下复合地基沉降发展的计算方法探讨 [J]. 公路，1998，10，31-36.

[44] 朱云升，胡幼常，丘作中等．柔性基础复合地基力学性状的有限元分析 [J]. 岩土力学，2003，24 (3)：395-400.

[45] 窦远明，戴为民，刘晓立等．柔性荷载作用下水泥土桩复合地基的承载力与沉降特性的研究 [J]. 河北工业大学学报，2001，30 (1)：80-83.

[46] 刘国明，周军．路堤软土地基沉降有限元非线性分析 [J]. 福州大学学报，2003，31 (4)：470-473.

[47] 杨虹，高萍．填土路堤下复合地基性状研究 [J]. 佛山科学技术学院学报，2003，21 (2)：36-39.

[48] 王欣，俞亚南，高文明．路堤柔性荷载下的粉喷桩复合地基内的附加应力分析 [J]. 中国市政工程，2003，3，1-2.

[49] 张忠苗，陈洪．柔性承台下复合地基应力和沉降计算研究 [J]. 岩土力学，2003，25 (3)：451-454.

[50] 刘吉福．路堤下复合地基桩、土应力分析 [J]. 岩石力学与工程学报，2003，22 (4)：674-677.

[51] 伊尧国，全志利，周长青．软土地区桩体复合地基沉降变形与稳定性分析 [J]. 天津城市建设学院学报，2001，7 (4)：252-258.

[52] 罗战友，龚晓南，王建良，王伟堂．静压桩挤土效应数值模拟及影响因素分析 [J]. 浙江大学学报 (工学版)，2005，39 (7)：992-996.

[53] 鹿群，龚晓南，崔武文，王建良．饱和成层地基中静压单桩挤土效应的有限元模拟 [J]. 岩土力学，2008，29 (11)：3017-3020.

[54] 高子坤，何俊. 封闭环境中群桩桩间土超孔压消散数值模拟 [J]. 河海大学学报（自然科学版)，2010，38 (3)：290-294.

[55] 周健，徐建平，许朝阳. 群桩挤土效应的数值模拟 [J]. 同济大学学报，2000，28 (6)：721-725.

[56] 徐建平，周健，许朝阳，徐海波. 沉桩挤土效应的数值模拟 [J]. 工业建筑，2000，30 (7)：1-7.

[57] 王浩，魏道垛 . 表面约束下的沉桩挤土效应数值模拟研究 [J]. 岩土力学，2002，23 (1)：107- 110.

[58] 陈仁朋，许峰，陈云敏，贾宁 . 软土地基上刚性桩-路堤共同作用分析 [J]. 中国公路学报，2005，18 (3)：7-13.

[59] Borges J L. Three-dimensional analysis of embankments on soft soils incorporating vertical drains by finite element method [J]. Computers and Geotechnics，2004，31 (8)：665-676.

[60] 雷金波，黄玲，吴志平，曹慧兰，殷宗泽. 带帽控沉疏桩复合地基性状规律数值分析 [J]. 工业建筑，2006，36 (4)：52-56.

[61] 雷金波，曹慧兰，熊杰，杨加明，刘芳泉. 带帽刚性桩复合地基试桩力学性状有限元分析 [J]. 矿冶工程，2006，26 (2)：25-29.

[62] 郑俊杰，董友如，马强，蒋明镜 . FDM-DEM 耦合分析刚性桩复合地基褥垫层特性 [J]. 华中科技大学学报（自然科学版），2011，39 (8)：36-39.

[63] 郑刚，刘力，韩杰 . 刚性桩加固软弱地基上路堤的稳定性问题（I）——存在问题及单桩条件下的分析 [J]. 岩土工程学报，2010，32 (11)：1648-1657.

[64] 郑刚，刘力，韩杰 . 刚性桩加固软弱地基上路堤的稳定性问题（I）——群桩条件下的分析 [J]. 岩土工程学报，2010，32 (12)：1811-1820.

[65] 杨涛 . 柔性基础下复合地基下卧层沉降特性的数值分析 [J]. 岩土力学，2003，24 (1)：53-56.

[66] 刘杰，张可能 . 路堤荷载下复合地基变形及荷载传递规律研究 [J]. 铁道学报，2003，25 (3)：107-111.

[67] H. B. Poorooshasb，M. Alamgir and N. Miura. Negative Skin Friction on Rigid and Deformable Piles，Computers and Geotechnics，1996，18 (2)：109-126.

[68] J. S. Taoa，G. R. Liub and K. Y. Lamb. Dynamic analysis of a rigid body mounting system with flexible foundation subject to fluid loading Shock & Vibration，2001，Vol. 8 (1)，33-48.

[69] X. Li. Dynamic Analysis of Rigid Walls Considering Flexibile Foundation，Journal of Geotechnical and Geoenvironmental Engineering，1999，Vol. 125 (9)：56-63.

[70] O'Shea. Dan. Telephony，Programmable switching：The flexible foundation，Supplement PCS Edge，1996，Vol. 230 (10)，22-24.

[71] J. Han，M. A. Gabr. Numerical Analysis of Geosynthetic-Reinforced and Pile-Supported Earth Platforms over Soft Soil. Journal of Geotechnical & Geoenvironmental Engineering，2002，128 (1)：44-53.

[72] J. P. Talbot，H. E. M. Hunt. The effect of side-restraint bearings on the performance of base-isolated buildings Proceedings of the Institution of Mechanical Engineers-Part C- Jour-

nal of Mechanical Engineering Science，2003，217（8）：849-860.

[73] D. T. Bergado and P. V. Long. Numerical Analysis of Embankment on Subsiding Ground Improved by Vertical Drains and Granular Piles，Proc. 13th International Conference on Soil Mechanics and Foundation Engineering，1994，1361-1366.

[74] M. Bouassida，P. De Buhan and L. Dormieux. Bearing Capacity of a foundation Resting on a Soil Reinforced by a Group of Columns，Geotechnique，1995，45（1）：25-34.

[75] M. Bouassida and T. Hadhri. Extreme Load of Soils Reinforced by Columns：The Case of an Isolated Columns，Soils and Foundations，1995，35（1）：21-35.

[76] 周乾，何山，吴发红，戴龙洋，仲跃．弱挤土效应桩的设计与试验［J］．四川建筑科学研究，2011，37（5）：103-106.

[77] 刘汉龙，金辉，丁选明，李健．现浇X形混凝土桩沉桩挤土效应现场试验研究［J］．岩土力学，2012，33（S2）：219-224.

[78] 雷金波，陈超群，章学俊．一种用于深厚软基处理的PTC型带孔管桩［P］．中国，201020105398.2，2010.

[79] 雷金波．一种双向对穿孔管桩［P］．中国，201120167970.2，2011.

[80] 雷金波．带帽PTC型有孔管桩复合地基［P］．中国，201020107573.1，2010.

[81] 雷金波．一种带帽PTC型双向对穿孔管桩复合地基［P］．中国，201120167963.2，2011.

[82] 雷金波．一种用于制造带孔管桩的钢模［P］．中国，201020107597.7，2010.

[83] 雷金波．一种用于制造双向对穿孔管桩的钢模［P］．中国，201120167971.7，2011.

[84] 韦经杰，刘智，雷金波，巢航宇，罗巍巍，邓长飞．一种用于深厚软基处理的双向不对穿的有孔管桩，2013.02，中国，ZL 2012203869532.

[85] 巢航宇，韦经杰，刘智，雷金波，邓长飞，王巍巍．一种用于深厚软基处理的不对穿的有孔管桩，2013.02，中国，2012203868169.

[86] 刘智，巢航宇，韦经杰，雷金波，邓长飞，王巍巍．一种用于深厚软基处理的星状对穿孔管桩，2013.02，中国，ZL 2012203868173.

[87] 雷金波．一种用于深厚软基处理的PTC型有对穿孔锥形管桩［P］．中国，201220045608.2，2012.

[88] 雷金波．一种双向对穿孔锥形管桩［P］．中国，201220045607.8，2012.

[89] 雷金波．一种星状对穿孔锥形管桩［P］．中国，201220045336.6，2012.

[90] 陈科林，雷金波，周星，乐腾胜．一种星状对穿孔锥-柱形管桩［P］．中国，201420647836.6，2015.

[91] 陈科林，雷金波，周星，乐腾胜．一种锥-柱形组合管桩，2015.05，ZL 2014206478385.

[92] 杨康，雷金波，廖幼孙，柳俊．锥-柱组合型有孔管桩复合地基．2016.08，中国，ZL 2016201576249.

[93] 乐腾胜，雷金波，周星，易飞．有孔管桩静压沉桩超空隙水压力消散室内模拟试验分析［J］．工业建筑，2016，46（4）：83-87.

[94] 易飞，雷金波，何利军，乐腾胜，周星．有孔管桩超空隙水压力的数值模拟分析［J］．南昌航空大学学报（自然科学版），2015，29（1）：72-76.

[95] 雷金波，万梦华，易飞，杨金尤．有孔管桩静压沉桩超空隙水压力消散分析［J］．工业建筑，2016，46（11）：111-117.

[96] 中华人民共和国行业标准．公路路基施工技术规范 JTG F10—2006［S］．北京：人民交通出版社，2006.

[97] 张忠苗．桩基工程［M］．北京：中国建筑工业出版社，2007.

[98] 张建新，赵建军，孙世光等．群桩沉桩引起的超孔隙水压力的室内模型及试验分析［J］．工业建筑，2009，39（1）：76-78.

[99] 中华人民共和国行业标准．建筑桩基技术规范 JGJ 94—2008［S］．北京：中国建筑工业出版社，2008.

[100] 中华人民共和国行业标准．建筑基桩检测技术规范 JGJ 106—2014［S］．北京：中国建筑工业出版社，2014.

[101] 中华人民共和国国家标准．复合地基技术规范 GB/T 50783—2012［S］．北京：中国计划出版社，2012.

[102] 陈育民，徐鼎平．FLAC/FLAC3D 基础与工程实例（第二版）［M］．北京：中国水利水电出版社，2013.

[103] 孙书伟，林杭，任连伟等．FLAC3D 在岩土工程中的应用［M］．北京：中国水利水电出版社，2011.

[104] 彭文斌．FLAC3D 实用教程［M］．北京：机械工业出版社，2011.

[105] 王涛，韩煊，赵先宇等．FLAC3D 数值模拟方法及工程应用——深入剖析 FLAC3D5.0［M］．北京：中国建筑工业出版社，2015.